新实践美学丛书

张玉能 主编

A Study on Aesthetics of Harmonious Freedom

刘继平 著

和谐自由论美学思想研究

人民出版社

总　序

张玉能

　　"新实践美学丛书"在"实践美学终结论"的叫喊声和"实践美学终而未结"的叹息声之中推出了。这表明实践美学并没有"终了"和"结束",而是"终究""结出硕果"。这是实践美学走向"新"阶段的一个标志。

　　实践美学,作为中国特色的当代美学流派,生成于 20 世纪 50—60 年代的美学大讨论,并且在 20 世纪 80—90 年代成为中国当代美学的主潮。与此同时,后实践美学与实践美学的论争也拉开帷幕。正是在这场论争之中,实践美学发展到了新阶段。20 世纪 90 年代,著名美学家蒋孔阳的《美学新论》,既总结了实践美学的成果,也开启了新实践美学的发展新路。蒋孔阳是新实践美学的奠基人。我,作为蒋孔阳的学生,既爱真理,也爱吾师,因为吾师走在真理的路上。我和我的学生和朋友们,也将继续行进在真理的路上。这是一条马克思主义美学中国化的道路,也是坚持马克思主义实践观点发展实践美学的康庄大道,是新实践美学不断开拓前进的探索之路。前不久朱立元主编了一套"实践存在论美学丛书",已经展示了新实践美学的锦绣前程,现在我们又出版这一套"新实践美学丛书"。这一切都表明,我们是脚踏实地、认认真真、兢兢业业地在为建构中国特色当代美学而努力奋斗,这也是我们的新实践美学的实践。我们认为,只有潜下心来,认真研究,坚持真理,才是繁荣和发展中国当代美学的现实历程。

　　《新实践美学论》作为本丛书的第一本著作,第一次印刷不到三个月就重印了,这应该是一件非常令人鼓舞的事情。它不仅显示了实践美学的新的生命力,而且更昭示着新实践美学生生不息的力量。我们将在近年向学术界和读者朋友们推出新实践美学的研究系列新成果。它们都是年轻的教授、副教授、博士生们精心研究的结晶。

　　我们将不再与一些没有根底的人进行所谓"终结"或"终而未结"的无谓

争论，我们将不断地潜心研究实践美学的新发展，为建设中国特色的当代美学作出应有的贡献，为繁荣当前多元共存的美学和文艺学学术尽心尽力。希望那些没有根底的人也找到自己的根，拿出一点像样的自己的东西来，别老是鹦鹉学舌般地到处信口开河，宣布这个"终结"，那个"终而未结"，然而自己却没有立足之地，悬在西方人概念的半空之中。还是脚踏实地地建构一点事业为好。因此，我与我的学生和朋友们将义无反顾地为建构新实践美学而走自己的路。

本来学术上的争论和切磋是非常正常的事情，但是，对于那些只有哗众取宠之心却无实事求是之意的"无根者"，我们将不再正视了，让这样一些人去鼓噪吧，我们还是明确方向，一步一个脚印地行进在我们自己的道路上。我们的成果将是我们努力的见证。我们也真诚地欢迎真正做学问的同行和朋友们批评指正，大家共同建设中国特色当代美学，在百家争鸣之中多元共存，携手前进。

是为序。

2009 年 7 月 6 日于武昌桂子山

目　录

绪　　论

一、和谐自由论美学思想的形成与发展概述

阎国忠在《美学百年·总序》中概括性地指出："中国需要美学,而且百年来已建构和发展了自己的美学。从王国维的以'境界'为核心概念的美学,到宗白华、朱光潜、吕荧等以美感态度或美感经验为核心概念的美学,蔡仪的以典型为核心概念的美学,到李泽厚、蒋孔阳等的以'实践'为基础概念的美学,再到周来祥的以'和谐'为核心概念的美学及另一些人主张'生命'或'存在'为基础概念的美学,中国美学至少已形成了六七种模式,且各有其独特的贡献。"①

中国美学自新中国成立后发展迅速,新中国美学的发展大体经历了两个阶段:新中国成立后到"文化大革命"前为第一阶段,围绕对朱光潜先生美学思想的讨论形成了对美的本质不同理解的四个流派:吕荧先生的美是主观说;蔡仪先生的美在自然、美在客观、美在典型说;朱光潜先生的主客观统一说;李泽厚先生的客观社会说。这次讨论大家都以马克思主义的哲学作为讨论的标准,作为美学的指导思想,但对美的独特本质却未认真集中地研究,四者基本上是哲学命题,讨论美是客观的还是主观的,显得不够深入。

党的十一届三中全会后,人民的思想真正解放了,美学由政治的问题、哲学的问题真正转到学理上来,实践美学成为中国当代美学的主导流派,并发展成为四大派:李泽厚的社会积淀美学、周来祥的和谐自由论美学、刘纲纪的实践本体论美学、蒋孔阳的自由创造美学。

周来祥是中国和谐美学学派的创始人,构建了以"美是和谐自由"为核心的美学理论体系,学术界称之为"和谐美学学派"。季羡林先生曾对周来祥作出评价:"周来祥教授独树和谐美学大旗,既能自圆其说,又能独辟蹊径,不落窠臼,

---

① 　阎国忠:《美学百年》,1999 年 10 月 13 日《中华读书报》。

巍然挺立于美学之林,为中国美学界增光添彩。"①张岱年先生也给予高度评价:
"周来祥同志提出'美是和谐',这是中西两千年美学思想的深刻总结,非常精
湛,非常正确","是对当代美学的一项重要贡献","具有很高的理论价值"。②

周来祥根据矛盾论的观点,把美与崇高相比较,指出"美是和谐自由"的体
系有其实践和理论根据:一切事物都处于既相互对立、斗争,又相互依存、渗透、
平衡、和谐统一之中,对立统一规律是辩证法的根本规律,它概括了自然、社会、
思维运动的基本法则。周来祥指出崇高是偏重于统一的对立,美则是偏重于对
立的统一。从另一角度来说,任何事物都处在运动之中,运动都采取两种形态:
"相对的静止的形态和显著的变动的形态。"周来祥认为美和崇高正是事物运动
两种形态的美学概括:相对静止的是美的形态,显著变动的是崇高的形态。

周来祥还引用毛泽东同志所说的:"我们在日常生活中所看见的统一、团
结、联合、调和、均势、相持、僵局、静止、有常、平衡、凝聚、吸引等,都是事物处在
量变状态中所显现的面貌。而统一物的分解、团结、调和、均势、相持、僵局、静
止、有常、平衡、凝聚、吸引等状态的破坏,变到相反的状态,便都是事物在质变状
态中、在一种过程过渡到他种过程的变化中所显现的面貌。"③周来祥强调,毛泽
东在这里突出了矛盾是运动中的矛盾,运动是矛盾的运动,相对静止的量变形态
就是偏重于平衡、谐和、统一的形态,显著变动的质变形态就是偏重于不平衡、不
和谐的对立形态;从美学上说,前者是美,后者是崇高,美是主体实践和客观规律
和谐统一的现实存在,崇高则是在主客体这一矛盾对立中肯定主体实践的伟大
力量,预示着这种统一的必然实现。

概括地说,周来祥提出和谐自由论美学思想主要根据以下五个方面:①历史
的启示:无论是中国还是西方,在古代,"美是和谐自由"这个思想都是非常重要
的思想;②时代现实的根据:主要是毛泽东同志提出的"团结——批评——团
结"公式,过去认为斗争是绝对的,团结、统一是相对的,在这里斗争已经不是绝
对的,而是从团结到团结的一个环节了;③再就是在《1844年经济学哲学手稿》
里马克思所讲:共产主义,作为完成了的自然主义,等于人道主义,而作为完成了
的人道主义,等于自然主义,"它是人和自然界之间,人和人之间的矛盾的真正
解决,是存在与本质、对象化和自我确证、自由和必然、个体和类之间的斗争的真

---

① 转引自周来祥:《三论美是和谐》,济南:山东大学出版社2007年版,第514页。
② 同上。
③ 《毛泽东选集》第一卷,人民出版社1991年版,第332—333页。

正解决"①,从哲学上论证了共产主义社会是和谐的最高阶段;④从美学本身来说,美的本质应在审美关系中寻找,审美关系介于认识与实践活动之间,是协调主客体关系的精神—物质活动,它以情感为中介自由地再现客观规律和表现主观目的,是感性与理性、合目的性和合规律性的统一,是最自由、最和谐的关系,也就是说,美的本质是自由的;⑤另外,受到人类文学史、艺术史的启示,特别是受到当时革命现实主义和革命浪漫主义的影响,理想和现实要辩证结合,就是主体的理想和客观规律要结合起来,即主客体达成和谐自由。

有关和谐的理论,和谐自由论美学思想的代表人物周来祥在吸取前人观点的基础上,阐述了自己独到的见解:认为矛盾不是事物发展的开始和最终阶段,而是一个中间、过渡的阶段,和谐才是事物存在的根本。他指出:"事物无不从和谐统一开始,统一经过分化、差异、矛盾对立的相反相成、互补互动、协调有序地运动,再达到新的和谐。事物在和谐中诞生,在和谐中运动,和谐贯穿于事物发生发展的全过程。正因为和谐是普遍存在的,正因为和谐存在于一切事物自始至终运动的全过程,和谐才是万事万物发生、发展的根本动力,才是事物存在的内在根据。"②他指出,和谐是绝对的,"从宏观世界到微观世界,从广袤的大自然到五彩的人类社会,和谐都是普遍的、必然的。万事万物不能离开和谐而存在,假若失去了均衡、有序、和谐、统一,星球之间就会运行无序,相互碰撞而毁灭,人类社会也会因动乱不已而衰亡,思维就会片面、无序,甚至混乱、颠倒,不可理喻。在新的时代、新的现实、新的语境下,我们同样可以说:没有和谐,就没有世界;没有和谐,就没有真;没有和谐,就没有善;没有和谐,就没有美。"③

因此,在《美学文选》中,周来祥总结说:"和谐乃宇宙、人间之大法,之根本原理和运动规律,不可谓不大矣。和谐为美的理论,在中国日益为人们所认同。人们出版了不少美学论著,已形成了一个很有生命力的新学派,被称之为'和谐美学'及'和谐美学学派'。"④

综观和谐自由论美学流派的发展历程,可以说经历了发生、发展和丰富的漫长过程,下面我们先对和谐自由论美学思想进行一个概述。

"美是和谐自由"的观点最先由周来祥提出。周来祥是我国当代著名的美学家、文艺学家,山东大学教授、博士研究生导师,是在20世纪50年代崛起的新

---

① 马克思:《1844年经济学哲学手稿》,北京:人民出版社2000年版,第81页。
② 周来祥:《三论美是和谐》,济南:山东大学出版社2007年版,第51页。
③ 同上书,第47页。
④ 周来祥:《周来祥美学文选》(上),桂林:广西师范大学出版社1998年版,第3页。

中国第一代马克思主义美学家。几十年来的美学、文艺学研究,他取得了卓越的成就,先后出版了 20 部专著,发表了 260 余篇学术论文,以辩证逻辑的思维方法研究美学,提出了"美是和谐自由"的观点,建立了逻辑结构严密的"和谐美学"理论体系。

和谐自由论美学思想的研究大体走过了四个阶段:"第一个阶段是 20 世纪 60 年代初以前,是和谐美学观点由探索到形成的阶段;第二个阶段是 80 年代中叶以前,是和谐美学逐步形成体系的阶段;第三个阶段是 90 年代末以前,是和谐体系进一步丰富、发展的阶段。"①当然,在新的世纪,也就是第四阶段,和谐自由论美学思想并未局限于它原有的成就,而是进一步系统化和完善化了。

(1)探索到形成阶段:和谐自由论美学体系的形成、发展有一个长期的过程。20 世纪 50 年代至 60 年代初,是"美是和谐自由"的酝酿和提出阶段,这个时期,是中国当代美学大讨论时期,也是中国美学受苏联影响的时期。这个时期周来祥发表了两部著作:1957 年的《马克思列宁主义的美学原则》(湖北人民出版社)和 1958 年的《乘风集》(上海新文艺出版社),这两部著作可以算是"美是和谐自由"思想提出之前的理论萌芽。1959 年,周来祥在《文艺报》上发表的《马克思关于艺术生产与物质生产发展的不平衡规律,是否适用于社会主义文学》一文中已经萌发出"和谐"的萌芽,这就是在社会主义制度下,历史上长期存在的艺术生产与物质生产发展的不平衡现象,已被前者适应于后者的新现象所代替,这里的适应讲求的就是和谐。

1961 年到 1963 年,周来祥被借调到北京参加高教部组织的高等学校美学教材的编写工作,在《美学原理》编写组的一次关于"美的本质问题讨论会上",周来祥第一次提出了"美是和谐自由"的观点:美是和谐,是主体与客体、人与自然、人与社会、人与自身、感性与理性、实践活动的合目的性与客观世界的合规律性的和谐统一。同时他把美的本质规定在主客体形成的审美关系中,这种审美关系不同于理智关系与意志关系,而是介于二者之间,"是协调主客体关系的精神—物质活动,既体现主体的意志和愿望,又暗含客观世界的本质和规律,是'无概念的合规律性'和'无目的的合目的性'的统一,它以情感为中介自由地再现客观规律和表现主观目的,是最自由、最和谐的关系。"②

1962 年,周来祥在给中国人民大学文艺理论研究班做的专题报告中,提出

---

① 周来祥:《三论美是和谐》,济南:山东大学出版社 2007 年版,第 496 页。
② 同上书,第 500 页。

和阐述了自己对美和艺术审美本质以及艺术创作的美学规律的独到见解,强调指出"美是和谐自由"不仅是一个逻辑命题,而且是一个历史命题,是逻辑与历史的统一,它展开了由古典和谐美与艺术经近代对立崇高美与艺术向现代辩证和谐美与艺术的历史走向。

(2)形成与发展阶段:20世纪80年代到90年代初,周来祥出版了《美学问题论稿》、《论美是和谐》、《文艺美学的审美特征与美学规律》、《论中国古典美学》、《鲁迅文艺思想》(合著)、《中西比较美学大纲》(合著)、《中国美学主潮》(主编并参编)等著作,发表论文150多篇,和谐美学从60年代的独特观点,发展为80年代的独特体系,其中《美学问题论稿》、《论美是和谐》两书既是和谐理论体系的初步形成,又是一系列问题的深入、展开。此时期,周来祥将美学的研究范围和内容不断从抽象思辨推向丰富具体,于是就产生了对于文艺美学、比较美学、美学史等的研究,这样就确立了一个完整的和谐自由论美学体系,其中的"审美关系说"是这个理论体系的基础。

(3)体系的自我超越阶段:周来祥关于美学范畴的研究经历了两次转变:第一次转变是由和谐范畴转向崇高;第二次转变是在20世纪90年代以后,研究重心由崇高范畴又转向了丑和荒诞,由体系建构转向对现代社会和历史发展的思考。在开始论及崇高时,周来祥认为崇高是一个近代范畴,具有过渡性和双重性的特点,注重的是它的过渡性,使崇高看起来像是古典和谐与现代辩证和谐的连接阶段,缺乏独特的重要位置和理论价值。在1987年发表于《中国社会科学》的《美和崇高纵横谈》中,他才把崇高作为与美一样重要的美学范畴,在逻辑与历史的统一过程中把握美与崇高两种形态。在《中西比较美学大纲》和《中国美学主潮》的研究中,周来祥"将崇高与美学和艺术发展真正结合起来,使其由范畴转变为时代的审美理想,从平面状态转变为立体状态,从静态转变为动态,对崇高的逻辑和历史地位给予了具体论述,使崇高作为一个重要的历史阶段,显示更为丰富的内容、更为复杂的变化和更加重要的理论价值。"[1]90年代以后,周来祥在崇高范畴的基础上,对丑与荒诞进行了阐述,发表了一系列论述丑与荒诞的文章,实现了体系的超越,对"三大美"的历史形态进行了调整:把过去的古代和谐美、近代崇高美和现代辩证和谐美三大形态调整为古代和谐美、近代丑和现代辩证和谐美三种,而崇高和荒诞只是一种过渡形态,只是美和丑的一种组合形

---

① 周来祥:《三论美是和谐》,济南:山东大学出版社2007年版,第506页。

态,把丑与荒诞同崇高一样作为近代美学范畴,使其和谐理论具有更大的解释空间。

(4)不断完善、丰富阶段:周来祥在 20 世纪 90 年代自我超越的基础上,又对哲学基础、美学原理、美学学科建设及美学史进行了梳理工作。他主编并参编的《中华审美文化通史》在《中国美学主潮》的基础上增加了工艺、实用、风俗等审美研究,涉及了美学理论、文学、艺术、生活等中国文化的各个方面,尽力为我国美学思想和审美文化的性质、特点及其发生、发展、嬗变、兴替的历史过程作了一个全面的描述和总结,以期从它的过去、现在,预测它的未来。此时期周来祥与其弟子周纪文撰写了《美学概论》一书,加强了对审美意识部分的论述,另外,还注意突出了理论与艺术实践的结合。与此同时,周来祥对和谐自由论美学体系能否成立以及对社会主义艺术认识是否正确的哲学基础——主客二元对立问题进行了详细的阐述,认为它是近代崇高的产物,它有四个特点:①主客二者有内在本质的差异;②这种差异是"正相反对"的关系;③主客相互为对方而存在;④二者不能和谐统一。他指出主客二元对立的最终解决要靠马克思主义辩证思维,因为辩证思维既承认矛盾的对立,同时也认识到矛盾双方的相互依存、相互融合、和谐统一。

总之,周来祥自进入美学研究领域之后,在马克思主义理论的基础上,根据时代新的要求,总结和发展了西方特别是我国"中和"之美的传统思想而提出了"美是和谐自由"的本质观点。随着理论研究的不断深入,和谐自由论美学思想的研究领域一步步拓展,从古典美学到近代美学、当代美学,从中国美学到西方美学,从文艺理论到文艺美学等,形成了一个动态开放的和谐自由论美学理论体系。可以说,和谐自由论美学思想的提出吸取了当时美学四大派:主观派、客观派、主客观统一派、社会性与客观性统一派的合理之处。和谐自由论美学思想的提出也从一个侧面反映了人们对和谐理想、和谐社会的向往与追求。

二、和谐自由论美学思想的研究现状与问题

学术界真正对周来祥先生的研究是从 20 世纪 80 年代开始的,周先生经过长时期的累积与思考,随着他的《论美是和谐》、《文学艺术的审美特征和美学规律》等一系列专著的出版,对美和艺术本质问题的系统阐述,形成了和谐自由论美学的体系。在他的美学体系影响日益扩大的情况下,学术界对他的美学问题的研究也逐步开始。具体地讲,对周先生的美学和文艺学思想研究大致可分为

五类：1. 介绍、访谈式研究；2. 书评式研究；3. 总结评论型研究；4. 比较论争型研究；5. 会议综述型研究。

1. 介绍、访谈式研究

介绍型研究就目前收集到的主要有山东大学马龙潜、栾贻信撰写的《周来祥教授和美学研究》，此文对周先生从 20 世纪 50 年代开始从事学术活动，到 60 年代形成自己"美是和谐自由的关系"、80 年代的中西比较美学研究及美学体系的建立，做了详细的介绍；广西师范大学王杰于《中国当代著名社会科学家选介》一文中，对周先生作了类似的总结，并突出他在多领域开展了"三大美"的研究。

访谈式研究一般来说是当时当地针对具体问题而论的问答式研究，具备较强的现实针对性，但随着时间的推移，作者学术观点的转变，有其历史局限性。主要的访谈式研究有：

（1）唐玉宏的《文艺美学的现在与未来——访我国著名美学家周来祥先生》（原载《美与当代人》1988 年第 3 期），在该文中，周先生谈论了其美学体系与实践派、主客观统一派观点的异同。关于美的本质问题，周先生在美是"人的本质力量的对象化"、"自然的人化"的基础上前进了一步，提出了"美在关系"的观点，把艺术的审美本质看成是文艺美学的起点，另外，就文艺美学应该如何研究与今后的发展情况提出了自己独到的见解。

（2）当时还在山东大学中文系攻读博士学位的牛宏宝针对"当代中国美学研究状况"对周先生进行了访谈，从访谈的记载中，可以见出周先生十分重视马克思美学思想的原则、方法及其概念和范畴系统。他认为中国美学家在熔铸了西方和中国这两大美学传统的情况下形成了 20 世纪的中国美学思想，要求我们的美学既要包容西方美学精神，又要发扬中国传统审美精神。我们应该而且必须向西方大胆介绍我们的美学观点，审美精神，包括我们整个优秀的美学传统。

（3）李启军、杨维富在《文化转型期的中国美学——著名美学家周来祥教授访谈》（《社会科学家》1997 年第 1 期）一文中提到，周先生认为文化转型期必然是多元期，应该让各派美学自由地、充分地发展，不仅哲学、美学研究可以百花齐放、百家争鸣，而且应用美学也应大胆去搞，雅、俗审美文化要共同发展，和谐地思考与研究，共同着眼于美学事业的健康发展。周先生指出，美学研究不存在危机和困境，即使有困境也就会更有希望，没有绝对的坏事；国际美学研究的趋势是从封闭的象牙之塔走向现实的生活实践，这预示着思辨美学观念向实用美学观念的转化；美学必然走向实践，中外美学都是这样。所有这些，体现了周先生作为一代美学大师宽阔的胸襟、美学观点和范畴的逻辑历史性及美学体系上的动态开放结构。

(4)针对黄理彪与李启军关于"21世纪美学主潮"的问题,周先生进一步解释了和谐美学和其他美学流派的异同,并提出新世纪辩证和谐美的蓝图相对于古典和谐美和近代崇高美的不同特征。

(5)时在广西师范大学中文系的王杰就"美学的危机与理论的张力"(该文原载《社会科学家》1989年第2期)对周来祥教授进行了访问,周先生谈到美学理论应该适应不断变化的现实情况,正确的理论不仅应该而且是迫切需要的,艺术是否消亡及现代形态的美学体系如何建构等问题。这些见解进一步体现了他的美学思想观念的时代性和前沿性。

(6)《文艺研究》杂志社戴阿宝从周先生的美学起步到美学研究,20世纪50、60年代的美学大讨论,70、80年代以来的美学发展,以及对吕荧、李泽厚、蔡仪、朱光潜等的评价进行了详细的采访。

(7)《山东大学学报》记者与谢健、郑伟、韩贻杰就和谐美学与和谐社会及和谐美学理论体系的构建对周先生进行了采访,周先生就其学术生涯进行了概述。

(8)龙辛就"世界美学发展趋势问题"(《美育》1985年第3期)对周先生进行了访谈。周先生明确提出了当今世界美学发展趋势"什么是艺术"是当代西方美学注意的中心、情感表现说占优势、模仿理论重新受到重视、艺术和非艺术的划分等问题突出出来。

2. 书评式研究

最早对周来祥先生进行评价的时间是20世纪50年代,他的《马克思关于艺术生产与物质生产的不平衡规律是否适用于社会主义文学》一文,在国内外产生了广泛的影响,国际比较美学学会主席福克玛教授在《二十世纪文学理论》一书中给予了很高的评价,与卢卡契的理论工作相提并论。《论美是和谐》的出版,是周先生第一本明确提出"美是和谐"的专著。巩庆海的《也谈美是和谐》(《聊城师范学院学报(哲学社会科学版)》1987年第3期)对周先生关于美的本质、崇高美、悲剧美等问题提出了某些认识上的差异。这是一篇比较确切的评论,由于这是有关和谐美学书籍的初版,周先生关于辩证发展的和谐美学还未形成一个系统的体系,因此,许多观点还有待于深化和明确。

1984年《文学艺术的审美特征和美学规律》一书出版,该书从横纵两个方面揭示和反映了艺术的美学原理与规律。汪帆发表于《文史哲》1990年第2期的《评〈文学艺术的审美特征和美学规律〉》一文,指出周来祥教授在认识文艺审美特征和美学规律的探索中取得了可喜的成就,其关键就在于选择运用了适当的方法。评论抓住了此书的特点,突出了周来祥先生的创新之处。

　　陕西人民出版社1984年出版了周先生的《美学问题论稿——古代的美·近代的美·现代的美》,该书可以说是周先生美学思想的一个阶段性总结。如果说,《论美是和谐》某些观点还存在模棱两可、体系方面也有些松散的话,此书的出版则把他的理论体系推向了成熟和严密的阶段。针对此书,许多专家学者发表了评论。童庆炳在《美,古代的,近代的,现代的——读周来祥的〈古代的美·近代的美·现代的美〉》一文中指出此书是周来祥先生美学思想的系统总结,强调美和美学都不是静止的,而是发展变化的,都是时代性的,会随着时代的变迁而产生不同类型的美学,古代的古典和谐美、近代的对立崇高美与现代的辩证和谐美三大类型的美是周先生从人类历史上的三个时代总结出来的三种不同的美学思想。周均平在《辩证和谐美学的三重超越——评周来祥〈古代的美·近代的美·现代的美〉》一文里比较客观地指出周来祥先生的这本书从多个方面把美学提升到了一个新的高度:①在辩证思维为统帅的多元综合一体化的美学方法运用上,达到了更高的境界;②辩证和谐美学体系更完整、更系统、更科学;③融合社会学、文化学、心理学思维科学研究为一体,对辩证和谐美学三大美和艺术形成的社会根源和条件进行了全方位观照;④从历史发展的观点来界定美学范畴;⑤辩证扬弃了西方理论美学与经验美学、自上而下与自下而上的片面性,超越了它们的矛盾对立。周纪文的《美学理论体系的重要与可贵——读周来祥〈古代的美·近代的美·现代的美〉》一文,阐述了周先生对美学本质和体系的探讨,用辩证思维和历史与逻辑相统一的方法,把美和艺术分为三种类型。文刚在《在范畴运动中展现人类美学思想发展史——读周来祥〈古代的美·近代的美·现代的美〉》一文中认为,"三大美"体现了周先生美学体现四个方面的特点:①体现了范畴的辩证运动;②是我国第一部涵盖中西的人类学思想的逻辑发展史;③是我国第一部将美学史和艺术史的逻辑发展两相对应、紧密结合的理论专著;④具备深厚的人文精神,充满着坚定的革命信念和伟大的共产主义的理想。该评论充分肯定了周先生辩证方法的运用、体系结构的合理。

　　以上四文均被收录于周来祥主编的《东方审美文化研究》(2—3)(桂林:广西师范大学出版社1997年版),这几篇文章强调了周先生美学的系统性、历史性,突出该书采取了辩证思维的方法,将美学史与艺术史紧密结合的特点,认为三大美的划分,融贯了东西方的美学思想。这些观点基本上符合原著特色,对解读其书有一定帮助。

　　自 20 世纪 80 年代中期以来,周来祥教授的研究重心转向以中西比较美学研究为基础的美学形态的历史研究,《论中国古典美学》、《中国美学主潮》(主编)、《西方美学主潮》(主编)等著作从一个侧面深化了美学理论的意识形态研究。1984 年周先生应邀参加国际美学会议,他的论文《东西方美学比较研究》被选入大会论文集,并在加拿大出版。美国学者拉扎林博士曾撰专文评述,称其为"开创性的比较美学研究"。1992 年出版的《中西比较美学大纲》(与陈炎教授合著)一书从横纵两个方面比较了中西美学的异同。

　　龙辛的《一部富有特色的中国古典美学论著——评周来祥的〈论中国古典美学〉》(《山东社会科学》1987 年第 3 期)一文指出此书是继他近几年出版的三部论著后推出的又一部力作,著者运用辩证逻辑的科学方法,对灿烂辉煌的中国古典美学进行了宏观的考察,深入揭示了中国古典美学的性质、特点及独特的发展规律。该文确认了周先生对中国古典美学自身性质、特点和发展趋势的把握,肯定了周来祥先生在研究方法和体系结构上所表现出的开创精神。

　　邢煦寰的《中国美学总范畴的宏观历史把握——评周来祥主编〈中国美学主潮〉》(《文学遗产》1994 年第 1 期)一文肯定周先生抓住了每个时代美学的总范畴和审美理想作为历史发展的主要线索,着力揭示这一总范畴和审美理想的产生、发展、裂变、兴替的历史轨迹,使人有高屋建瓴、统摄全局之感,产生一种学术上弥补不足的满足感;肯定周先生在研究和叙述方法上,鲜明而又内在地把握了历史和逻辑相统一的方法。该文并非一味褒奖,而是一分为二地看待此书,在确认其突出贡献的同时,也指出《中国美学主潮》还存在着一些值得进一步讨论、斟酌和提高之处,比如,从资料的密度、论点的一致、学术质量到文笔风格,都还存在着一些不完全平衡、协调和统一之处;有些部分也许在占有资料的丰富程度上,在论证的严密、风格的统一乃至某些美学范畴阐释的深入与详赡程度上,比起李泽厚、刘纲纪的《中国美学史》、叶朗的《中国美学史大纲》来也尚有逊色之处;再比如,对某些美学家及其美学思想的评价上,也有值得商榷之处;等等,这些评论都抓住了本书的精髓,事实上,现在学术界的看法也大致无二。

　　稍后的于培杰与许临星的《美学发展流程的成功勾勒——读〈中国美学主潮〉》一文的论点与上文基本差距不大,只是该文在指出此书的不尽如人意之处时,显得更为精细:认为该书在纵向的勾勒中,于现代美学部分出现了横向垂直线的切割痕迹;书的最后一节"和谐与崇高"不够完备;书中于近代与现代部分未能充分地展开。(此文收录于周来祥主编:《东方审美文化研究》(2—3),桂林:广西师范大学出版社 1997 年版,第 366—372 页)

周纪文的《以比较、主潮为支点的理论系统——〈中西比较美学大纲〉读后》一文呈现了周先生《中西比较美学大纲》在理论观点和论述方法上的理论性、体系性、主潮特色和多侧面的比较等特点。（此文收录于周来祥主编：《东方审美文化研究》(1)，桂林：广西师范大学出版社 1997 年版，第 290—300 页）

《再论美是和谐》一书的出版使周来祥先生的和谐自由论美学在整体上显得比此前更充实完满、更为丰富多彩、相对而言也更具有理论的包容性和现实意义。

傅谨的《周来祥美学思想的自我超越——评〈再论美是和谐〉》（《浙江社会科学》2001 年第 2 期）一文讨论了周来祥美学思想在 20 世纪 90 年代出现的转变以及这一转变的理论意义，指出 90 年代周来祥美学思想超越了黑格尔过于浓厚的目的论色彩和它回归式的封闭性特点，体现出周来祥美学思想开始了从"体系时期"到"后体系时期"的超越。

黄理彪、袁鼎生的《新的美学境界——读〈再论美是和谐〉》一文体现了周来祥先生一方面进一步探索了中西和谐的特殊性，另一方面通过综合，揭示了中西美学从不同的特殊层面，多维地展现了和谐本质的丰富规定性，使中西和谐成为世界美学规律的多样统一性表现和网络化展示，使理论的抽象走向了理论的具体，从辨异走向求同的整合。该书不但使和谐的普遍规律得到了多方位的展示，形成了丰富、具体且又统一的本质，揭示了周先生对和谐理论的探索走向了深入，也使得他的学术品格的整一性得到了同步的深化与强化。他们的另一篇文章：《整一的学术品格与和谐的理论体系——谈周来祥〈再论美是和谐〉》（《社会科学家》1997 年第 3 期）就是为突出周来祥先生和谐的理论建构，与他整一的学术品格一致而撰写的。该文指出，这种统一性，在他的新著《再论美是和谐》中达到了新的境界，形成了一个动态平衡的、持续发展的和谐理论体系，从而在根本上奠定了、从整体上显示了周来祥先生学术品格、学术特征的动态整一。

进入 21 世纪，周先生的《美学概论》（合著）、《文艺美学》从美学与文艺学两个方面更加深化了自身的理论体系。针对周先生的《文艺美学》一书，谢冕（北京大学教授、博士生导师）、陆贵山（中国人民大学教授、博士生导师）、杜书瀛（中国社会科学院研究员、博士生导师）、邢煦寰（中国艺术研究院研究员、研究生部主任）与傅谨（中国艺术研究院研究员、博士生导师）五位专家对《文艺美学》撰写了鉴定评语指出该书运用马克思主义观点和方法，从多种学科、多种视角和多种层面对这一学科对象、方法以及内容等方面作了深入的探讨和揭示，重新系统地论证了"美是和谐"的基本观点，同时指出该书将理论研究的成果与现实问题结合起来了。①

此书作为高等学校文科教材，流传广泛，对之进行评论的学者也较多，主要有陈石林的《和谐与不和谐》（《中国图书评论》2005 年第 3 期）、周纪文的《发展辩证逻辑和建构文艺美学——读周来祥〈文艺美学〉》（《中国文化研究》2004 年秋之卷）、彭修银　张新煜的《体系、问题与态度——读周来祥先生〈文艺美学〉感言二三》（《东岳论丛》2004 年第 5 期）、孔新苗的《一本富有创造性、系统性和启发性的好教材——周来祥教授著〈文艺美学〉读后》（《新书评》2004 年第 10 期）、木风的《不和谐的和谐美学》（《中国图书评论》2005 年第 3 期）及陈书灵的《论断要有充分的根据——谈周来祥的"美是和谐说"兼与木风商榷》（《中国图书评论》2005 年第 6 期）。前三篇指出了该书的体系与方法论特点：以辩证思维方法为基础，融入和借鉴了现代科学和哲学、美学的思维方法，致力于创造性地发展辩证思维模式，形成一个双向逆反纵横交错的网络式圆圈构架，达到了"历史的"和"逻辑的"统一。后两篇是论辩式文章，木风认为《文艺美学》表现出作者借马克思主义理论与思想来自我保护，认为周先生只是对于马克思主义的口号式的坚持而实际上是维护"和谐美学"的合理性。个人认为，这种观点带有明显的片面性。众所周知，任何一种理论都有其哲学基础，和谐美学就是建立在马克思主义哲学基础之上的实践美学的深化，饮水思源，周先生引用马克思的观点、方法论证其学术观点理所当然。陈书灵就针对木风提出的观点予以反驳，认为木风只是纸上谈兵，并没有理论和事实根据。

经过 20 世纪 90 年代自我超越的和谐自由论美学思想，仍然面临许多或新或旧的历史材料和审美现实的挑战。周先生于 2007 年 9 月出版的《三论美是和谐》探讨的主题就是现代辩证的和谐美与社会主义艺术的问题，以及和谐美学关于辩证思维的新发展与进一步思考。此书因出版时间较晚，又是近十年来的论文汇总，暂未搜集到对该书的相关评论文章。

3. 总结评论型研究

周来祥先生的和谐自由论美学思想提出之后，相关评论文章各抒己见，纷纷发表自己的看法。大部分论文是褒奖周先生和谐自由论美学思想和体系的独创性和逻辑性：如封孝伦写于 1995 年的《周来祥美学理论体系刍议》（《西北师大学报（社会科学版）》1995 年第 2 期）、刘恒健的《略论周来祥的和谐美学》（《广

① 参见周来祥：《文艺美学》，北京：人民文学出版社 2003 年版，第 431—434 页。

西社会科学》1997 年第 1 期)、韩德信的《中国近现代美学发展勾勒与周来祥美学理论述评》(《社会科学家》1998 年第 2 期)和《当代中国美学的走向:辩证和谐的美学》(《求是学刊》1998 年第 4 期)、邹华的《后期和谐说》(《甘肃高师学报》2000 年第 1 期)、薛富兴的《美的三大历史形态——周来祥和谐美学略论》(《贵阳师范高等专科学校学报(社会科学版)》2003 年第 1 期)与《美是和谐——周来祥美学略论》(《民族艺术研究》2003 年 1 月)及《辩证思维——和谐美学述评》(《贵阳师专高等专科学校学报(社会科学版)》2004 年第 1 期)、周纪文的《构筑和谐美学的理论体系大厦——周来祥先生美学思想述评》(《阴山学刊》2003 年第 2 期)、周文君的《构建和谐文化与和谐美学》(《东方丛刊》2007 年第 3 期)等一系列有关和谐的评论文章从各个不同方面阐述了周来祥和谐自由论美学思想体系,指出这个理论体系以一系列辩证发展的流动的概念范畴形式,高度概括和涵盖了极其丰富的现实审美实践的历史内容,具有高度的逻辑性、深厚的历史性,逻辑和历史达到了高度的统一。

有几篇是专门论述周来祥和谐美学体系哲学基础与方法论的:李富华的《比较美学研究方法略论——兼论周来祥先生的贡献》(《思想战线》2003 年第 4 期)、黄理彪的《从抽象走向具体——辩证思维方法与周来祥美学思想体系》(《广西大学学报(哲学与社会科学版)》1996 年第 3 期)、李庆本的《美学和辩证逻辑——谈周来祥先生美学研究的哲学基础》以及收录于周来祥的《东方审美文化研究》(2—3)(桂林:广西师范大学出版社 1997 年版)一书中的几篇论文:杨存昌的《辩证思维与现代美学体系的建构——周来祥美学思想》、彭修银的《周来祥美学的方法论问题》、孔新苗的《周来祥美学思维体系建构的方法论特点》。

针对和谐美学中部分观点评论的文章有:王德胜的《周来祥比较美学思想初探》(收录于周来祥主编:《东方审美文化研究》(2—3),桂林:广西师范大学出版社 1997 年版,第 352—365 页)、马立强的《通向自由之路——从美学史看周来祥艺术本质观》(《西北师大学报(社会科学版)》1990 年第 5 期)、邹华的《对比与更替:三大美学中的两种关系》(《西北师大学报(社会科学版)》2000 年第 1 期)、朱小红的《艺术的新天地——反审美与丑艺术》(《贵州教育学院学报(社科版)》1991 年第 3 期)。概括地说,王德胜教授的论文指出周先生的比较美学研究,力求从中西比较中找到新的、当代形态的美学建构,建立了一个较为完整的体系;马立强认为周来祥先生的艺术审美本质观是以"人的本质力量对象化"原理为哲学前提的,这是比一般实践美学的进步之处;邹华指出三大美学理论是周来祥美学的重要组成部分,它们存在着不可分离但又有明显区别的两种关系。

有关周先生总结评论型研究的专著有其弟子周纪文主编的《和谐论美学思想研究》(济南:齐鲁书社 2007 年版)。该书分上下两篇,上篇从体系之内论述了周先生的和谐理论,包括文艺美学、中西比较美学、方法体系及和谐美学的形成与发展等;下篇从体系之外论述了周先生的和谐自由论美学理想,结合实践论述了和谐美学的基本特征等问题。另有几部著作以章节的形式进行了总结:穆纪光的《中国当代美学家》(郑州:河南教育出版社 1989 年版)和王臻中的《中国当代美学思想概观》(南京:江苏教育出版社 1992 年版),两书都列专章评述了周来祥先生的美学思想,后者在充分肯定周先生对中国当代美学杰出贡献的同时指出了其局限:"不是说他构架的体系及提出的观点就无懈可击。如一些理论观点尚没有用更具体的文字进行表述,容易引起读者的疑问;另外,就整个逻辑概念、范畴之间的联系和区别来说,大的方面是很清楚的,但细微之处尚需进行内通外联,以便达到更加严密,更加合理,更具有科学性。"①此书就周先生原有论著来说,评论是恳切的,但在之后的论著当中,周先生不仅在辩证宏观方面有重大的发展,而且在细微之处也照顾周全,整个体系更加完备。正如周均平在《辩证和谐美学的三重超越——评周来祥〈古代的美·近代的美·现代的美〉》所评价的:周先生的宏观总体逻辑构架由一元单层纵横交错的平面网络圆圈结构,发展到一元双层纵横结合的立体网络圆圈结构;另外,周先生后来补充发展了某些观点,使一些逻辑和历史环节微观局部更准确细致和严密了。章辉的《实践美学——历史谱系与理论终结》(北京:北京大学出版社 2006 年版)一书对周先生建立在实践美学基础之上的和谐自由论美学辟章节详细阐述了其来龙去脉,文中指出的周先生的基本成就也符合周先生的原意:实践观点只提供了探讨美的本质特征的正确的理论前提,还不是对美的本质特征的具体解决,美既不在主体,也不在客体,而在主客之间形成的审美关系之中;马克思的辩证思维是美学研究的最高思维方法,当代自然科学方法提供了解决美学问题的途径;提出了三大美与艺术及其特征、人类三大思维方式等基本理论。当然,在肯定其成就的同时,论者提出了和谐美学同样缺乏学科自身的问题意识,实践如何产生审美关系,审美关系如何产生美,美学是否有自身的说法及审美关系概念模糊等亟待解决的问题,也很具备现实意义,说明和谐美学同样需要进一步拓展,美学的奥

① 王臻中:《中国当代美学思想概观》,南京:江苏教育出版社 1992 年版,第 434 页。

秘是无法穷尽的。另有穆纪光主编的《中国当代美学家》(石家庄:河北教育出版社 1989 年版)和余三定的《学术的自觉与学者的自立:当代学者研究》(武汉:华中师范大学出版社 1998 年版)二书都分章节对周先生的和谐自由论美学思想进行了较系统的阐述和评价;1997 年封孝伦的《20 世纪中国美学》(长春:东北师范大学出饭社 1997 年版)一书出版,该书以宏阔的历史视野,对 20 世纪美学进行了梳理和总结,从梁启超到周来祥,对他们的美学思想进行了比较深入的评述。

4. 比较论争型研究

这类研究主要有:①山东大学中文系郭德强与王纪晏的《评周来祥和叶朗关于中国古典美学的两种不同观点》(《江汉论坛》1988 年第 11 期);②北京师范大学中文系王一川的《美学对象不是审美关系——与周来祥同志商榷》(《江汉论坛》1985 年第 3 期);③陈炎的《和谐论美学体系的由来与得失》(《学术月刊》2002 年第 9 期);④连杨柳、张晓明的《是"指南"还是"公式"?——也谈恩格斯关于悲剧冲突的论述兼与周来祥、李思孝同志商榷》(《固原师专学报(社科版)》1986 年第 2 期)。这些研究从批评与论争的角度对周先生和谐自由论美学思想的某些观点进行了商榷,特别是其弟子陈炎教授对周来祥先生整个和谐自由论美学体系提出了质疑。

5. 会议综述型研究

针对周来祥先生的美学思想前后共开展了多次讨论会,它们分别是:①卫卫在《一门新兴学科的崛起——全国首届文艺美学讨论会综述》(《东岳论丛》1986 年第 6 期)一文中记载的 1986 年 5 月 10 日至 5 月 16 日,由中华全国美学学会、山东大学美学所、山东省文联等六单位联合举办,在泰安召开的"首届全国文艺美学讨论会";②杨维富、李启军的《当代美学研究的力作——〈再论美是和谐〉讨论会综述》(《社会科学家》1997 年第 2 期);③杨存昌的《构筑人类审美王国的理性大厦——周来祥教授美学思想讨论会概述》(《山东社会科学(双月刊)》1996 年第 1 期);④宋民在《贯通古今以求索 融汇中西而开拓——〈周来祥美学文选〉讨论会综述》(《文史哲》1999 年第 6 期)一文中,针对于 1999 年 7 月 31 日在北京召开的《周来祥美学文选》讨论会进行了概述;⑤杨维富的《写在"周来祥美学思想研讨会暨周来祥先生从事学术活动 45 周年"后》一文(收录于周来祥:《东方审美文化研究》(1),桂林:广西师范大学出版社 1997 年版,第 322—325 页)对周先生的学术生涯进行了总的综述。所有这些会议都有针对性地对周来祥先生的美学体系进行了某些方面的综述,概括了各位美学与文艺学大师的观点,对周先生美学体系的完善起了极其重要的作用。2008 年的 10 月中旬,由周先生的弟子发起,在山东大学又举行了一次学术讨论会。作为他老人家的徒孙,我有幸在我硕士生导师黎启全先生的带领下参加了此次会议:这次会议是针对周老先生 80 高龄与从事学术研究 55 周年而召开的,会议参加者主要是其弟子,大家对周先生的和谐自由论美学体系进行了详细的总结与完善;周先生自己也对今后的设想与美学发展的未来作了预测,同时鼓励大家建立自己的体系。

概而言之,对周先生和谐美学研究可以归纳于以下几个方面:一是这些研究大多数是以论文或章节的形式进行评述;二是大多数论文只是对其美学观点的概述,未能深入下去,并且有些文章只是针对前期而言,故评论有片面之感,周先生的和谐美学是一个动态的发展过程,随着他学术研究的深入,各种观点阐述得也更全面,体系也更完善,这就不是一两篇论文能完全说清楚的;三是对其和谐美学体系与方法论评述较多,对其美学范畴研究较少。总之,周先生的和谐美学是一个开放动态的美学体系,其美学思想随着社会历史的发展而发展,对其研究也应是一个不断深入的过程。尽管上面资料显明,研究已经取得了相当的成绩,但到目前为止,除其弟子周纪文女士有专著对之进行了研究之外,一般只是概述式、浅层面的研究,因以论文发表的形式,就很难全面、深入地展开来研究。周先生作为中国当代著名的美学家,取得的成果是有目共睹的,本人学识有限,但不揣浅陋,希望能抛砖引玉,引起学者们对周先生和谐自由论美学思想更深入的了解。

第一章　和谐自由论美学思想的理论渊源

"绪论"中已经讲到周来祥通过对中外美学史的研究来阐述自己的观点,提出了和谐自由论的美学思想,建立了辩证思维的体系。多年来,周来祥从各方面对其和谐自由论美学体系进行了阐述和拓展,形成了主客统一的整体美学范式。和谐自由美学理论既有深厚的历史底蕴,又经现代马克思主义辩证思维方法的洗礼,具有现代科学的品格,具备极强的包容性。和谐美学理论体系犹如一个大海,几乎包含了古代、近代、现代的一切有关美的本质理论。可以说,"和谐自由论"美学体系弘扬、发展了古今中外的美学思想和艺术理论。

综览和谐自由论美学思想的发展概况,可以看出和谐自由论美学思想源于对中西审美现象、美学理论发展的抽象概括与总结:在中国,和谐自由论美学思想从源远流长的中国传统文化中找到了自己学术思想的根基;在西方,和谐自由论美学思想几乎概括了以德国古典美学思想为主的所有美学和文艺理论思想。代表人物周来祥用马克思的实践论改造了黑格尔的辩证法,同时批判吸取前哲时贤的美学思想,建构了"和谐自由论"美学思想体系。

第一节　中华文化的接受与积淀

广义的文化涵盖了人类生活的方方面面,梁漱溟先生说:"文化,就是吾人生活所依靠之一切。""文化是极其实在的东西。文化之本义,应在经济、政治,乃至一切无所不包。"①中国是一个历史悠久、文明昌盛,数千年来保持着统一和持续的文化形态的古国,中华民族创造了世所罕见的物质文明与精神文明,中国古代具备丰富的文化底蕴,其中儒家和道家是两大源头,贯穿整个古代社会,几乎涵盖了中华文化的全部历史,禅宗是印度佛教中国化宗派之一,是在吸收了

---

① 梁漱溟:《中国文化要义》,上海:学林出版社 1987 年版,第 1 页。

儒、道的思想及魏晋玄学而形成的旁支。儒、道、佛三家的"中和"思想是和谐自由论美学思想的直接来源。

一、中国古代的"中和"文化思想

关于中华文化的历史,周来祥主编并参编了六卷本的《中华审美文化通史》,对浩如烟海的中华审美文化进行了系统的归纳总结。该书既从总体上概括了中华文化的基本特征,也对各个朝代的审美文化进行了分述。

在中国古代,儒、释、道三家的思想可以用一个词来概括,即"中和"的思想。周来祥在《论中国古典美学》中说:"'和'是一个大概念,是中国传统文化的根本精神,它几乎涵盖一切,贯串一切","'和'的精神源远流长,是古代社会中占主导地位的观念"。[①] 中华文化的基本面貌也正是"中和"思想基本特征的外现:强调差异、统一、整体和谐的宇宙观;强调发展、循环、永久的自然观;强调量变、坚持对立而不对抗的和谐观。

在中国传统文化中,"和"、"谐"、"和谐"都是紧密相连的,甚至是相互代用的,也可以说"和谐"是地道的中国产品,在古代它与"和"、"中和"具有同样的内涵,大体是同一个概念。

因此,在周来祥看来,"中和"的思想就是"和谐"的思想,和谐自由论美学思想的理论就是从中国古代"中和"的思想延伸和概括而来。"中和"(和谐)作为一个哲学、美学的范畴和中华文化的根本精神,内容十分丰富而深刻:中和是一个关系概念,是不同事物、因素之间协调、平衡、有序的关系;中和不是否定差异与矛盾,而是包含着差异与矛盾,并使之平衡、协调;中和中存在的差异与矛盾的关系分为杂多的异和相反的异;中和的思想认为,有和就有不和,有中就有不中,和与不和,中与不中是事物存在的两大关系类型,但"不和"最后必归于"和","不中"必达于"中";"和"是万物之母,是万物产生发展的动力;由于"中"、"和"贯穿于事物发展自始至终的全过程,在此过程中,矛盾双方是不断缩小、化解,不断协调平衡,不断渐进性持续发展的关系。

同时,周来祥指出中华文化的"中和"思想具备很强的现实意义:它是一个大概念、大范畴,是古代人的心理结构和思维模式,人们以此来规范一切,陶铸一切;中和文化反映中国古人对和谐社会、和谐人生的理想和期盼,对构建社会主

---

① 周来祥:《论中国古典美学》,济南:齐鲁书社 1987 年版,第 157—166 页。

义和谐社会,促进人与自然、人与社会、人与自身和谐关系的发展,具有深刻的启示意义和参照意义。可以说,和谐是整个中华文化的根本精神和优良传统,是中华各个民族不断交流融合的结果,是中华文化对全人类文化具有独创性的伟大贡献。

"和"的内涵是在长期的历史发展和积淀中,一步步地发展丰富的,从一个日常词语逐步上升到一个哲学概念、伦理道德概念和美学概念,成为中华文化的核心范畴与主导精神。具体地说,"和"由一个日常的词语演化成为一个哲学、美学的概念和范畴经历了以下几个阶段。春秋以前的"和"是"以他平他谓之和",是多种不同事物、不同因素的和谐组合:早先的"八音克谐"就有协调、调和、和谐之意,"和"的释义尽管有乐器、调酒器等不同说法,但延伸为调和、协调、和谐等意义,已经成为大家的共识;《周易》用阴阳、刚柔等概念的激荡与和谐来解释宇宙自然、人文社会"生生不息"的发展规律;西周末至春秋期间,有三个人的论述对"和"的观点有所深化,他们是史伯、晏子、单穆公。史伯在《国语·郑语》中已经明确认识到"和"与"同"的区别:"和"是"以他平他",是众多不同事物的协调、平衡,是万物产生的本源和动力;"同"只是同一事物或因素的相加或重复。晏子把"以他平他"的"和",进一步发展为不同事物之间相辅相成的,以及相反事物之间相反相补、相反相济的两种关系;对"和"提出了适度的标准,同样区分了与"同"的区别。单穆公从主客体相互对应的关系方面来论述"和"的问题,指出"和"不仅决定于对象的"和",还决定于主体的"和","和"是和谐的对象与和谐的主体相互对应、相互谐和的结果。《礼记·中庸》之中,提出了"中和"的概念,提出"礼"是"和"的标准,只有体现或符合礼的协调组合,才能称之为"和"。《中庸》展现了一种由己及人,由人及物,由人类社会及宇宙万物的认识过程和思维模式,在《中庸》中,"和"由人与自身的和谐,推及人与社会的和谐,由人与社会的和谐,推及天与人、人与自然的和谐。可以说,《中庸》把"中和"的理论推进到一个比较全面、系统的境地。与儒家的"礼"不同,道家由"道"化生自然天地万物,由天道到人道;同时注重养生,从个人的养生出发,内在地体验到生命的奥秘,体验到自然生命向精神生命的自由超越,从而推己及物,由养生之道推及宇宙自然之道,达到生命精神与宇宙本体的统一,达到"以天合天"的境界。董仲舒进一步将"中和"推之于事物由始到终、由生到成的全过程,指出了"中和"的普遍性、绝对性。他强调天下事物,莫不生于和,又成于和,莫不始于中,又止于中;"和"是德之至大,"中"是道之至正,指出人们要以"中和"理天下,要以"中和"养其身。同时他还直接把"中和"与美关联起来。

他说:"中者,天之用也;和者,天之功也,举天地之道,而美于和。"①又说:"世治而民和,志平而气正,则天地之化精,而万物之美起。"②他把"中和"由人美、政美扩大为天地之美。他还明确指出了天、地、人之间存在着"非中"、"非和"的现象,肯定了"不中"、"不和"的必要性,"和与不和,中与不中"可以根据不同的实际情况予以运用,但"非中"、"非和"不能无限制发挥,更不能独立化,最后必须导向于"和"、"中",成为天、地、人整体和谐的一个有机的组成部分。汉代以后,"中和"的观念日益向艺术延伸。这种"中和"的思想体现为两个不同的方面:在刘勰的《文心雕龙》中,从总体到部分,到各个概念范畴的剖析,都体现着一种倡导"风骨"的"中和"、"中庸"精神;而自司空图的《诗品》开始,"中和"的思想逐渐转向平淡、自然、宁静、清远之优美。宋明理学,吸收了老子与庄子的学说,融合了佛教与禅宗的思想,使儒学出现了一个新的变化,达到了一个新的高度。从朱熹开始,"中和"的思想转向实用化、生活化、世俗化方面发展。中唐以后,特别是明中叶以来,随着近代崇高的萌芽和浪漫思潮的兴起,"中和"理想受到了较大的冲击,但始终未能突破古典的和谐圈。

周来祥从"中和"这个至真、至善、至美的大概念、大范畴中,概括出我国古代美学是和谐的观点,并指出我国古代的哲学本体论是以人、人类主体为基点的"天人合一"为本体,这种本体是主客体谐和的关系本体:既不是主体本体论,也不是客体本体论,而是以主体为主的主客体统一的关系本体论。可以说,这是"审美关系说"最原始的理论根源。从中和、和谐这一本质的规定来看,周来祥指出:"中国古代可以说是一个广义的美的时代,中国古代哲学可以说是一种美的哲学,中国古代文化也可以说是一种美的文化。不但老庄道家'以天合天'的和谐自然哲学是一种美的哲学,孔孟儒家'天人合一'的伦理人文哲学也是一种美的哲学。"③

具体而言,周来祥的六卷本《中华审美文化通史》充分说明了和谐自由论美学思想来源于中国的传统文化理论。我们以明清时期为例子来说明明清文化与美学对和谐自由论美学思想的影响。周来祥把明中叶到民国初年的美学定位为

---

① 董仲舒:《春秋繁露义证·循天之道》,见《新编诸子集成》,北京:中华书局1992年版,第447页。
② 同上书,第466页。
③ 周来祥、周纪文:《中华审美文化通史》(先秦卷),合肥:安徽教育出版社2006年版,第17页。

从古典审美形态向近代审美形态的过渡时期,也就是由古典的和谐美向近代的崇高美的过渡时期。当时儒家学说一直占据中国思想领域的统治地位,程朱理学发展了儒学思想,但因对"理"的极端推崇而限制了新思想的发展,于是首先是王阳明心学思想为反礼教、反传统拉开序幕。其后又有泰州学派、李贽、"公安三袁"等人,明末清初的顾炎武、黄宗羲、王夫之等人以及龚自珍、魏源等人,康有为、梁启超领导的维新运动,孙中山领导的民主运动以及直到五四时期的新文化运动。此时中国人的思想发生着急剧的变化,一步步走向表现主体意识和个性解放的思想,如果说王阳明是从纯化儒家道德思想出发的话,它的继承者与泰州学派却将反叛的矛头直接指向了孔圣贤人。针对程朱理学所提出的"存天理、灭人欲",他们大胆地宣称"私欲"是自然而真实的人性表现,不应被压制,应该大胆地表达出来。他们以恢复自然人性、提高人的主体地位为己任,李贽、"公安三袁"都是其代表人物,其中李贽提出了著名的"童心说",就是要让人们挣脱"枷锁",做回"真人",畅说"真言",找回"童心"。这一时期的思想和文学艺术都表现出反传统礼教、反禁欲主义,以自然为美的特色。反映在美学思想上,表现为对主体、个体、个性、情感等因素的极力强调,而对客体、社会、理智等因素的否定,表现出近代特色的思维方式,在审美理想上求"真"。明末清初,"以王夫之、顾炎武、黄宗羲、傅山、方以智等人为代表,开始了对'经世致用'的实学思想的研究。一方面,他们继承了人文思想对传统礼教的批判,表现出对禁欲、君权统治、以礼节情等传统思想的反叛,这种反叛思想一直贯穿了近代思想发展史,而且,越来越坚决、越来越彻底,包括清中叶的戴震等人和后来的新文化运动;另一方面,他们认为王学清谈误国,所以在批判理学的同时,也批驳王学思想。"①也就是说,他们一方面强调个体意识,另一方面也重新提倡儒学的入世精神,为儒学正统地位而努力。其中王夫之、黄宗羲的哲学思想具备思辨性,带有理性主义的观点;颜元和方以智的思想则突出强调实践经验。总的来说,这个时期无论是强调主观还是客观,是发展理性还是感性,都表现出突出矛盾对立、突出主体意识,强调个性色彩,强调性情抒发的近代思想特色。站在古代与近代的交汇之处的龚自珍提出的"自我",具有近代人文主义和民主主义的色彩,将个体主体推到哲学本体的地位,其"自我"的形象已经带有近代崇高美的色彩,带有鲜明的浪漫主义风格,与他同时期的魏源则表现出现实主义的理想。维新派

---

①　周来祥、周纪文:《中华审美文化通史》(明清卷),合肥:安徽教育出版社 2006 年版,第8 页。

代表人物康有为的"以元为体"的自然发展观和"以人为主"的博爱人生观,以及"中国第一位真正了解西方文化的思想家"(冯友兰语)的严复和在美学上提倡"趣味论"的梁启超的思想都带有近代崇高的特色,给周来祥的近代崇高美以启发,特别是梁启超的"为游戏而游戏"、"为趣味而趣味"的观点,给美的无功利与目的性的本质以界定和认识,区分了美感与快感、痛感。真正给近代崇高以定义的是王国维,他总结了中国古典和谐美学的特征,确立了近代崇高美学的地位,给现代美学提供了一个理论起点。王国维说:"美之性质,一言以蔽之曰:可爱玩而不可利用者是也。"①就是在本质上认识了美的本质所在,同时指出美的特征是以具体形象为手段,以情感为枢纽,给和谐自由论美学思想中的"艺术是情感的表现"以启发。王国维通过对优美与壮美的区分确立近代崇高的概念:"而美之中,又有优美与壮美之别。今有一物,令人忘利害之关系,而玩之而不厌者,谓之优美之感情。若其物直接不利于吾人之意志,而意志之破裂,唯由知识冥想其理念者,谓之曰壮美之感情。"②其对于悲剧的论述也是属于典型的近代美学范畴,因为他的悲剧是强调矛盾、强调分裂的悲剧。新文化运动时期,对和谐自由论美学思想产生影响的主要有两个人:一个是蔡元培,一个是鲁迅。对于鲁迅,孙崇恩与周来祥合编了五辑本《鲁迅文艺思想编年》,对鲁迅的文艺思想资料作了编年的汇集和历史的研究,这里主要指鲁迅早期揭露和批判封建礼教对国民的毒害、唤醒国民麻木的灵魂的思想,表现了他面对矛盾的痛苦的心灵,带有明显的崇高感,丰富了近代崇高美的范畴。蔡元培的美学思想以美育为主,他提倡以美育代替宗教,还论述了崇闳之美、悲剧、滑稽等范畴,丰富了近代崇高的发展,所有这些对和谐自由论美学思想中的美育思想提供了前提条件。

思想的转型必然引起美学与艺术上的变化,"艺术层面包括小说、戏曲、诗文、绘画、书法、建筑等几种类型,它们或者繁荣于这一时期,或者在这一阶段得到全面的总结,像小说、戏曲,不但创立了一种新的艺术形式,而且突出地表现了近代市民意识;绘画和书法则以表现矛盾性而引起了创作方式的改变;诗文在明清时期称不上成绩卓著,但是,以诗文为研究对象却出现了体系化的理论总结;明清的建筑,包括园林、民居、宫殿、陵墓等,也以表现出时代的审美特征而成为空间造型艺术的一种代表。在生活实用的层面上,像瓷器、漆器、家具、服饰、饮

---

① 王国维:《古雅之在美学上之位置》,见《王国维学术文化随笔》,北京:中国青年出版社1996年版,第171页。
② 同上。

食、习俗，等等，都以浮现在生活最表层的形式，生动地演化着审美观念移动的步态。"①

周来祥正是根据明代思想的转型来阐述和谐自由论美学思想中审美理想的转型的。由于明清文化"一个突出的表现是矛盾对立意识的强化，反映在美学思想上，就是对崇高美理想的追求和崇高美形态的独立；另一个突出的表现是对传统的发展和反思，在美学思想中，就是对古典和谐美的总结和极端化表现"。②明清审美文化的主要特征是从古典和谐美向近代崇高美的过渡，就是周来祥根据近代社会的矛盾比古代奴隶与封建社会越来越冲突总结出来的。前面已经提到过，古典和谐美是强调对立中的统一的，而近代崇高就是要在这种统一中，打破和谐统一的格局，突出、强调、发展矛盾对立的性质，不但要使主体与客体、人与自然、个体与社会、感性与理性、内容与形式等各种因素处于尖锐的对立斗争的关系之中，而且，往往是在对立因素之间，强调一方，忽视另一方；肯定一方，否定另一方，各因素之间便逐渐走向分裂和两极化发展的道路。在此基础上，周来祥总结了和谐自由论美学思想中艺术的分类，认为基于上述对美的本质的划分，"艺术外现也就分出了古典艺术和近代艺术，即和谐美艺术和崇高型艺术。古典艺术在和谐美理想的照耀下，追求的自然也是一种和谐统一的境界，各个相对的艺术元素以及艺术形式的各要素之间要达到均衡、有序，组成和谐统一的整体；崇高型的近代艺术所依据的则是对立、分裂的艺术处理方式，'把艺术中主观和客观、再现与表现、现实与理想、情感与理智、典型与意境、时间与空间、内容与形式，以及构成形式的诸元素，看成既相互联系、相互渗透、相互补充，又强调其相互对立、相互排斥、相互斗争的关系，把它们组成一个不均衡、不稳定、不和谐、无序的、动荡的有机体'。"③周来祥正是在明清的反叛思潮中总结出和谐自由论美学思想从古典和谐美向近代崇高美的过渡，古典和谐美艺术向近代崇高型艺术转型的特点的。在他的和谐自由论美学思想中关于近代崇高艺术的论述，浪漫主义与现实主义、艺术中情感的强调、个性典型的塑造、丑的因素以及世俗化审美情趣的出现都是从明清文化中提炼与总结出来。

概括地说，中国传统文化的和谐精神，是中华民族具有巨大凝聚力的心理根源和传统力量，中和的思想体现在儒家、道家和释家文化三大类型之中。三家不

---

① 周来祥、周纪文：《中华审美文化通史》（明清卷），合肥：安徽教育出版社2006年版，第5—6页。
② 同上书，第6页。
③ 同上。

同的和谐思想都对和谐自由论美学思想产生了巨大的影响,成为和谐自由论美学思想的理论渊源。

二、儒、道、佛文化与和谐自由论美学思想

如果说,李泽厚提倡中学为体,西学为用,那么周来祥则实现了中学为体,西学为用。周来祥采用的方法是黑格尔和马克思的辩证逻辑思维方法,但内在的魂则是中国的儒家思想。中国古代文化成为周来祥学术思想产生的直接根源:儒家的积极入世精神、道家的淡泊思想及释家的超脱态度都对他的美学思想产生了重大的影响。周来祥具备深厚的古典文化功底,他在《论中国古典美学》一书的序言中说:"我喜欢美学和文艺学,我更热爱中国的古典美学和古典文论,"①和谐自由论美学思想就是从儒道家的"和"的思想演化而来,和谐思想贯穿整个儒家与道家文化,共同形成中国古代的和谐美学思想。

冯友兰说:"儒家思想不仅是中国的社会哲学,也是中国人的人生哲学。儒家思想强调个人的社会责任,道家则强调人内心自然自动的秉性……儒家'游方之内',显得比道家入世;道家'游方之外',显得比儒家出世。"②一方面,周来祥在儒家积极入世的思想影响下,强调为国为民而积极进取的社会责任感和个体人格力量的养成;另一方面,又形成了道家的淡泊名利、洁身自好、追求内心的平和静穆的生活态度。总的来说,儒、道家思想是周来祥为人与做学问的根基。

周来祥指出:"儒、道、佛文化是中华文化的三大类型和主要内涵,儒、道、佛的美学观念和审美理想,也是构成中华审美文化的基本元素和基本内容。儒、道、佛的审美文化既各有特色,相互区别,又有一种强大的占主导地位的'中和'精神,使这些差异、矛盾相互补充,相互交融,相互推动,共生共荣。"③

从哲学层次来看,儒家文化是中华文化的主流和主干,其思想是入世的,是一种关于人类社会的本体论,是一种伦理政治哲学;"天人合一"在儒家是以人和社会为主的,并且体现在人与人、个人与社会之和中,个体是依附于社会的,社会是主导。道家以"道"为本体,属于自然本体论,可以说是一种自然哲学;道家

---

① 周来祥:《论中国古典美学》,济南:齐鲁书社1987年版,第1页。

② 冯友兰:《中国哲学简史》,赵复三译,天津:天津社会科学院出版社2005年版,第19—20页。

③ 周来祥:《三论美是和谐》,济南:山东大学出版社2007年版,第264页。

从"道"出发，从自然本体出发，强调"天人合一"，以天为主，人从自然中来，最终回归自然。释家(这里主要指中国化的佛家——禅宗)以"心"为本体，把心与物的关系放在突出的位置，主张心、物绝对和谐的超然境界，物归于心，以心理为依归。从人生态度来看，儒家是积极入世的，"修身、齐家、治国、平天下"是其基本理想；道家主张清静"无为"，崇尚自然，顺应自然，自由"逍遥"；释家超脱，主张避世遁世。

在和谐自由论美学流派学者看来，尽管三家各有不同的本体，但三家都强调和谐，并且以"和"的精神相互渗透、相互融合。其代表人物周来祥本人也既有儒家的入世精神，同时也淡泊名利，具备超然世外的佛道之风。正如他的弟子马龙潜教授说：周来祥是一位仰望星空的美学大师，执教五十五年来，经历了许多风风雨雨，但先生从不为眼前利益所困，一心为着学术事业而努力，有着关怀人类的胸怀。

和谐自由论美学流派学者从三家的基本观点，总结出了它们的审美理想和艺术观念：儒家认为审美的本质在于和谐，艺术的本质在于"敦和"，在于"温柔敦厚"，这种"和"是偏于社会的美，是一种偏于内容的美，是一种偏于模仿再现的艺术；道家以道为美，以体现道、符合道的事物为美的事物，这种美偏于人和自然的和谐，偏于自然的美，是一种偏于形式的美，是一种偏于抒情表现的艺术；佛家特别是禅宗以佛我同一为美，以绝对的宁静为美，主要解决心与物的关系，是一种偏于心理的美。他们又强调："儒家的社会美，偏于向善，以善为美，主张'美善相乐'，艺术上强调社会伦理政治功能的功利主义，是一种偏于伦理的美学，偏于社会、政治的美学；道家偏于求真，以体道、合道为美，艺术上尚'无为'，追求超功利的审美特性，是一种偏于自然的美学，偏于哲学的美学；佛家特别是禅宗以悟道为美，是一种偏于信仰的美学，偏于宗教的美学，是一种超尘脱俗的艺术。"①和谐自由论美学流派学者在这里根据三家的不同特征提出了社会美、自然美、心灵美三大形式，指出了偏于再现的艺术和偏于抒情的艺术，为他们的艺术的分类提供了基础。他们在强调儒道佛三家各自的特征之外，更强调它们的相互融合、相互补充、相互推动，指出它们虽然是统一的美的本质的不同类型，但它们在审美理想、审美观念、审美情趣、艺术本质、艺术类型等方面，三家是互补互动的，在审美境界的追求上是一种暗合于必然又超于必然的自由境界，是一

---

① 周来祥、周纪文：《中华审美文化通史》(先秦卷)，合肥：安徽教育出版社 2006 年版，第20 页。

种和谐精神,儒家和道家都把审美看做是合于真善又高于真善、合于目的而又高于目的的自由境界。和谐自由论美学思想正是从三家的这种自由精神概括出来的。同样,关于古代和谐的两种类型——优美与壮美的区分,和谐自由论美学流派学者也通过分析三家的文化特征而强调它们之间的内在联系:儒家是入世的,时刻关注社会、人生状况,具备积极进取的精神,遇到问题善于思考,对艺术上写实倾向的形成产生了促进作用;道家的"无为"思想,追求生命自由、极力摆脱"礼"的约束,推动了古典"浪漫"的嬗变;佛家特别是禅宗,专注内心,崇尚淡静,对我国审美文化从前期重写实向后期重写意的转折上起了关键的作用。由此可见,阳刚之壮美与儒家的方正端庄、道家的奔放气势有关,阴柔之美则与佛家特别是禅宗的文化有着内在的联系。

总的来说,和谐自由论美学流派学者从中国古代儒、释、道三家的思想中汲取和谐美学的理论营养。综观整个和谐自由论美学思想,无不从中华文化的"和"的精神演化而来:儒家的规范、法度;道家的无为、自由;释家的尚心、主静,三者相互渗透、相互交流,共同形成美学与艺术的无目的而又合目的的自由境界,成为和谐艺术与美学思想的直接来源。

另外,关于艺术的特征问题,和谐自由论美学思想从中国古代的意境概念上受到启发。意境问题是中国古典美学的核心问题,意境的理论是我国古典美学和古典文艺理论的一个创造性的贡献,也是和谐自由论美学理论的一个重要来源。周来祥强调指出,中国古代艺术以表现为主,艺术意境的塑造是其核心的问题。意境最早出现于中国古代的音乐中,其后各文论家大肆加以阐述,形成理论体系:意境是人与自然、物与我、景与情的统一;是感性与理性、现象个别与本质必然、有限与无限、美与真的统一;是独创的;是形与神的结合。古典艺术与美学的意境对周来祥关于艺术的特征提供了直接的来源。周来祥认为,艺术是无目的而合目的的,古典艺术的意境正是如此,它"虽然趋向理性,却不以概念为中介,不趋向于确定的概念,而是趋向于'不可明言之理'。在有限的现象个别的形式中展现本质必然的无限丰富深广的内容,因而具有多义性和不可穷尽性……意境的创造不以概念为中介,没有刻板的规则可循,因而是无目的的。但意境又总是趋向某种不确定的概念,总要产生一定的社会效果,所以又是合目的性的。"①所以,意境是一种无目的的合目的性的创造,是在无意的创造中暗含着

---

① 周来祥:《论中国古典美学》,济南:齐鲁书社1987年版,第5页。

客观规律,是"不法之法"的自由的活动,这正是和谐自由论美学思想关于艺术是"不以概念为中介,但又趋向一种不确定的概念;艺术的无目的性,但又符合一定的社会目的"的特征的思想内涵。

同时,周来祥也借用古代的意境问题来说明了和谐美学和艺术的变迁,认为"古典美的意境虽都以人与自然、物与我、景与情的和谐结合为基本特征,但在不同的历史时期却各有侧重。大体说来,中唐以前,以境胜,偏于写事、写景、写实、再现;晚唐以降,以意胜,偏于抒情、咏志、写意、表现。"①当然,周来祥是就其主要的趋势而言,事实上,以意胜与以景胜是相互交叉的,只是一种作为主导而已。随着资本主义萌芽的出现,意境已由抒发封建士大夫的情感,逐渐杂有小市民的民主主义意识:"由偏重内心,发展为突出自我,尊重个性。人与自然、物与我、境与意、个体与社会,已在古典的和谐中,露出了同封建意识相对立的裂纹。"②在这里,周来祥从意境的发展变化中体现出了和谐自由论美学思想的运动与发展。

第二节　西方文化的影响与内化

除了在中华传统文化中寻根之外,西方文化对和谐自由论美学思想的影响同样非常深刻,主要表现在三个方面:一是关于美的本质方面与艺术的本质特征方面;二是方法与体系方面;最后是丑与荒诞范畴的形成。其西方思想来源主要包括四个部分:皮亚杰的发生认识理论,德国古典美学,马克思主义美学,以及近现代、后现代西方美学、文艺学和心理学。其中,马克思主义美学思想是其根本基础,它融合和吸收了其他理论思想与方法。

一、美与艺术本质的西方探源

1. 美的本质

首先,和谐自由论美学思想把美的本质规定为"主客体的客观关系",这种建构主义的理论,源于西方皮亚杰的发生认识论,皮亚杰认为认识的结构是在个体的认知过程中逐步形成的,表现为一个能动的行为格局,并最终发展成为一个不断建构的逻辑格局。正如马龙潜与栾贻信于《中国当代美学家》中所指出的:

---

① 周来祥:《论中国古典美学》,济南:齐鲁书社 1987 年版,第 7 页。
② 同上书,第 9 页。

皮亚杰认为,以往的认识论只涉及高级水平的认识,关注的只是研究的最后结果,看不到认识本身的建构过程,而他的认识论是一种持续不断的建构。这种认识论观点指出:在人类的认识实践活动之前,并不事先存在一个有着自我意识的主体,也不存在与一定主体对应的客体,主客体在认识之前是处于一种主客未分的状态,认识起因于主客体之间的相互作用。因此,皮亚杰非常重视中介物的建构问题,在皮亚杰的发生认识论中,连接主客体的中介物是动态结构的"格局",它通过双重的"同化"方式,"活动"和"运算"即"实作性动作"和"精神性动作",进行外化建构和内化建构,使主体和客体发生内在的联系,建立起认识关系。内化建构为外化建构提供格局,因而它制约着外化建构;而外化建构丰富并改变实行动作本身,从而导致格局的更新,促进着内化结构的发展,从它们的作用来说,内化建构导致思维方式的变更,而外化建构导致思维内容的演化。皮亚杰认为,认识过程就是以这种动态结构的"格局"为中介的主客体的互反同化、对应交叉的运动,使认识不再是静止的反映,而是一种动态的不断的建构。皮亚杰说:"认识既不起因于一个有自我意识的主体,也不是起因于业已形成的(从主体的角度看)会把自己烙印于主体之上的客体。认识起因于主体客体之间的相互作用,这种作用发生于主体和客体之间的中途,因而同时既包含着主体又包含着客体。"①周来祥在马克思的"自然人化"的基础上,吸收与改造了皮氏的建构主义学说,运用于美学研究之中,提出了他的建构主义的美的本质观和审美观。他在《马克思的"人化自然"学说与美的本质》一文中提出:"美的本源不在纯然的客观对象(既不在绝对的客观自然界的属性,也不在事物的客观社会性);同时美也不在纯然的主观世界(既不在人的主观意识,也不在主观统一的意象),而是根源于主体与客体的关系之中。主体是从事实践和认识的人(包括社会主体和个人主体),客体是主体从事活动的对象世界。主体和客体之间形成一种客观的关系,这种主客体关系成为一个中介,成为主体和客体之间互相转化、互相过渡的一个环节。虽然我们不能在唯物论和唯心论的哲学对立之上提出第三种哲学(因为世界的本源终归是物质的、一元的,对它的回答只能归之于或唯物或唯心的哲学世界观),但是在人与客观世界的对象性关系的范围之内(非世界本体论的范围)却有一个第三种因素,它既不是单纯的客体对象,也不是单纯的活动主体,而是既包含有客体因素,又包含有主体因素的第三种因素,是主客体相互

---

① 皮亚杰:《发生认识论原理》,北京:商务印书馆 1985 年版,第 21 页。

作用而产生的关系范畴。"①周来祥把这种审美对象性关系称做主体建构起来的"第三王国",类似各种实物之间互相作用所形成的关系"场"的存在形态,从而形成他的审美场的观念。他指出,"场"既不单在此物,也不单在彼物,而是在此物与彼物的相互关系之中,"场"就是各种关系相互作用的中介。他的审美关系"场"也具有既规定主体性格,又规定着对象的性质的中介功能。于是,在他看来,既不存在单纯的审美客体,也不存在纯粹的审美主体,更不存在单纯建立在主客体之上的中介物。审美关系这种中介,"从内容上看,就是审美主体以对自身的反映形式反映对象,以同化客体的方式顺应客体,主体通过自我把握对象。因此,中介的潜在动力是主体心理结构图式,即马克思所说的主体自身的本质力量。审美主体的确立正是以主体审美心理结构图式同化和顺应客体,经过内化建构和外化建构,主客体在循环往复的通路中交互作用下被确立起来的。审美主客体只能是一种相互交叉对应的同构关系。"②因此,周来祥认为:审美主体与审美对象是相辅相成的,有了审美主体,并以情感观照的审美形式去把握对象,对象才能形成为现实的审美对象,审美主体能力的高低,制约着审美对象的内容的丰富和深广。他的这种观点同样吸收了皮亚杰的认识论学说,指出了在审美关系中的审美主客体不是静止不变的,它是一种动态的结构,一个不断建构的过程。可以说,任何审美主体都有自己的审美对象,在这种情况是审美主体;但在另一种情况下,可能就不是审美主体,它与对象构成的关系就不是审美关系,而是理智关系或意志关系;反过来,从审美对象看主体,某一具有审美性质的客观存在,它与不同的主体发生关系,会变成不同性质的审美对象。主体与客体不是一种静止不变的关系结构,而是在内化结构和外化结构中不断改变着自己的形态。因此,和谐自由论美学思想关于美的本质观是一种动态的美的本质观。

和谐自由论美学思想关于艺术的本质论,一样受到了皮亚杰和黑格尔的影响。黑格尔说:"存在之反映他物与存在之反映自身不可分……存在……包含有分别的存在之多方面的关系于自身,而他自身却反映出来作为根据。这种性质的存在便叫做:'物',凡物莫不超出其单纯的自身,超出其抽象的自身反映,进而发展为反映他物。"③事实上,周来祥从审美关系的主观关系反映客观关系的角度,研究审美意识的本质和艺术的本质,就是强调存在之反映他物与存在之

---

①　周来祥:《马克思的"人化自然"学说与美的本质》,《学术月刊》1983 年第 2 期。
②　穆纪光:《中国当代美学家》,石家庄:河北教育出版社 1989 年版,第 528 页。
③　黑格尔:《小逻辑》,贺麟译,北京:商务印书馆 1980 年版,第 275—276 页。

反映自身不可分,通过主观关系对自身的反映,主观才能反映客观关系,同时客观关系又反馈于主观关系,从而形成主客观关系的相互反映,在这主客观关系的相互反映中,客体的本质同化为主体的本质,主体的本质外化为客体的本质。艺术的本质就是在这种主客关系的相互反映作用的交叉点上得到规定,周来祥说:"艺术的本质是客观美的对象和主观审美把握的对立统一。正是这个主客观相互对应的审美关系,决定着艺术的特殊对象和内容。同时也决定着审美把握的特殊方式,……艺术对象的特殊性规定着艺术把握的特殊性,艺术意识的特殊形式又制约着艺术对象和内容的特殊性。离开审美关系,离开主客观互为前提辩证法,就既没有艺术的特殊对象和内容,也没有艺术把握的特殊形式。"①因此,周来祥提出:艺术是客观的美(客观关系)和主观审美(主观关系)把握的统一,也就是真与善的相统一的美和理智与意志相统一的审美交叉对应的统一。

其次,和谐自由论美学思想关于美的本质是和谐自由的观点也是周来祥对西方文化概括的结果,主要表现在他把自古希腊一直到启蒙主义的各个时期的美学家的观点都从和谐的角度加以综述。

从历史的角度来看,有关美的本质,无论东西方都是主张和谐自由,特别是在西方,周来祥根据古代西方许多美学家的理论观点,总结出了古代西方美学主潮是和谐自由的总体特征,并指出了中西古代和谐的不同特征。周来祥在他主编的《西方美学主潮》一书中,分析了西方古代和谐的哲学文化背景,得出了西方古代和谐与中国古代和谐不同的几种构成方式,总结出了西方古代的和谐不同于中国古代和谐的特征。

综观整个西方美的范畴发展史,从毕达哥拉斯到马克思的美学思想,周来祥指出每个时期都是以和谐自由为美,和谐自由是美在各个历史时期的共同理想。周来祥把美的和谐本质分为三个大的阶段:古典和谐美、近代崇高美与现代辩证和谐美。由于西方自古代素朴的和谐美之后,近代对立的崇高美发展得比较充分,还没有进入现代的辩证和谐美阶段,所以,周来祥从西方对于西方美学本质方面的概括主要表现在前面两个方面。

在古代的和谐美方面,周来祥根据古代西方许多美学家的理论观点,总结出了古代西方美学主潮是和谐的总体特征。在其主编的《西方美学主潮》一书中,他分析了西方古代和谐的哲学文化背景,得出了西方古代和谐与中国古代和谐

---

① 周来祥:《论美是和谐》,贵阳:贵州人民出版社1984年版,第324页。

不同的几种构成方式,总结出了西方古代的和谐不同于中国古代和谐的特征:古希腊最开始的和谐是神的物化,主要体现在毕达哥拉斯的静态和谐与赫拉克利特的动态和谐。"古希腊和谐的美学思想是伴随着自然哲学出现的,隶属于自然哲学的大系统。哲学家最初关注的是自然的和谐,即物的和谐、物与物的和谐、物的总体——宇宙的和谐。"①周来祥与其弟子袁鼎生指出自然和谐的理想作为古希腊和谐理论的萌芽形态,乃至整个西方美学的萌芽形态,在理论上具有重大意义。它和自然哲学同步产生,把自然的关系、规律、内在结构、运动趋势概括为美,以真为美,真、善统一,预示了西方古代美学的深刻性、理论性特征。

真正确立西方美学理论起点的是毕达哥拉斯学派,"在毕达哥拉斯及其学派那里,合理适宜的数量关系作为和谐的一般本质,还为众多与和谐相关的或曰由和谐派生的概念所分有,它像一条红线,把和谐及其派生的概念贯穿起来,形成一个严谨统一的理论体系。""在毕达哥拉斯及其学派的美学体系中,由和谐派生的诸如完满、比例、均衡、秩序、对立组合、协调统一等子概念,不仅占有了和谐的一般本质,还使这一本质走向特殊、走向丰富、走向具体,从而不同程度地发展了和谐的一般本质。"②"这个整一的体系,其理论的涵盖力和再生力是很大的。它主要表现在三个方面,一是派生的子概念众多,由此带来体系的比较宏大;二是自然、社会、艺术领域的审美对象均占有和谐的本质,由此显示出理论的普遍性和科学性;三是本质规定性的比较丰富、具体、深刻,由此体现理论含金量的较大、较纯、较高。"③根据这种整一性,周来祥总结出了西方古代和谐美学在开始阶段就有了理论美学的性质,具有范畴比较严格、概念运动比较充分、体系比较完整的鲜明特色,不同于中国古代美学的经验概括的特征。可以说,西方古代美学的和谐观形成不同的流派,线索分明,这里以时间的先后来加以简略地说明。

明确提到美的本质问题的是古希腊的柏拉图,他的美学思想形成了人神相和的和谐观点。在柏拉图看来,现实世界是对理式的模仿,美与艺术是对现实世界的模仿,因而现实世界以及模仿现实世界产生的美与艺术都不真实,只有理式世界才是最真实、最完美的。在他那里,一切都是向着理式的。在《西方美学主潮》一书中,周来祥与其弟子袁鼎生把柏拉图式的和谐总结为神与人同构的和

---

① 周来祥主编:《西方美学主潮》,桂林:广西师范大学出版社1997年版,第33页。
② 同上书,第39页。
③ 同上书,第43页。

谐,是人尽量向神看齐,达到与理式世界高度协调的人间"理想国"。"柏拉图的
静态和谐趣味……从美的理式来看,他认为那是一个以真为基础的真善美同一
的和谐体,是永恒不变,万古如斯的超平衡、超稳态的和谐体。从美的理式和美
的分有者以及理式世界和它的直接间接的模仿者来看,他认为它们构成的是等
级分明、秩序井然的统一体。"①柏拉图的壮美同样是以和谐为主的,"受其静态
和谐理想的影响,高放而典雅、宏阔而浑实、丰盈而纯正、雄伟而宁静,和古希腊
建筑雕刻艺术那种高贵的单纯、静穆的伟大有着比较真切的对应性,跟古希腊崇
尚高贵、神圣、文雅、宁静的美学趣味有着比较真切的对应性。"②周来祥认为,
"柏拉图把神统一于人的和谐主潮,推进到人统一于神的新阶段,形成了人趋向
于神的和谐理想,和他那个时代的艺术因神的人化而出现的人神同构统一的和
谐理想殊途同归,形成整体的美学主潮。"③概括地说,柏拉图作为美学史上第一
个讨论美的本质的哲学家,把美归结为理式,认为美是从感性到理性,逐步观察
到美本身的过程,试图一劳永逸地解决美是什么的问题,其功不可没;柏拉图根
据自己素朴的辩证法思想发展了毕达哥拉斯学派的和谐论,从给和谐以数的解
释深化到朴素的辩证法的解释,有着巨大的理论贡献。但柏拉图并没有把和谐
的具体的美与绝对理念的美统一起来,理念成了一个可望不可触的东西。

　　由于柏拉图把理念绝对化了,其最后必然导向神学,中世纪的神学美学就是
从柏拉图这里汲取其理念的精华。首先是普洛丁直接继承了柏拉图的思想,指
出"美不在事物的比例、对称、和谐,而在于分享了理念。是理念使对称、比例、
和谐成其为美。最后他又把理念归之于神。"④认为神是理念的原因,也是美的
原因。在周来祥看来,中世纪的美学除去神学的因素,仍然是把"和谐"看做美
的理念。"按照基督教的观念,上帝是统一的,但他创造的世界是多样的。世界
为了达到上帝的统一,便在多样化之中寻求一致、和谐和统一。对象的和谐之所
以美,就因为它在多样和谐中接近于上帝的统一性,或者说它在多样性中反映了
上帝浑然统一的整一美。"⑤圣·奥古斯丁的《论合适与美》,不但认为美是各种
因素的和谐,而且形成人的美的感觉也在于客观事物与主体有一种和谐的适应

　　① 周来祥主编:《西方美学主潮》,桂林:广西师范大学出版社1997年版,第101页。
　　② 同上书,第118—119页。
　　③ 同上。
　　④ 周来祥:《论美是和谐》,贵阳:贵州人民出版社1984年版,第77页。
　　⑤ 同上书,第78页。

关系。他在《忏悔录》中就一直认为美在"整一"、"和谐","物体美是个部分之间的适当比例、再加上一种悦目的颜色。"中世纪最大的神学家阿奎那同样认为美是和谐的,他提出美的三个要素:"完整"、"和谐"和"鲜明"就是以和谐为中心。当然他们都认为这种和谐的情形是上帝创造的。除了美学的观念,和谐在中世纪的艺术中也是相当普遍的,人们喜欢和谐、比例、适度、对称,尽量使自己的世界变成对上帝的统一性的模仿。可以说美是和谐的思想贯穿于整个中世纪的主导思想。

新柏拉图之后,17、18 世纪西方大陆理性派发展起来,莱布尼茨、沃尔夫、鲍姆嘉通三师徒的美学思想依然是以和谐为主。莱布尼茨的"预定的和谐"的思想,从其名称就可以知道他是以和谐为核心,他把世界比作一座钟,各部分有序地组成一个完美的整体,形成"预定的和谐"。沃尔夫提出"美在完善",完善的内在是多样性的统一,事实上也就是和谐。鲍姆嘉通认为美是感性知识的完善,他的完善是内容、秩序、表现力三种因素的和谐统一,仍然是不同事物杂多统一的和谐。不同的是,鲍姆嘉通给古代和谐的思想提供了理性基础,强调先验理性决定形式和谐,同时,理性派原本轻视感性认识,但从鲍姆嘉通开始重视个别事物的美的认识,从理性转向感性认识的完善,开创了美学这一门感性的学科,并开始了古代美学向近代美学的转折。对于从柏拉图的理式美学到中世纪神学美学再到理性派的先验的理性三派的思想,周来祥作了总结:"都把和谐作为美,都承认形式和谐的思想……它们大体上都属于唯心主义范畴,都承认先验的神,独立于物质之外的理念是美的来源,但他们形态不同:柏拉图归于理念,神学派归于神,理性派归于先验的理性。它们的作用也不同:柏拉图、神学派基本上是反动的,理性派美学反对神学派的愚昧,强调人的理性,在历史上是有进步意义的。"①

亚里士多德跟他的老师柏拉图不一样,他继承和改造了毕达哥拉斯学派关于美在数的和谐的理论,把以数为本源的唯心主义的和谐论改造为具体事物形式的和谐论。"亚里士多德说,美在于事物的体积的大小和秩序……提出了两个原则:一个是量的原则,美和体积的大小有关系,太小了感受不到,不美;一千里长的东西,不能一览而尽,看不出整一性,也不美。这里有感受的适度与和谐的问题,同时也离不开整一性。二是秩序的原则,就是要把各个不同的因素、部

---

① 　周来祥:《论美是和谐》,贵阳:贵州人民出版社 1984 年版,第 81—82 页。

分组成一个和谐的统一的整体,事物就美了。"①周来祥认为他的两项原则以秩序为主,也就是以和谐为主,量的原则也是和谐表现在形体上的原则。亚里士多德的美在感性形式的和谐改造了以数为本源的唯心主义思想,开创了形式派的唯物主义美学,可以说,从亚里士多德到文艺复兴,研究形式美成为一个源源不断的流派,他们的美学思想都是以和谐为主。

其后出现的英国经验派美学,"标志着经院哲学向自然科学的转折。理性派哲学向经验派哲学的转折。"②他们首先批判先验理性观念,认为感性经验是知识的来源。由于重视感性经验,所以他们注重现象感性特征和审美心理的分析,其代表人物有博克和休谟。博克对理性派的完善论与亚里士多德的形式论都不赞成,他认为美的心理快感是由客观审美对象的感性特征产生的,是物体某些现象引起人们爱或类似爱的感情。他把美的根源归结于客观存在的物质,是唯物的,但他的美的属性是自然的,不是社会的。另一代表人物休谟则与之相反,他认为美是存在于观赏者的心理,否定了美的客观性,认为美感是一种同情感,人们对事物的平衡、对称的愉快是同情感的表现。

周来祥强调,和谐同样是经验派的中心,只是"经验派侧重在美的现象特征和主体的审美心理之间找出和谐的关系。正是这种和谐才产生了爱的感情,产生了感官的愉快。所以和谐的美仍然是经验派的主要观念。"③

经验派之后的是狄德罗的"美是关系说"包含三种关系:第一种是实在的关系,他称之为实在美,就是按对象自身关系产生的美,是对象按其形式美的规律所形成的组合关系而产生的美;第二种是察知的关系,指的是事物与事物之间相比较而产生的美,称相对美;第三种关系主要指的是艺术中的虚构关系,这种关系产生的美称为虚构的美。狄德罗的"审美关系说"对周来祥的"审美关系说"启发很大,但周来祥的"审美关系说"是建立在马克思主义的社会实践基础之上,随着社会实践的发展而发展的,是在人的本质力量对象化的基础之上产生的。狄德罗却看不到客观的美实际上就是人的客观的社会性,就是美的社会性,是主体本质的一种表现。当然,唯物主义美学发展到狄德罗,有了很大的进步,一是逐渐出现美的社会性问题,二是突出了美感的理性因素,于是经验派与理性派开始出现合流的趋势,为以康德为首的近代美学做好了准备。

---

① 周来祥:《论美是和谐》,贵阳:贵州人民出版社 1984 年版,第 82 页。
② 同上书,第 83 页。
③ 同上书,第 85 页。

　　周来祥从其和谐美学的角度对上述三家进行了归纳。他们的共同之处是：第一，都认为美是和谐，并且是偏重于形式的和谐，偏重于事物感性现象的特征；第二，把形式的和谐或感性的现象特征，看做离开意识而存在的客观的物质属性，属唯物主义。但三家在许多方面是不同的：在理论形态上，观点的表现形式上，强调的侧重面等都存在不同。一方面，亚里士多德强调形式和谐的规律，多样统一的规律，整一性的规律；经验派强调娇小、柔弱、光滑等现象特征和生理感官的和谐；狄德罗强调物与物，人与物，物与社会环境的关系。另一方面，亚里士多德强调感性的美，个体的美；经验派强调的是主观的愉快，美感就是快感；狄德罗强调悟性中的关系概念，突出了理智关系。

　　近代对立的崇高美方面。西方美学自德国古典美学开始，进入近代对立的崇高。德国古典美学是马克思主义诞生之前美学发展的高峰，是人类思想的结晶。周来祥认为，整个德国古典美学试图把经验派强调的感性与理性派强调的理性结合起来，把自由作为美的本质，也就是以和谐为美，因为自由是在和谐之中产生。

　　康德最先试图把理性派与经验派结合起来，他的美的分析中，提出了四个契机：第一，从质上分析，审美是无功利性的；第二，从量的方面分析，审美是不依概念而又能引起普遍的愉快；第三，从关系范畴的分析，审美判断是一种无目的的而又符合目的性的判断；第四，从方式范畴来看，审美的普遍性与有效性来源于假定人人都有的共通感。从康德关于美的分析，周来祥认为康德总结了经验派与理性派的美学思想，把感性形式的愉快和人的社会理性的必然结合起来。这个结合康德是用审美来作为桥梁的，他对美的本质的规定，是从哲学上来说明审美是对象和主体，人和自然，感性形式和理性内容，想象力和理解力的自由结合，和谐统一，即把美、审美的本质规定为自由、和谐。

　　席勒是从康德到黑格尔的过渡阶段，提出"美是活的形象"，也就是生命与形式，感性与理性，被动性与主动性的和谐统一。周来祥在其著作《文艺美学》中强调："席勒更明确地以感性冲动和理性冲动和谐统一作为美的理想，他认为要从感性的人到理性的人，必须首先成为审美的人。人在审美的王国中才是真正自由的，才是一个真正的人。"①总的来说，席勒从康德的主观唯心主义转到客观唯心主义，从主观情感的判断转向美是客观的"活的形象"，把审美作为达到

　　①　周来祥：《文艺美学》，北京：人民文学出版社 2003 年版，第 99 页。

理性的一个环节,这透露出黑格尔美学思想的前兆。

黑格尔说:"美就是理念,所以从一方面看,美与真是一回事,这就是说,美本身必须是真的。但从另一方面看,说得更严格一点,真与美却是有分别的……真,就它是真来说,也存在着。当真在它的这种外在存在中是直接呈现于意识,而且它的概念是直接和它的外在现象处于统一体时,理念就不仅是真的,而且是美的了。美因此可以下这样的定义:美就是理念的感性显现。"①周来祥指出黑格尔的"美是理念的感性显现"说美属于理念的范畴,是感性中包含着理念,本质同样是指自由,也就是说美是自由。黑格尔指出,在有限意志与有限理智中,对象与主体是不自由的:在认识活动中,对象自由,而主体不自由;在有限意志过程中,主体自由了,对象却不自由;只有在审美过程中,有限意志与理智都自由了。当然他认为这种自由相对于哲学来说,又是不自由的,美的自由只是达到哲学的绝对自由的一个初级阶段。

概括地说,周来祥从德国古典美学的美是自由说,充实了他的和谐理论的内涵,因为自由的含义也就是多样性的和谐,是感性与理性、人与自由的和谐统一。当然,这种和谐自由是建立在唯心主义的基础之上的,还有待于进一步继续发展。到车尔尼雪夫斯基的"美是生活"说,就逐步开始走向唯物主义,他的"美是生活"的定义中"生活"包括了以下几层意思:"首先是他愿意过的、他所喜欢的那种生活;其次是任何一种生活";第二,"任何事物,我们在那里看得见依照我们的理解应当如此的生活,那就是美的";第三,"任何东西,凡是显示出生活或使我们想起生活的,那就是美的。"在这里,车氏强调了美的客观性和社会性,体现了人的本质,但他的"美是生活"的定义仍然是抽象的,非阶级的,非实践的,片面的。

真正建立在社会实践基础上的只有马克思的唯物主义,马克思认为美源于"人的本质力量的对象化",美的自由的本质是被生产的本质和人的本质所规定。每一个特殊的对象,都是人的全部本质力量中某一种特殊本质力量的对象化。周来祥认为马克思说的美,"既涉及客观规律性(任何物种的尺度,即真),又涉及主体人类的社会目的(内在尺度,即善),既涉及主体的能动作用(意志、理念、需要这一特殊的本质力量),但又不是单纯的客观的真(或思维的真),和单纯的主观的实践(或意志、目的的善),而是两者的和谐统一,两者在客观活动

---

① [德]黑格尔:《美学》第一卷,朱光潜译,北京:商务印书馆2006年版,第142页。

过程中的生动体现,和在产品上凝结,美的特殊本质不是单纯的真和善,而是真和善的统一,主体审美的特殊本质,不是单纯的理智和意志,而是理智和意志情感的结合。"①这也就是说,马克思关于"美是人的本质力量的对象化"同样讲的是美是和谐的思想,并且随着生产实践、社会生活的不断发展而发展。所以周来祥指出,"马克思从历史唯物主义的观点出发,勾勒了人类美的发展的历程,即从原始的和前资本主义的素朴的对象化的和谐美——中经资本主义美和美感的异化、外化——进到共产主义的更全面的人的本质力量的占有,更高的和谐美的复归。这是一个否定之否定的过程,这是一个螺旋型发展的美的圆圈。"②

总之,周来祥从皮亚杰的认识论、西方"美的观念"的历史发展中,概括归纳出了西方美是和谐自由的本质特征,为"和谐自由"理论学派找到了在西方的理论依据。

2. 艺术的本质

和谐自由论美学思想关于艺术的审美本质的特点,来源于康德与马克思、恩格斯对美与艺术的分析。

周来祥曾指出,学术上关于艺术的本质的理解有过两种倾向。一是表现主义(表情)倾向,他们把文艺看做主观、心理、情感的表现,否认它是对客观现实生活的再现、认识和反映。二是理智主义的倾向,他们把文艺看做是一种认识,或者说是一种形象的认识,把艺术创作只归结为一种认识活动:认为人们认识和掌握世界的形式是多种多样的,艺术只是人们认识和掌握世界的一种特殊形式;艺术和科学一样,都是认识现实的形式,它们在对象与内容方面基本上一致的;认为艺术与科学的不同被归结为反映的方式、认识形式上的差别。周来祥指出这两种观点各有其片面性,在他看来,"艺术包含着认识内容,但不只是认识;艺术以情感为特质,但又不只是情感;艺术是处在认识和情感、意志之间,处在认识与心理学之间,是情感和认识、感性和理性的和谐统一,是情感与感知、想象、理智等诸心理功能自由的结合。"③所以,周来祥把审美情感、审美意识的特质当做艺术的特质。审美情感涉及人的一切心理功能,是心理诸形式,诸功能综合的、和谐的、自由的统一性活动,特别是感知、理解、想象、情感四种主要因素和谐的自由的结合。在这四种因素中,感知、理智引导着、规范着、支配着情感和想象活

① 周来祥:《论美是和谐》,贵阳:贵州人民出版社1984年版,第113页。
② 同上书,第114页。
③ 周来祥:《周来祥美学文选》(上),桂林:广西师范大学出版社1998年版,第601页。

动,想象和情感活动自由地符合着理性的必然规律,其中尤以情感为中心。周来祥这种对艺术的特质即审美情感、审美意识的特质得益于德国古典美学的美是自由说(特别是康德的美的分析与艺术的分析)与马克思关于艺术掌握世界的方式。

康德在美学史上的最大贡献,就是对于知性认识、审美判断、理性实践做了严格的区分,把审美判断看做是不同于认识,也不同于意志,却又与它们有联系的一种心理的情感活动。他说,"判断力"并不是一种独立的能力,它既不能像知性那样提供概念,也不能像理性那样提供理念,它只是在普遍与特殊之中寻求关系的一种心理功能。康德把审美判断力和情感联系起来,区分了审美的情感判断与感官判断、逻辑判断,使情感判断成为一个独立的领域。康德认为感官判断是先有愉快,后有判断;逻辑判断是先有概念,后有判断;而情感判断(审美判断)则是没有概念却先有判断,后有愉快。这里,康德强调审美判断突出普遍性,是一种与理性有关的判断,但又不要求与概念和客观对象相符合,审美判断只涉及对象的形式和快与不快的主体感受。不难看出,康德是从理智与意志的关系来把握美的特质。周来祥改造了康德观点中神秘的唯心主义和形而上学的成分,认为艺术是审美意识的物化形态,既然审美意识是理智与意志的统一,那么艺术的本质也是理智与意志的统一,即"艺术之所以为艺术,就在于它处在认识和情感意志之间,处在认识论和心理学之间。它不只是认识,也不只是情感,而是情感和认识、感性与理性的和谐统一,是情感与感知、想象、理智等诸心理功能自由的结合。"①这种观点同样受到了马克思在继承德国古典美学的基础上概括出的艺术掌握世界的方式的影响。周来祥从马克思的《1844 年经济学哲学手稿》中概括出:艺术掌握的独特本质,只有放在物质实践和科学认识、感性活动和理性活动之间才能科学地予以界定,艺术掌握既与感性实践活动的感性、具体、物质性相联系,又与科学认识活动的理性、抽象、精神性相联系,同时在根本上又不同于感性认识与理性认识,是感性和理性、心理与认识、情感与理智、具体和抽象、物质实践性和精神意识性的和谐统一。

艺术的本质是以情感为主的。周来祥指出,人类的高级情感有理智情感、伦理情感和审美情感(审美意识)。理智情感服从于逻辑判断、概念认识,表现为追求科学真理的热情和思维论辩的激情。伦理情感服从于道德判断和伦理实

---

① 周来祥:《周来祥美学文选》(上),桂林:广西师范大学出版社 1998 年版,第 611 页。

践,有鲜明的直接功利性和实践性,表现为明确的爱憎态度和直接的意志行动。审美情感是一种情感判断和观照态度,是以情感为中介的感知(表象)、理解、想象和谐统一的综合意识(心理)结构。周来祥的审美情感说是对康德审美情感说的扬弃,在他看来,由于"康德不理解美感的社会历史的根本性质,撇开了审美的深刻的社会内容,陷入抽象的个人心理形成的分析中。他在一定程度上把审美和功利性完全割裂和绝对对立起来,为资产阶级'为艺术而艺术'的反动潮流提供了理论基础,成为近代一切形式主义艺术理论上的远祖。"①而周来祥认为艺术尽管没有明确的功利目的,但由于艺术总是为社会服务,所以其中必定暗含着一定的社会目的。他指出,艺术的情感本质上是社会的、理性的,而不是自然的,动物性的,与日常生活中伦理实践的情感是不同的,因为生活中的情感是与功利目的有关,而审美的艺术的情感只是与想象相关联。总之,周来祥从康德那里概括出艺术意识(审美意识)是以情感为网结点的感知、理解、想象等主要心理、认识因素有机统一的综合结构和整体结构。这种整体结构规定着艺术的审美本质,规定着艺术意识、科学意识和伦理意识的本质差别,成为艺术的产生和发展的必然根据。

在艺术的本质特征方面,周来祥的"艺术有形式上无目的性的一面,又有符合一定社会目的方面"受到了德国古典哲学、美学家,特别是康德的影响。康德认为美是非功利、无目的但同时又符合一定的目的性。就康德的整个美学思想体系来说,他虽然强调了知、情、意的分裂和对立,有着形而上学的倾向,然而在由自由美到依存美,由美到崇高,由审美判断到艺术作为"道德的象征"的过渡中,他认为情感必须和道德理性相结合,无概念的情感必须趋向于无限的理性。在康德美学基础上发展起来的席勒的美学思想,同样认为审美与艺术离不开一定社会目的,认为审美和艺术既是感性和理性统一的自由活动,同时是由感性到理性的过渡环节,认为由自然的人到社会的人、由感性的人到理性的人,必须首先成为审美的人。所以,周来祥从德国古典美学和我国的古代文学中,概括出艺术的本质特征之一——艺术的目的性与功利性:艺术创作有无意识、无目的性的一面,但艺术创作中又包含着理性,趋向一种不确定的理性观念,导致一定的社会伦理作用,所以它又是有意识的、合目的性的。周来祥同时指出,凡是艺术都有外在的目的性,但再现艺术和表现艺术在社会作用方面却又各有其特点:再现

---

① 周来祥:《论美是和谐》,贵阳:贵州人民出版社1984年版,第310页。

艺术偏重于理性思维,它的主要作用是把客观规律导向主体的认识,使人们冷静地思考现实;表现艺术偏重于情感意志,它的主要作用是把情感导向行动,导向实践。

另外,康德的审美判断是"无概念的,但却又趋向一种不确定的概念"的思想,构成了周来祥审美意识明确与不明确、妙在有意与无意之间的本质特点的主要内涵。康德指出审美理念(观念)是指能唤起许多思想却没有确定的思想,也就是无任何概念能适合于它的那种想象力所构成的表象,从而它非语言所能达到和使之可理解。周来祥同样认为,"情感与理性认识是相互结合的,它以社会的人的理性为基础。情感的深化必然导致对事物的本质必然的认识,但这种认识却不以明确的概念为中介,因此具有不明确性、无限性和不可穷尽性……它既明确又不明确,既确定又不确定……审美情感、审美意识是感情与理智、感性与理性、有限与无限的统一。"①同时,与康德和黑格尔一样,在这种统一中,周来祥同样重视想象的重要作用,"艺术中的情与理的统一,感性和理性的统一,是借助想象而实现的。艺术想象以情感为动力,以理性(世界观)为统帅,理性概念不着痕迹地规范着、指引着艺术想象,艺术想象自由地几乎是随心所欲地符合着和暗合着必然性。"②他认为,所谓情景统一、情理结合,是通过情感与想象和谐统一的自由活动来实现的。情感推动着想象,想象既联结着知觉、表象,又趋向、符合理性规律。在想象活动中,一方面把感知、表象深化为典型;另一方面把情感深化到理性,从而使形象与典型、感性与理性相结合,使感知、想象、情感、理智紧密地和谐地统一起来。

还有,周来祥关于艺术是有限与无限、必然与自由相统一(自由的审美意识)的观点,也是从德国古典美学家和马克思那里演变而来:马克思在《1844 年经济学哲学手稿》中指出,人是以自觉自由为特点的,人类的文明史也就是人类争取自由的历史。可以说,人类的一切活动都是争自由的,自由是美、审美、艺术的本质。康德把美和艺术看做联结感性和理性的自由的桥梁,看做由自然人到文明人的中介,认为艺术是一种趋向理解力和想象力统一的和谐的自由活动。席勒把这种美的观念称之为"模糊概念",即对比确定的知性概念来说是模糊的,但对审美外观的感受来说,它是确定和鲜明的,他把审美的王国看做由感性的必然王国到理性的自由王国的环节,认为要成为理性的人,首先必须成为审美

①　周来祥:《周来祥美学文选》(上),桂林:广西师范大学出版社 1998 年版,第 606 页。
②　周来祥:《论美是和谐》,贵阳:贵州人民出版社 1984 年版,第 328 页。

的人。黑格尔也认为美的理念即是出于自由想象力的表象,它的内容不能也不允许用概念的形式表达出来。正是上述这些有关艺术是自由的观点,构成了周来祥"艺术是自由的审美意识"观的直接来源。

总之,周来祥在马克思社会实践的基础上,在唯物史观的基础上,继承、批判和发展了德国古典美学,从而总结出了艺术是以情感为主的感知、想象、理解、情感的四者统一;是介于科学认识和伦理实践、认识论与心理学之间;是主观和客观、理智和意志、自由和必然相统一的本质特征。

二、方法与体系的借鉴

和谐自由论美学思想非常重视方法论的应用,其代表作家周来祥就是这样,他认为方法论是作为哲学、美学学科的标志之一,没有深刻的方法论,不能称之为哲学理论,也不能称之为美学理论。他历来主张研究方法是学术、科学的生命线,美学要创新、美学理论要有原创性,首先方法要创新,要有自己方法论的特点。他的"和谐自由论"体系运用以辩证思维为统帅的多元综合一体化的方法,构筑了一个纵横结合网络式圆圈型的逻辑框架。该体系以黑格尔、马克思的辩证逻辑思维为根基,以抽象上升到具体、历史与逻辑相统一为主线,展开了一个从美学与艺术的萌芽开始,由古典和谐美与艺术经近代对立崇高美与艺术向现代新型辩证和谐美与艺术发展的历史画卷。同时,周来祥的美学体系又吸收融合了现代自然科学方法及现代哲学、现代美学的方法;他对美的本质、艺术审美本质的分析,借鉴了系统论的方法,形成一种超越对象性思维的关系系统思维。他的方法与体系主要得益于黑格尔和马克思的观点,具体体现在以下两个方面。

1. 方法与体系的借鉴

仔细体会"美是和谐自由"的理论体系,就可以看出,在方法论与体系上,周来祥明显地受到了黑格尔与马克思的影响,以至于有论者认为它是"黑格尔美学的当代中国版":和谐自由论美学思想中美的三大历史形态,就是对黑格尔辩证法三段论自觉和忠实的运用,和谐——崇高——辩证的和谐正是一个正——反——合的思维程式。在研究方法上,周来祥使用的也是黑格尔的辩证法和历史与逻辑相统一的指导原则,整本书中,充满了黑格尔式的缜密的思辨与严谨的推理。总之,从方法到体式,从形式到内容,黑格尔的影子无处不在。

陈炎教授在其论文《和谐论美学体系的由来与得失》中指出:"如果说,用马克思的'实践论'来改造康德的'先验论',便形成了李泽厚的'积淀说';那么,用马克思的'唯物论'来改造黑格尔的'理念论',便形成了周来祥的'和谐论'"①。对比一下黑格尔的"美是理念的感性显现"的框架与周来祥的"美是和谐自由"的体系,我们就会觉察到后者是对前者的改造与吸收。黑格尔在美学史上的主要贡献是强调辩证法和逻辑,黑格尔具体运用辩证法是一种三元运动,由正题、反题与合题三项来论述,"美是理念的感性显现"作为黑格尔美学思想的核心,充分地体现了其辩证思维。按照逻辑的发展,黑格尔在论述了美的本质是"绝对理念"之后,转入对艺术美的各种类型的分析:对各种类型的艺术美,黑格尔将其分为象征型艺术、古典型艺术和浪漫型艺术三种。黑格尔认为,在象征型艺术里,人类心灵对理念的把握还很朦胧,尚找不到合适的感性形象加以显现,因而便采取了符号象征的形式,内容与形式没有达到完整的统一的状态。黑格尔认为只有在古典型的艺术里才达到了内容与形式的完整统一,在这里,"自然形象与精神因素的这种统一并非是象征型艺术中对内容的暗示,因为在古典型艺术中,其本身具有整体性;而整体又具有独立自足性……这就决定了其内容与形式是相互适合的。"②黑格尔认为古希腊艺术是古典型艺术的理想实现,艺术在希腊就变成了绝对精神的最高表现方式。随着古典艺术的发展,其自身显示出内在的矛盾性,黑格尔说:"因为精神个性固然作为理想而体现于人类的对象,却也只是体现于直接的肉体的形象,而不是体现于自在自为的人,而只有这种自在自为的人才能在他的主体意识的内在世界里认识到自己和神的差别,却又能消除(否定)这种差别,从而不能与神化为一体变成本身无限的绝对的主体性。"③古典主义的主体性的缺乏使得它在自身内部开始瓦解,于是古典主义过渡到浪漫主义。"在浪漫型艺术中,精神因达到完全的自觉而成为无限的、绝对的,有限的人格也被提升到绝对的人格,绝对精神通过艺术形式显现出来,绝对的内心生活成为浪漫型艺术的内容,而精神主体性则成为相应的形式。"④黑格尔认为在造型艺术和古典型艺术中都不能表现出自觉的内心世界,而浪漫型艺术则把内心生活展示给人类,具有内在的主体性。黑格尔说:"主体性就是精神的光,照耀着精神自己,照耀着前此是昏暗的地方;自然的光只能照耀到一个对

---

① 陈炎:《和谐美学体系的由来与得失》,《学术月刊》2002 年第 9 期。
② 周来祥主编:《西方美学主潮》,桂林:广西师范大学出版社 1997 年版,第 678 页。
③ 黑格尔:《美学》第 2 卷,朱光潜译,北京:商务印书馆 1994 年版,第 170、254 页。
④ 周来祥主编:《西方美学主潮》,桂林:广西师范大学出版社 1997 年版,第 680 页。

象,而精神的光却以它本身为对象或照耀的领域,使它认识到它自身。"①

从以上分析可以看出,这三个历史阶段显示了理念不断发展,进入并逐渐超越感性形式的逻辑进程:象征艺术作为艺术的初级阶段,是物质压倒精神的阶段;古典艺术是艺术的理想范本,是物质与精神相统一的阶段;浪漫艺术突出主体性的特征,是精神溢出物质而寻求独立表现的阶段。在黑格尔看来,艺术发展到浪漫型时开始解体,但作为在否定之否定中不断演变的绝对精神,理念是要继续发展的,它的进一步发展将势必超越浪漫型艺术而要求以抽象概念的逻辑形态将理念直接表述出来,这样一来艺术将让位于哲学。所以,在黑格尔那里,哲学是绝对理念的最高形态,艺术只是由宗教到哲学的一个过渡阶段。

当然,黑格尔的体系是建立在唯心的基础之上的,他的绝对理念的自我运动只是在人的思维中进行的结果,在现实社会,我们无法得到证实。马克思曾从实践论出发提出:"人的思维是否具有客观的真理性,这不是一个理论的问题,而是一个实践的问题。人应该在实践中证明自己思维的真理性,即自己思维的现实性和力量,自己思维的此岸性。关于思维——离开实践的思维——的现实性或非现实性的争论,是一个纯粹经院哲学的问题。"②

周来祥引入马克思的"唯物论"来改造黑格尔的唯心论,克服了黑格尔唯心主义的缺点。按照历史唯物主义的观点,社会实践是人类的思维方式、艺术成果,乃至全部的文化生活的根源。根据这一思想,周来祥把黑格尔的美的本质——"理念的感性显现"规定为"美是和谐自由"。

以周来祥为首的和谐体系思想是指人类在长期的社会实践中所形成的主体与客体、个体与社会、心理与物理、感性与理性等一系列矛盾运动中的关系形态。因此,随着历史的发展,"美是和谐自由"这一逻辑命题,也将展现出阶段性的历史形态。第一个阶段体现为古代的和谐美与艺术:这一阶段主要是指古代的奴隶社会和封建社会时期,此时,人类的思维是素朴的辩证思维,追求的是一种人与自然、主体与客体、感性与理性的和谐统一。古代的艺术在主客体上是一体的,是一元的艺术,没有出现近代艺术的对立情况。美的形态主要有优美和壮美两种形态。第二个阶段是近代崇高阶段的美与艺术:这个时期是随着资本主义的发展,社会矛盾的加深而出现的,近代的崇高美与艺术以审美主客观关系的分裂和对立为基础,其本质特征打破古典主义的和谐美,追求人与自然、主体与客

---

① 黑格尔:《美学》第2卷,朱光潜译,北京:商务印书馆1994年版,第278页。
② 《马克思恩格斯选集》第1卷,北京:人民出版社1995年版,第55页。

体、实践的合目的性和客观的规律性的对立;在思维方面,近代美与艺术的思维方式是形而上学的思维,在这种思维方式的作用下,人们对世界的认识已不着重把它作为一个整体来看待,而是注重于事物的局部与细节分析,找出事物与事物的差异与对立,强调对立面的相互排斥、矛盾双方的彼此斗争。于是近代的艺术沿着两条线索发展,在美学上相继形成了近代崇高的三种形态:包括"崇高"、"丑"和"荒诞"。第三阶段是现代新型的辩证和谐美与艺术:在这里,周来祥主要是指社会主义社会的美与艺术,由于在社会主义社会,剥削阶级已经不再存在,阶级斗争已不是社会的主要矛盾,人们的内部矛盾可以通过"团结——批评——团结"的方式来处理。因此,此时期的审美理想是偏向于和谐的,但又不同于审美主客体实质性合一的古代和谐。它是在近代崇高的基础上的和谐,是古典和谐与近代崇高的否定性统一。这种现代的辩证和谐的思维模式是马克思的辩证思维方法,这种思维方法采取的是联系与发展的观点看待问题,把事物看成是相互联系与相互发展的。现代的新型艺术也就是在近代崇高基础上的对立统一的辩证和谐艺术,可以说,现代辩证和谐艺术在对立与矛盾的基础上又恢复到一元艺术,是相对于古代和谐和一元艺术的否定之否定,也就是黑格尔的"正、反、合"的过程。不过,周来祥指出,这种新型的现代艺术的发展还不是很成熟,在西方,目前还处于近代崇高的阶段,只是显示出现代辩证和谐美的萌芽。在中国,也只有"毛泽东同志《在延安文艺座谈会上的讲话》中提出的'革命的政治内容和尽可能完美的艺术形式的统一'的原则,以及1958年提出的革命的现实主义和革命的浪漫主义相结合的方法,这两个要求从不同的侧面指出了社会主义创作的规范和艺术批评的标准,为社会主义新型的美的艺术勾画了一个轮廓。"①他指出,真正的现代辩证和谐美与艺术还有待于继续发展。正如马克思在《1844年经济学哲学手稿》中所说:共产主义"是通过人并且为了人而对人的本质的真正占有……是人与自然界之间、人与人之间的矛盾的真正解决,是存在和本质、对象化和自我确证、自由和必然、个体和类之间的斗争的真正解决。"②只有到这时候,才是共产主义和谐美理想的实现——一种新型的对立统一的和谐美的实现。

通过对比可以看出,在方法论上,周来祥十分自觉地吸收了黑格尔泛逻辑的

---

① 周来祥:《古代的美·近代的美·现代的美》,长春:东北师范大学出版社1996年版,第235页。

② 马克思:《1844年经济学哲学手稿》,北京:人民出版社2000年版,第81页。

思想体系。陈炎教授指出:通过一番改造与更新,以周来祥为首的和谐自由论美学体系比黑格尔的美学体系更明晰化,也更容易被人们理解和接受。在逻辑命题上,他排除了"理念论"的唯心主义思想,用马克思的"唯物论"将自己的"和谐说"建立在一种不依人的意志为转移的客观规律的基础之上,从而使人类的物质生产成为美的精神生产的逻辑前提。在历史命题上,他将黑格尔的"象征艺术"作为前艺术的崇高形态加以处理,使其成为古典和谐的背景;将黑格尔的"古典艺术"作为初始的艺术形态加以处理,使其成为历史和逻辑的双重起点;将黑格尔的"浪漫艺术"作为近代的艺术形态加以处理,使其成为历史的发展和逻辑的转折;最后,他将黑格尔所没有涉及的"现代艺术"作为未来的形态加以处理,使其具有了历史的终点和逻辑的归宿。这样,"美是和谐自由"的宏伟体系就建立起来了。①

2. 审美关系说的来源

如果说"美是和谐自由"的体系主要是改造黑格尔的"美是理念的感性显现"的话,那么,有关和谐自由关系的说法则是从马克思的《1844年经济学哲学手稿》得到启发。其和谐自由的关系说有两个重要的特点:在美的本源上,主张主客体的客观关系说;在美的本质特征上,主张关系的和谐自由说。

下面我们来看"美在审美关系之中"的来源。周来祥在《马克思的"人化自然"学说和美的本质》一文中说:"我认为美的本质(审美对象的属性或对象的审美属性),既不在主体(主观意识或主客观在意识中的统一),也不在客体(自然或社会),而是由审美对象和审美主体之间相对应的本质力量所形成的审美关系来规定的。"②周来祥的审美关系说是根据马克思《1844年经济学哲学手稿》提出来的。马克思指出:"对象如何对他来说成为他的对象,这取决于对象的性质以及与之相适应的本质力量的性质;因为正是这种关系的规定性形成一种特殊的、现实的肯定方式。眼睛对对象的感觉不同于耳朵,眼睛的对象不同于耳朵的对象。每一种本质力量的独特性,恰好就是这种本质力量的独特本质,因而也是它的对象化的独特方式,它的对象性的、现实的、活生生的存在的独特方式。因此,人不仅通过思维,而且以全部感觉在对象世界中肯定自己。"③周来祥同样认为,人与自然的对象性关系,是在实践活动中现实地生成的,人通过实践一方

---

① 参见陈炎:《和谐美学体系的由来与得失》,《学术月刊》2002年第9期。
② 周来祥:《论美是和谐》,贵阳:贵州人民出版社1984年版,第121页。
③ 《马克思恩格斯全集》第42卷,北京:人民出版社1979年版,第125页。

面创造审美对象,另一方面创造着审美主体,同时也创造着对象与审美主体之间的审美关系。马克思指出,生产实践一面创造着美,一面创造着主体的审美能力。"社会的人的感觉不同于非社会的人的感觉。只是由于人的本质的客观地展开的丰富性,主体的、人的感性的丰富性,如有音乐感的耳朵、能感受形式美的眼睛,总之,那些能成为人的享受的感官,即确证自己人的本质力量的感觉,才一部分发展起来,一部分产生出来。因为,不仅五官感觉,而且所谓精神感觉、实践感觉(意志、爱等),一句话,人的感性、感觉的人性,都只是由于它的对象的存在,由于人化的自然界,才产生出来的。五官感觉的形成是以往全部世界历史的产物。"①这里,马克思强调,由于生产实践把人与对象区分开来,从而形成了人与自然的自由关系。周来祥的审美关系说在马克思的"美是人的本质力量的对象化"上前进了一步,他认为美不仅是人的本质力量的对象化,而且应该是人的一种特殊的本质力量的对象化。他指出人与对象、主体与客体之间至少有三种主要关系,即理智关系、意志关系与审美关系。在审美关系中,人作为审美主体,是感性与理性的直接统一体,这种主体把握对象时采取的是情感直观的方式去把握客观对象;同样,审美对象也是介于实践对象和认识对象之间的。周来祥从马克思说的"动物只是按照它所属的那个种的尺度和需要来建造,而人却懂得按任何一个种的尺度来进行生产,因此,人也按照美的规律来创造"②,概括出美的规律就是客观的规律性和主体的合目的性的和谐统一,并指出这种统一就是自由,美的规律就是自由的规律。我们的认识、实践同样是对客观规律的理解与支配,都是与对象世界的自由关系,美只是这种自由关系的特殊形式。

与此同时,周来祥认为,在审美关系中,审美主体与审美客体相互制约的观点同样有着马克思的影响。马克思认为,生产实践是一种二重化的活动,在实践活动中,一方面创造出客观对象,另一方面也产生人类自身,并形成主体与客体自由的关系。马克思说:"感觉为了物而同物发生关系,但物本身却是对自身和对人的一种对象性的、人的关系。"③"一切对象对他来说也就成为他自身的对象化,成为确证和实现他的个性的对象,成为他的对象,而这就是说,对象成了他自身。"④这也就是说,有什么样的审美主体,才有什么样的审美对象。正如马克思

① 《马克思恩格斯全集》第 42 卷,北京:人民出版社 1979 年版,第 126 页。
② 马克思:《1844 年经济学哲学手稿》,北京:人民出版社 2000 年版,第 58 页。
③ 《马克思恩格斯全集》第 42 卷,北京:人民出版社 1979 年版,第 124 页。
④ 同上书,第 125 页。

所说:"从主体方面看,只有音乐才能激起人的音乐感;对于没有音乐感的耳朵来说,最美的音乐也毫无意义,不是对象,因为我的对象只能是我的一种本质力量的确证,也就是说,它只能像我的本质力量作为一种主体能力自为地存在着那样对我存在,因为任何一个对象对我的意义(它只是对那个与它相适应的感觉来说才有意义)都以我的感觉所及的程度为限。……囿于粗陋的实际需要的感觉只具有有限的意义。"正因为这样,"忧心忡忡的穷人甚至对最美丽的景色都没有什么感觉;贩卖矿物的商人只看到矿物的商业价值,而看不到矿物的美和特性。"[①]从马克思关于审美对象和审美主体相互作用的辩证关系,周来祥得出结论:"美不单在对象的属性,也不单在主体自身,而是在主客体相互作用的审美关系之中。这种关系属性,不是主观的,而是客观的物质的一种存在形态。"[②]当然,周来祥在这里还引入了"场"的概念来说明主体与对象的特殊关系,并从瑞士让·皮亚杰的发生学的认识论中得到启发:"认识既不是起于一个有自我意识的主体,也不是起因于业已形成的(从主体的角度来看)会把自己烙印于主体之上的客体。认识起因于主客体之间的相互作用,这种作用发生于主体和客体之间的中途,因而同时既包含着主体又包含着客体。"[③]正因为有着各方面的影响,周来祥才形成了和谐自由论美学思想的审美关系说的理论。

　　总之,和谐自由论美学思想的代表人物周来祥从黑格尔与马克思那里借鉴了现代辩证思维的方法,改造了黑格尔唯心主义的"正——反——合"三段论式的体系,形成了唯物论的"否定之否定"的辩证和谐美学体系。审美关系说的提出同样建立在马克思哲学的基础上,同时吸收了皮亚杰的发生学的认识论中的观点,高度综合了各种美学的思想方法,从而得出他的审美关系是"和谐自由"的关系:美从客观方面来看,是介于真与善之间的,是二者的和谐统一,是合目的性与合规律性的和谐统一;从主观方面来说,是理智与意志和谐统一的审美意识(情),主观的情感与客观的美相对应形成人们感性与理性直接统一的情感、自由观照的审美关系。

三、丑与荒诞范畴的主要来源

　　和谐自由论的美学思想覆盖面很广,从美学原理到文艺美学、中国美学史、

---

① 《马克思恩格斯全集》第 42 卷,北京:人民出版社 1979 年版,第 126 页。
② 周来祥:《文艺美学》,北京:人民文学出版社 2003 年版,第 104 页。
③ 皮亚杰:《发生认识论原理》,北京:商务印书馆 1981 年版,第 21 页。

西方美学史、中西美学比较等方面,都进行了详细的研究。周来祥一生一直在完善这个体系,晚年做得不够充分的崇高、丑、荒诞也在近现代西方文化的影响下完善起来。周来祥认为,现代和后现代提供了一个新的语境、一个新的思路,和以往把人类社会仅仅从一个方面向前推进不同,后现代把各种情况向相反的方面推进,最终会达到新的和谐境界。

1. 丑的范畴的产生

丑与优美相对应,它也是一种审美形态和审美范畴。很长时间,人们都把丑排除在审美形态之外,没有把丑作为审美范畴来研究,它只是作为美的陪衬而存在。大约19世纪到20世纪中叶,首先是人文主义与科学主义对立的形成发展,其后海德格尔存在主义哲学的创造,造成美学上丑的升值,丑冲突崇高的外壳,彻底扬弃和谐的因素,登上了现代文化主角的宝座。"周来祥认为自丑扬弃了崇高(狭义的),成为一个独立的审美范畴之后,美学史上出现了新的审美时代,丑和现代主义艺术成为一种美学主潮,标志着人类的审美活动更加多样,审美感受更加复杂,审美意识更为丰富,因而必须充分认识到丑在美学发展史上的重要性。"①

丑的发展导致古典和谐美的否定和近代崇高美的产生。周来祥说过,美是和谐,丑是不和谐、反和谐,从排斥丑到吸取丑、重视丑;从丑服从美、衬托美,到美衬托丑,丑逐步取得主导的地位,便成为近代美学冲击、代替古典美学的转折点,也成为近代美学发展、成熟的主要标志。关于丑在中国的发展情况,他认为在中国丑的地位在明中叶以后才一步步凸显出来:首先是形式丑向内容丑、本质丑的深化;其次是形式丑与内容日益尖锐对立;最后是在对立斗争中具有崇高型色彩的人物,需要用不和谐的丑形式予以强调和突出。总的来说,周来祥认为,丑在中国的情况与西方相比,由于中国近代资产阶级发展的迟缓和软弱,近代崇高观念未获得充分的发展,丑也未达到在西方近代艺术中的地位,有关丑的理论更不像西方那样系统和深刻。所以,周来祥有关丑的近代崇高美学范畴主要是从西方现代主义艺术中引进而来。他在《丑与现代主义艺术》一文中,详细地论述了西方关于丑的起源与发展:在西方,首先起来批评古典"理想的美",倡导丑的是启蒙主义思想家和美学家;在近代美学史上,第一个打破丑的禁令而又有深远影响的是莱辛,他的著作《拉奥孔》是区别古代和近代艺术、古典和谐美艺术

---

① 周纪文:《和谐论美学思想研究》,济南:齐鲁书社2007年版,第247页。

和近代崇高型艺术的界限,莱辛要求艺术家一方面要描写丑的对象,另一方面根据真的法则打破古典和谐美的法则,对艺术各元素作不和谐的处理;其后康德、黑格尔由狭义的古典和谐美(优美)扩大为广义的美,在前者那里出现了近代的崇高,在后者则出现了浪漫型艺术,二者都包含了矛盾冲突对立的因素,亦即包含了丑;随着19世纪初浪漫主义运动的兴起,美的地位不断下降,丑的地位持续提高,雨果在《克伦威尔序言》中明确提出美、丑对立的原则,鲜明地抬高了丑的地位;如果说美丑对立的原则是浪漫主义者提出的,那么真正发扬丑的本质特征的是现实主义,因为现实主义的职责是揭露社会的弊端,给予批判和讽刺。1853年罗森克兰兹出版的《丑的美学》,是第一部研究"丑"的专著,书中把莱辛初步提出的丑的原则予以更明确、详细的论述,把丑的关系明确地规定为矛盾、对立、不和谐的关系。周来祥指出,罗森克兰兹虽然较详细地探索了丑,但还未完全脱尽古典和谐美的某些影响,还是认为丑最终服从美,只能作为美的衬托物出现。这也同时说明了追求对立的崇高艺术不能完全抛开和谐,真正的丑只有在现代主义艺术中才能占主导地位。

于是,随着"近代的丑在日益升值,日益膨胀,崇高中美丑的结构也在发生变化。开始是美丑对立,以美为主导,丑是陪衬美的,而且最后趋向总是导向美,否定丑。而当丑发展到占压倒的优势时,情况就发生了剧变。这时丑占上风,取得主导地位,美成了丑的衬托,而且总的趋向变成肯定丑,否定美,向往彻底的不和谐。沿着这条线走到极端,那便把美全部彻底地驱逐出去,丑成了唯一的上帝,独霸天下。这样丑便扬弃了崇高,成为一个独立的范畴,在近代美学和近代艺术发展史上,成为一个相对独立的时期即丑的美学和丑的现代主义艺术时期。"①由此可以看出,周来祥从西方美学的发展总结出了崇高与丑的范畴及其关系:崇高是美与丑的对立,是和谐与反和谐的组合,美的主体追求的是和谐感、愉悦感,丑的主体追求的是不和谐、反和谐,是痛感、是刺激。如果说,古典的美是范本式的美,崇高是特征的美,那么丑则是混乱的、奇异的、怪诞的、荒谬的。从它们发展的关系来看,丑是在崇高中产生的,是对其极尽裂变,把对立推向极端的结果,丑代表了西方近代对立美学的极端形态,是对立美学更纯粹、更典型的形态。正如他概括的:"崇高强调对立的原则,丑在本质上是反和谐,在对立这一基本原则上,与崇高是共同的,因而总体上它们都属于资本主义近代美学的

---

① 周来祥:《周来祥美学文选》(下),桂林:广西师范大学出版社1998年版,第1514—1515页。

大范畴(尽管丑和丑的现代主义艺术被西方习惯上称之为'现代派')。但丑与崇高又有其不同的特点。首先丑不是像崇高那样只是增加了对立的因素,而是把这种对立的因素推向极端,使矛盾的两面各自达到极端,并以这一端反对、排斥、否定、屏除另一端。正因为把对立推向极致,排除任何相互联系、相互渗透、相互转化的因素,因而崇高中的和谐因素也被彻底驱除净尽了。崇高由不和谐转向和谐,而丑则从始到终一直是不和谐、反和谐的。由对立转向和谐的崇高感是由痛感转向愉悦感,是痛感和快感混合的复杂感受。而反和谐的丑感则是追求一种刺激感、痛感。"①

在阐述了丑的特征之后,周来祥又对以审丑为主的现代艺术进行了说明。他认为西方的现代主义尽管流派众多,但其丑的艺术有一个共同的特点就是对立的极端化,并且现代主义的丑的艺术与崇高的现实主义与浪漫主义是紧密衔接的,是承崇高与崇高型艺术发展而来。所以,周来祥认为现代主义的艺术是根据丑的观念和模式,把构成现代艺术的各种元素不和谐地甚至反和谐地组合在一起。在崇高中,现实主义虽然重客体,但不否定主体,浪漫主义重主体,但同样不排除客体。可是在现代主义则不一样了,它们由现实主义与浪漫主义的对立出发,自然主义完全否定主体,追求纯粹生物性的表述;表现主义则完全放弃客体,追求纯粹主观的感觉。其结果是"自然主义者,从自然的逼真模仿到超级写实主义、照相写实主义的记录自然现象本身,一步步走到偶然、碎片杂乱堆积的非理性展现;而表现主义也由具象表现主义走到抽象表现主义,由象征主义、意识流到超现实主义,一步步内倾为梦幻、直觉、生物情绪和动物本能的忠实记录,成为一种非理性的、个体的感性生命的体验"②可以说一个是极端的客观化、再现化,反对主观、观念、判断;一个是极端的主观化、表现化,反对客观、感性、生存。但二者都是表达非理性思想的,这可以从科学主义与人文主义的对立中找到根据:本来科学主义是强调科学技术、重视工具理性、贬低人文精神的,但20世纪的科学主义思潮却以感性经验为标榜;人本主义重视人的意向、生命和本性,批判和抗拒现代科技对人的物化,最开始的人本主义是理性的思潮,但20世纪的人本主义却偏于研究人的非理性方面,使理性的人坠落到感性本能的深渊。所以,20世纪的科学主义与人本主义表达的都是非理性主义的思想。

---

① 周来祥:《周来祥美学文选》(下),桂林:广西师范大学出版社1998年版,第1515—1516页。

② 同上书,第1528页。

　　概括地说,周来祥从西方现代主义的反理性思潮中总结出了丑的美学范畴,并把它与现代主义艺术对应起来。同样,随着西方现代主义的非理性思潮的极度膨胀,他总结出了荒诞的美学范畴,并把它与后现代主义艺术相对应。

　　2. 荒诞范畴的产生

　　荒诞作为审美形态和审美范畴是在现代确立的。20 世纪中叶以来,科学主义与人文主义继续对立,前者执著于经验、语言、逻辑之外在客体;人本主义抓住意志、生命、无意识等主体特性。这种主体和客体裂变与对立的日益尖锐,既带来了片面的开拓丰富和创造,又带来了极端化的弊端,于是艺术进入"后现代",美学进入荒诞时期。

　　周来祥认为,"后现代主义"不但表现在文学、艺术、美学、哲学等领域,而且表现在西方文化的其他各个方面,可以说是 20 世纪 50 年代以来整个西方文化的主潮。而他从西方"后现代"吸取的主要是"后现代主义"与崇高、丑、荒诞这一系列审美范畴之间的联系,它与近代现实主义、浪漫主义和现代主义是什么关系,以及后现代主义的美学特征与内涵等方面的内容。当然,最主要的是周来祥把荒诞的美学范畴与后现代对应起来,指出荒诞是在后现代艺术中产生的美学范畴。

　　荒诞原指西方现代派艺术中的一个戏剧流派,兴起于 20 世纪 50 年代末 60 年代初,后来上升为一个普遍的深刻的重要美学范畴。它不仅包括荒诞派戏剧,而且包括 50 年代以来西方主要的文学艺术,乃至一切文化现象,是这一时代的美学主潮,是这一时代占主导地位的美学范畴。如果说"丑的对立否定着事物的矛盾的联系性和统一性,在本质上已有不合理性、不正常性,荒诞则进一步把这种不正常性、不合理性继续向两极发展……它把丑的对立推向了极度不合理、不正常,甚至人妖颠倒、是非善恶倒置、时空错位,一切因素都荒诞不经、混乱无序,达到令人不可思议、不可理喻的程度。"[1]

　　荒诞的形成有两个过程。首先是所谓的"旧瓶装新酒",它是以传统的理性形式、逻辑形式处理、表现荒诞的现实、荒诞的人物及事件,此时的作者是理性的,运用的形式也是理性的,只是内容是荒诞不经的;第二个时期是"新瓶装新酒",它用非理性的形式叙述、描绘或直接展现一个非理性的内容,理性的东西被彻底扬弃了。这些特征在周来祥所引用马丁·埃斯林的《荒诞派戏剧》说得

_____

① 周来祥:《周来祥美学文选》(下),桂林:广西师范大学出版社 1998 年版,第 1540—1541 页。

很清楚:"从广泛的意义来说,本书所论及的贝克特、阿达莫夫、尤内斯库、热内及其他剧本家作品的主题,都已在人类的荒诞处境中所感到的抽象的心理苦闷。但荒诞派戏剧不是仅仅根据主题类别来划分的。吉罗杜、阿努伊、萨拉克鲁、萨特和加缪本人大部分戏剧家的作品的主题,也同样意识到生活的毫无意义,理想、纯洁和意志的不可避免的贬值。但这些作家与荒诞派作家之间有一点重要区别:他们依靠高度清晰、逻辑严谨的说理来表达他们所意识的人类处境的荒唐无稽,而荒诞派戏剧则公然放弃理性手段和推理来表现他所意识到的人类处境的毫无意义。如果说,萨特和加缪以传统形式表现新的内容,荒诞派戏剧则前进了一步,力求做到它的基本思想和表现形式的统一。从某种意义上说,萨特和加缪的戏剧,在表达萨特和加缪的哲理——这里用的艺术术语,以有别于哲学术语——方面还不如荒诞派戏剧表达得那么充分。"同时马丁·埃斯林又说:"如果加缪说,在我们这个觉醒了的时代,世界终止了理性,那么,他这一争辩是在那些结构严谨、精雕细刻的剧作中,以一位18世纪的道德家优雅的唯理论和推理方式进行的",而"荒诞派作家们一直试图凭本能和直觉而不凭自觉的努力来战胜和解决以上的内在矛盾"。"正是这种使主题与表现形式统一的不懈努力,使荒诞派戏剧从存在主义戏剧中分离出来"①从这里,周来祥明确地阐述了荒诞艺术的成熟过程。荒诞艺术成熟之后,便形成了一种特殊的相对稳定的审美处理方式———种特定的审美心理结构和思维模式。于是,在周来祥看来,荒诞已不只是表现特定的荒诞现实和荒诞内容,而是以荒诞模式处理各种题材,从而形成了荒诞艺术。荒诞艺术就是20世纪中叶以后,人们以荒诞的模式运用戏剧、小说等各种艺术形式处理各种题材的一种时代的美学潮流。它采取冷漠的处理问题的态度,认为现实世界是丑恶的,是"一堆垃圾"、"一片荒原"、"一个黑洞",在荒诞艺术中没有美、没有光明,有的是彻底的丑。在荒诞艺术中,人类永远陷入没有任何希望,没有任何结果,毫无意义的挣扎和困苦之中。如果说喜剧艺术的笑声是开心的、单纯的,悲剧的哭是悲痛的话,那么在荒诞艺术中的主人公的笑声则是一种无可奈何的笑、含泪的笑,它的哭中散布着轻松的调侃的笑,让人哭不出声。也就是说,"这是一方面从幽默讽刺,另一方面从悲剧、悲喜剧发展而来的混合形式,它是各种因素组合起来的复杂的矛盾结构,而这种矛盾的复杂的因素和结构,又制约着复杂的哭笑不得的审美心理和荒诞感受。总之,矛盾的

---

① 分别见于袁可嘉等编选:《现代主义文学研究》,中国社会科学出版社1989年版,第475—
176页。

悖论是荒诞的根本特征。"①

　　周来祥指出,正像崇高对应于现实主义和浪漫主义艺术、丑对应于现代主义艺术一样,荒诞对应于后现代主义艺术。他根据西方近代形而上学思维极度分裂的情形及近代主客体之间矛盾结构和变化的结果,概括出西方美学与艺术范畴从崇高经丑到荒诞的递变:"首先是主体的高扬、个性的自觉和人的解放。人以理性的主体同封建的神学的客体现实相对抗,这就是崇高的出现,和浪漫主义与现实主义的相继更替。继而理性的主体转化为感性的主体,主体与客体世界的对立走向极端,以至于彻底否定了客观世界,把感性主体膨胀到创造世界独霸天下的地位。'上帝死了','人还活着',这便是极端对立的丑,和象征主义、表现主义与自然主义的对立与分流。感性主体一旦离开了客体,个性一旦离开了社会,它的极度膨胀,同时也就是极度消亡。这种在主体自身和主客体之间所展现的深刻的矛盾对立和悖论,便是由丑的极端裂变而进入到荒诞,在艺术中便是荒诞派戏剧,黑色幽默小说和新小说派的创作。"②这就是说,伴随着近代社会中主客体之间矛盾结构的不断变化和发展,主客体呈现出不同的特色:从主体方面来看,先是高扬理性主体,然后转向以感性主体为主,最后走到主体消亡的道路。在崇高中,主体是理性的、具体的、丰富的,是自觉的,不依赖于客体与群体的,具有强烈的个体意识和独立意欲;在丑的感性主体中,人由理性转向反理性,转向感性生命,由思维、理智转向感性意欲,由显意识转向无意识;在荒诞艺术的主体中,人由世界的主人成为无家可归的自我否定的游魂,上帝和人都不存在了,存在的只是动物似的需要和梦幻般的片断。从客体方面来看,崇高中的客体,尤其是现实主义中的客体是本质的、必然的、复杂的、富于个性特征的;丑的客体则更进一步向个别、感性、偶然、细节、纯客观方面发展;在荒诞中的客体,完全否定了客体的统一性、本质性,所有的一切都变得无意义、无本质、无中心了。于是,周来祥预言,由矛盾、悖论走到消解一切对立、差别,将会出现一种新的和谐与平衡。

　　和谐自由论美学思想的代表作家周来祥从西方的现代与后现代艺术中引进丑与荒诞的美学范畴,并把它们与崇高一样归结为近代的美学形态,这样就突破了他的黑格尔式的体系,使其体系具备更大的包容性;同时也从丑与荒诞艺术中看到了现代辩证和谐美与艺术的曙光。正如他在《古代的美·近代的美·现代

---

① 周来祥:《周来祥美学文选》(下),桂林:广西师范大学出版社1998年版,第1544页。
② 同上书,第1546—1547页。

的美》的前言中说:"崇高在康德那里,是以近代对立突破古典的和谐,向丑发展的过渡形态。荒诞则是丑的极端发展的结果,同时又隐隐约约呼唤着一种新的和谐,历史的发展也可能证明它是由丑向辩证和谐发展的过渡形态。"①

第三节　批判性吸收与创造性建构

综观中国当代美学发展的具体线索,大致是这样一个情况:中国当代美学于20世纪中期的美学大讨论中初步定型,中国的马克思主义美学确立的标志是1942年毛泽东的《在延安文艺座谈会上的讲话》,"实践派"的提出则是在20世纪50、60年代,是在毛泽东实践观美学思想上的发展;后实践美学是在西方文化的影响下,质疑实践美学而形成。周来祥运用辩证思维,采取逻辑与历史相统一的方法,在批判继承前哲和时贤的基础上,创造性地提出了和谐自由论的美学思想。

一、中国当代美学概观

20世纪以来,中国美学发生了巨大的变化,从经验性质到理论性质,从古典形态到现代形态,从思想引进到流派纷呈,一步步走向成熟。

中国当代美学的基本格局是在20世纪中期关于美的本质的大讨论中形成的。产生于那个时期的实践美学,在20世纪80年代成为中国美学研究的主流思想,当时对朱光潜的主观论美学思想进行反思是一个集中的话题。朱光潜的思想受克罗齐的哲学与美学思想的影响,强调直觉的作用:"形象是直觉的对象,属于物;直觉是心知物的活动,属于我。在美感经验中心所以接物者只是直觉,物所以呈现于心者只是形象。"②所以,朱光潜认为美在于心与物的统一,并且这种统一最终是统一于心的,外在事物的形象在朱光潜那里不是纯粹的客观形象,而是融合了主观情感的"意象"。

早在《文艺心理学》中,朱先生就做过这样的尝试:"美不仅在物,亦不仅在心,它在心与物的关系上面;但这种关系并不如康德和一般人所想象的,在物为

---

① 周来祥:《古代的美·近代的美·现代的美》,长春:东北师范大学出版社1995年版,第7页。

② 朱光潜:《文艺心理学》,载《朱光潜全集》第一卷,合肥:安徽教育出版社1987年版,第209页。

刺激,在心为感受;它是心借物的形象来表现情趣。世间并没有天生自在、俯拾即是的美,凡是美都要经过心灵的创造。"①周来祥认为,说"美在心与物的关系上面"也许不错,但是把这种关系局限于审美观照中"心借物的形象来表现情趣"便过于简单了。尽管朱光潜先生后来运用马克思主义观点修正了自己的美学观点,认为美不仅在物,也不仅在心,而是主观与客观的统一。但由于朱光潜没有发现审美关系的社会基础,他的"主客观统一"的美学命题,实质上是以联想、想象和移情等方式用主观统一客观,用"心"去统一"物",用美感去统一美。

真正在美学界称为主观派的是高尔泰的美学思想。他认为美是由美感创造的,将人的本质——自由与美的问题联系起来,认为"美底本质,就是自然之人化。自然人化的过程不仅是一个实践的过程,而且是一个感觉的过程。在感觉过程中人化的对象是美的对象"。"感觉必然地从那些暗示着、或者象征着人的本质的事物的形式,体验到一种特殊的快乐,这种体验,就是美。所以美是自由的象征。"②于是高尔泰认为美感经验才是美学研究的重心,美的发现是一种个体审美的体验。

蔡仪作为客观派美学的代表,认为"美是客观的,不是主观的;美的事物之所以美,是在于这事物本身,不是在于我们的意识作用。但是客观的美是可以为我们的意识所反映,是可以引起我们的美感。而正确的美感的根源正是在于客观事物的美"。在批判朱光潜主观论美学观点时蔡仪说,"我想先要说明:我们争论的所谓美在于心抑在于物、是美感决定美还是美引起美感的问题是个什么问题呢? 就是当人们认为某一事物美时,要知道美究竟是该事物本身所有的呢,还是由于人们认为它美才美的。所以这个问题是审美问题,就是美的欣赏问题,也就是美的认识问题。所谓美的认识问题,也就是说,这个问题是为了解决美的认识过程中客观对象和主观意识的关系而提出的。我认为美是客观的不是主观的,是美引起美感而不是美感决定美。"③

蔡仪的客观论美学思想避免了主观唯心主义错误,但回到了认识论的范畴,接着,他提出了美在典型的理论,他于《新美学》中指出:"美的事物就是典型的事物,就是显现着种类普遍性的个别事物。美的本质就是事物的典型性,就是这

---

① 朱光潜:《文艺心理学》,《朱光潜全集》第一卷,合肥:安徽教育出版社 1987 年版,第 153 页。

② 高尔态:《论美》,兰州:甘肃人民出版社 1982 年版,第 8、202 页。

③ 蔡仪:《美学论著初编》下册,长沙:湖南人民出版社 1982 年版,第 567 页。

个别事物中所显现的种类的普遍性。"①但蔡仪无法说清楚典型的事物美的原因。

可以说,无论是主观派还是客观派,他们都走向了极端,前者把美局限于审美观照和艺术欣赏的范围之中;后者虽坚持了唯物主义,则局限于反映论的模式之内。于是,正如康德调和大陆理性派与英国经验派一样,"实践派"美学试图融合两极。

"实践派"是以马克思主义实践哲学为理论基础的美学思想体系,以社会实践为逻辑起点,以辩证唯物主义和历史唯物主义思想做指导的美学流派。这派的观点认为"美是客观的,又是社会的",认为美的社会性是审美对象本身就是社会实践的产物。20 世纪 80 年代后,"实践派"发展迅速,先后形成了李泽厚的社会积淀美学,周来祥的和谐自由论美学,蒋孔阳的自由创造美学,刘纲纪的实践本体论美学等。

李泽厚讲:"在我看来,自然的人化说是马克思主义实践哲学在美学上(实际上也不只是在美学上)的一种具体的表达或落实。就是说,美的本质,根源来于实践,因此才使得一些客观事物的性能、形式具有审美性质,而最终成为审美对象,这就是主体论实践哲学(人类学本体论的美学观)。"②"实践派"认为美是不依人的主观心理而改变的,这是与朱光潜的社会性受审美主体的社会意识的制约是不同的。同样,"实践派"的美是客观的不在于审美对象与人类的社会生活无关,只是说与主体的个人爱好与审美的趣味无关而已,这与蔡仪的"美在典型"的客观的自然属性不一样,因为人类社会的本质是实践,一切的自然,在人类社会中是作为人的对象而存在的,与人类直接或者间接地发生着关系,是"人化的自然"。总的来说,相对于朱光潜,"实践派"通过自然人化说和历史积淀说,汇合了主观派与客观派的思想体系,在人类社会实践中寻找美的根源,比朱光潜在认识论上的超越显得更为成功,同时也比蔡仪于客观事物的自然属性中寻找美的根源更为唯物。

在实践派美学发展的同时,受西方现代后现代反理性思想的影响,后实践美学也蓬勃发展起来。他们从各种不同的角度对实践论美学进行批判,其中主要以生命美学和超越美学为代表。生命美学主张以个体的感性生命为理论的基础和研究的起点,认为美的本源产生于审美活动,个体化的审美经验才是审美活动

---

① 蔡仪:《美学论著初稿》上册,长沙:湖南人民出版社 1982 年版,第 243 页。
② 李泽厚:《美学四讲》,上海:上海三联书店 1989 年版,第 63 页。

存在的决定因素。"人类的生命活动确实以实践活动为基础,但却毕竟不是'唯'实践活动。因此,我们应该把目光拓展到以实践活动为主要组成内容的人类生命活动上面来,从实践活动原则转向人类生命活动原则,而这就意味着:美学要在人类生命活动的地基上重新构筑自身。"①杨春时在《走向"后实践美学"》一文中对后实践美学进行了总结,认为后实践美学有三个特征:一是吸取当代美学研究的最新成果,具备开放性与现代性;二是打破实践论美学的大一统局面,使中国美学研究呈现出多元化格局;三是实现了对实践美学的批判和继承、扬弃和超越。② 但事实上,后实践美学在解构实践美学的同时,自身存在着严重的不足。正如周纪文女士在其《和谐论美学思想研究》一书中所言:后实践美学一是理论的逻辑起点过于宽泛模糊,缺乏实际的规定性;二是在批判实践美学的客观倾向后,又导向了主观论立场,并没有解决二元对立的问题。

二、和谐自由论美学的批判性建构

和谐自由论美学思想同样产生于对美的本质论争的时代,对美的本质论证的不同,演化为整个理论体系和思想观念的不同。和谐自由论美学思想作为当代美学流派之一,同样是以马克思主义为哲学基础,因而它也可算实践美学的一个流派。但和谐自由论美学思想几十年来一直在发展、完善,许多方面已经超出了实践美学的范围,可以说,它是发展了的实践美学。

和谐自由论美学与其他实践美学及后实践美学在本体论与方法论上有着根本的区别。

首先,在本体论上,实践美学是从历史唯物主义的角度来阐发的,从人的本质力量对象化梳理出来,以马克思主义哲学的实践论为理论基础。可以说,"实践派"确实找到了"美的本质"的根源所在。周来祥在早期也强调:"美是社会实践的产物","美的本质既不能到物质世界的自然属性中去寻找,也不能到人们的主观意识中去探求,而只能到主体实践对客观世界的能动关系中去探索"。③当然,此时周来祥在强调社会实践是美的根源的同时,已经提出了审美关系的观点。在后来的论述中,周来祥都只是把人的本质力量对象化的实践当做美的本质问题的一个起点。他在这个起点上更前进了一步,指出任何东西都是人的本

---

① 潘知常:《美学的重建》,《学术月刊》1995 年第 8 期。
② 参见周纪文:《和谐论美学思想研究》,济南:齐鲁书社 2007 年版,第 223 页。
③ 周来祥:《论美是和谐》,贵阳:贵州人民出版社 1984 年版,第 291 页。

质力量的对象化,真、善、美,只要是人创造的都是人的本质力量的对象化,是人的活动的特点。周来祥在此基础上把美的本质概括为美是在实践基础上的"和谐自由的审美关系"说,这样把美的本质的范围更为缩小了一步。他在《论美是和谐》一书的序言中,就明确地指出过:"关于美(广义的)的本质(或者说审美对象的属性)我主要有两点看法,一是作为美的根源说,我认为它是人类实践活动的产物;二是作为现实的美的对象说,它是由审美对象和审美主体相互对应而形成的审美关系决定的。在这个意义上,没有审美对象,就没有审美主体;没有审美主体,也就没有审美对象。在第一点上我同自然说、主客观统一说有分歧,在第二点上我与美的客观性和社会性统一说也有差别。"①

因此,在周来祥看来,广义的"人化自然"既是认识对象,又是实践对象,同样是审美对象。"人的本质力量的对象化"只是美的本质产生的一个根本前提,还不是美的特质的具体规定。正如他在《论美是和谐》一书中曾指出:"人在实践中一方面使自然人化,一方面使人对象化,现实生成着人与自然的对象性关系,但这种关系只是人与自然的一般自由关系和美的本质的最一般规定,还不是美和审美关系的特殊的质的规定性。自然的人化只是审美及其他各种关系共同的自由本质,探讨美和审美特性还必须以此为出发点,进一步更为具体更为深入的研究。目前我国美学界已找到了这个起点,这是一个重大的成果,但从这个起点予以进一步探讨还不够,因而还未能真正地解决美的特质问题。"②周来祥在审美关系说中提出的关于美的本源和美的本质特征同样从马克思那里得到启示,指出美只存在于主体与客体的关系之中,而且是主体与客体的审美关系之中。同时,周来祥从马克思的《1844年经济学哲学手稿》中借用了辩证思维的方法,在吸收皮亚杰的认识论与马克思主义的实践论的基础上,形成了以和谐为理论的逻辑起点,以审美关系说为主的和谐自由论的美学体系。"美是和谐的本质界定,是把人类所有审美活动和审美感受都看做一种对象和人的关系、对象内部结构各部分的关系,构成人的内心世界整体的各部分之间的关系的产物,在一种关系结构的格局中去考察人类的审美活动和审美感受。"③正因为由于方法论和对美的本质的不同看法,从而造成和谐自由论美学流派与其他实践论美学流派有根本的不同。其他实践论美学流派基本上是把美的本质界定为"人的本质

---

① 周来祥:《论美是和谐》,贵阳:贵州人民出版社1984年版,第1页。
② 同上书,第127页。
③ 周纪文:《和谐论美学思想研究》,济南:齐鲁书社2007年版,第229页。

力量的对象化","自然的人化"等,这还没有区分认识对象、伦理对象和审美对象三者的不同,未能很好地解决主客体的多重关系原因。和谐自由论美学则通过审美关系说,针对不同的客体建立起不同的关系,从而突出审美的特殊本质,并且指出由于审美关系是在实践活动中产生的,具备历史性,美的特殊本质是随着社会实践的发展变化而变化的,这样就解决了审美的特殊性与多样性的问题。

另外,就主体与客体的关系问题而言,实践美学家认为美是客观的,但周来祥认为美是离不开主客体关系的,光讲客体分析不出美来,必须与主体联系起来。当然,周来祥指出,主体与客体不光是美的关系,在和谐的关系里,也有自觉的与不自觉的,不和情感相联系的是理性的关系。和谐自由必须有感性与情感,不能离开感情、想象与直观,是无目的而合目的的,非功利而又合功利的,这样才能把美与真、善区分开来。同时,周来祥提出,美的和谐不能脱离社会的和谐,是一个系统的整体,是在运动中展现的,丑、荒诞只是和谐的一个阶段。

这样,和谐自由论美学思想就试图从辩证思维、系统整体和审美关系的整体属性来研究美,把美规定为一种关系属性、系统属性。于是,和谐自由论美学观就突破了后实践美学的从审美主体规定美,把美看做是意识现象的一种属性的对象性思维方法的观点。总的来说,和谐自由论美学的美是动态的、发展的,是一种以个体审美情感为主的审美活动。

其次,在方法论方面,和谐自由论美学在对美学史和艺术史的考察和独特理解中,意识到美是历史的、发展的,因而周来祥不希望寻找到永恒不变的美的定义,而是希望找到新的解决问题的方法。周来祥自觉地从哲学品性上以"关系说"为逻辑基点来构建他的"和谐自由论"美学观。事实上,审美关系说在实践美学家蒋孔阳先生那里已经出现了。蒋先生把"审美关系"当做美学研究的根本问题和出发点,并以"实践本体论"为哲学基础,构建了以"创造论"为理论核心的极富包容性的美学思想体系。他在1993年出版的《美学新论》,打破了美的实体论,跃进到美的关系论,突破了对象性思维、实体性思维,进入到关系性思维和系统性思维;到《美在创造中》一书中,其关系性思维得到进一步确定。

周来祥在蒋孔阳先生的"审美关系"上,进一步丰富、发展,他的审美关系说体系相对来说更为全面、系统,特别是在辩证思维方法的基础上,强调了逻辑与历史的统一。他说,"在我的美学中,'和谐'是个总范畴,它在逻辑和历史的运动中形成了古代素朴和谐美、近代对立崇高和现代辩证和谐美三大形态。在我这里,一切美学范畴、美和艺术的形态,都既是逻辑的范畴,又是历史的范畴,是历史与逻辑的统一。"①"如果说美是一种人类价值,那么同时也必须看到,美并不是一种超历史的、凝固不移的价值,它总是要随着历史的演进,随着人类关于经济、政治、文化乃至所有领域的追求而演进,而一部美学史正是一部人类审美感受与趣味演变的历史,只有从历史的角度,从人类审美趣味史的角度考察,才有可能把握'美'的本质。"②这种对美的历史的把握,是与其他实践美学流派不一样的,"从本质上讲,主体论实践美学还是把美看成为一种对象属性,只是在人类的审美经验上,强调了历史的积淀过程,将个体的审美感受与社会和文化的历史发展结合起来。主体论实践美学与和谐论美学的历史性相比较,前者更加注重人类审美经验的历史发展过程,将个体的美感经验放在人类整体的审美发展历史之中,后者则更加注重揭示美学史上审美活动和审美感受的宏观发展规律,揭示审美活动中呈现出的普遍性。"③正是这种逻辑与历史的统一,这种在历史上的宏观性,和谐美学也具备了后实践美学所无法比拟的整体性与宏观性的思维优势:它不仅仅把研究的目光放在感性体验、放在当下存在考虑,而且把一般性与特殊性相结合,把美和美感放在一个大系统中从纵横两方面做整体的研究。

综上所述,正是在吸收现当代中国思想家和美学各家所长的基础上,周来祥发展了当代中国实践美学思想,形成了和谐自由论美学思想体系。从和谐自由这个本体和逻辑起点出发,周来祥从中国古典文化和西方古代、近代美学概括出美是和谐自由的基本观点;从马克思和黑格尔的哲学与美学中借鉴了他们的方法与体系,形成了和谐自由的审美关系说的理论,展开了从中到西,从古至今的美学、文艺学的研究。在对各家兼收并蓄的情况下,周来祥创造性地发展了当代实践美学思想,建构起独具特色的和谐自由论美学思想体系。这一体系的建立,是他综采众长,融会贯通的结果,是对当代中国实践美学的总结和发展,具有重大的历史意义和现实意义。

---

① 周来祥:《周来祥美学文选》(下),桂林:广西师范大学出版社1998年版,第1935页。
② 傅谨:《周来祥美学思想的自我超越》,《浙江社会科学》2001年第2期。
③ 周纪文:《和谐论美学思想研究》,济南:齐鲁书社2007年版,第232—233页。

第二章　和谐自由论美学思想内涵

和谐自由论美学体系是以审美关系为轴心、以辩证逻辑为基础、史论结合的美学体系。这个体系的思想内涵极为丰富，广义地说，包括哲学美学（美学原理）、文艺美学、中西比较美学、中国美学史、西方美学史、中华审美文化史等美学思想。本章所说的和谐自由论美学思想的内涵主要就周来祥的哲学美学（美学原理）而言，具体包括研究方法、审美关系说的缘起与内蕴、美是和谐自由的历史渊源及和谐美学的主要范畴等几个方面。至于文艺美学、中西美学史及中西比较美学等方面将在第三、四章再单独论述。

第一节　和谐自由论美学的研究方法

周来祥认为，"在某种意义上说来，方法就是内容的构架，就是内容本身。可以说，有什么样的内容，就要求有什么样的方法；有什么样的方法，就产生什么样的内容……方法显得很重要。所以说方法论是做学问的生命线。"①周来祥非常重视研究方法，他特别注意思维方法、理论色彩、逻辑建构。他的理论成就就来源于其独特的方法。在他看来，方法是科学的工具、内容，同时也是一部著作、一个学科是否成熟的标志与特征。"和谐自由论美学"体系在黑格尔与马克思辩证逻辑思维方法的基础上，又吸收融合了现代自然科学方法及现代哲学、现代美学的方法。

周来祥指出，黑格尔的辩证思维长于纵向动态的历史观照，缺乏横向静态的共时分析；而现代自然科学方法是一种横向、静态、共时的思维模式，20世纪的现代哲学、现代美学也多专注于共时的横向研究，但它们缺失了黑格尔、马克思宏大的高瞻远瞩的历史眼光。"和谐自由论"美学体系力图在马克思主义辩证

---

① 周来祥：《周来祥美学文选》（上），桂林：广西师范大学出版社1998年版，第242页。

思维的基础上,取二者之长,弃二者之短,把纵与横、动与静、历时与共时高度融合起来,形成以主体辩证思维模式为构架,以关系思维为轴线,以逻辑推理和历史意识为特征的独特的方法论。

具体而言,在"和谐自由论"美学思想的方法论中,有辩证逻辑的思维方法、皮亚杰的发生认识论、现代自然科学的方法及其他学科的研究方法等,这里主要就辩证逻辑的思维方法与现代自然科学的方法两个方面来阐述周来祥的方法论。

一、辩证逻辑的思维方法

思维方式是由知识、观念、习惯等要素逐渐递进,不断沉积而形成的主体反映和思考问题的定型化的思维模式,表现为在一定的文化背景下,人们思考问题的程序和方法。人类的思维是个逐步发展演化的过程,纵观哲学发展的历史,哲学思维方式经过了古代对象性思维方式、近代形而上学思维方式和现代辩证逻辑思维方式(实践思维方式)三个阶段。

在最早的对象性思维阶段,人类对对象的把握是浑然的,古代人对事物之间的结合与关系的认识是素朴而辩证的,古代人使用的概念感性色彩很浓,主要是形象的描绘。对象性思维方式在思维方向上追求和谐,在思维方式上追求统一,甚至抹杀对立而片面强调统一,对世界的认识停留在表层上。"形而上学"是用孤立的、静止的、片面的观点观察世界的思维方式。恩格斯说:"把自然界中的事物和过程孤立起来,撇开宏大的总的联系去进行考察,因此,就不是运动的状态,而是从静止的状态去考察;不是把它们看做本质上变化的东西,而是看做永恒不变的东西;不是从活的状态去考察,而是从死的状态去考察。这种考察方法被培根和洛克从自然科学中移植到哲学中以后,就造成了最近几个世纪所特有的局限性,即形而上学的思维方式。"[1]又说:"在形而上学者看来,事物及其在思想上的反映即概念,是孤立的、应当逐个地和分别地加以考察的、固定的、僵硬的、一成不变的研究对象。他们在绝对不相容的对立中思维;……形而上学的思维方式,虽然在依对象的性质而展开的各个领域中是合理的,甚至是必要的,可是它每一次都迟早都要到达一个界限,一超过这个界限,它就会变成片面的、狭隘的、抽象的,并且陷入无法解决的矛盾,因为它看到一个一个的事物,忘记了它

---

[1] 《马克思恩格斯选集》第 3 卷,北京:人民出版社 1995 年版,第 360 页。

们互相间的联系;看到它们的存在,忘记它们的产生和消逝;看到它们的静止,忘记它们的运动;因为它只见树木,不见森林。"①可见,形而上学思维方式把事物看成彼此孤立、绝对静止、凝固不变的。这种思维方式的主要特点是人类把事物分成各个部分,采用分析的方法,逐部分地进行研究。在形而上学思维者看来,A 就是 A,A 不可能是非 A,事物的界限是非常明确的,缺乏统一的联系,只注意部分,而忽略了整体。当然,形而上学的思维方式,在当时历史条件下是不可避免的,同那个时期的生产和自然科学发展水平基本适应,也是人类思维发展过程中的必经阶段。虽然社会意识与社会存在之间存在着一定的不同步性,但社会意识与社会存在之间基本上是相辅相成在一定范围、一定幅度之内的,不会脱离得太远、太久,作为社会意识之一的思维方式也不例外。这一时期的哲学思维方式是直接地以反对古代哲学思维方式为前提和起点的。如果说古代哲学思维方式追求和谐,是统一性方法,那么,西方近代哲学则发展了偏于对立,注重分析性的哲学思维方式,它强调事物整体中个体要素的多元发展和不平衡,注重对立和冲突的必然性。②

周来祥指出,古代的素朴思维与近代的形而上学思维不能解决美学上的一些基本问题。只有到黑格尔,尤其是马克思、恩格斯才运用辩证思维的方法,把客观世界作为一个整体来看待,各部分是既相互对立,同时也相互联系,共同组成一个完整的整体。辩证思维的方法最先由黑格尔提出,并应用于他的整个哲学和美学体系,黑格尔说:"方法不是别的,正是客观的结构之展示在它自己的纯粹本质属性里。""这方法与其对象和内容并无不同。""因为这正是内容本身,正是内容自身所具有的、推动内容前进的辩证法。"又说:"方法不是外在形式,而是内容的灵魂和概念。"③所以说,辩证思维的方法,是内在的本质的方法,是内容的,而不仅是形式的。它和内容是一个东西,或者说是同一事物的两个方面。但黑格尔把辩证法仅仅应用于绝对理念的自我运动,他虽然承认事物是全体、承认事物处于变革之中,但认为这种变革发生在绝对精神的范围之内。因此,他的辩证法是唯心主义的。

马克思把黑格尔的哲学思想加以改造和吸收,他认为精神的变革是对现实

---

①　《马克思恩格斯选集》第 3 卷,北京:人民出版社 1995 年版,第 360 页。

②　参见程科:《实践思维方式与马克思主义哲学》,西南师范大学硕士学位论文,2003 年,第 14 页。

③　列宁:《黑格尔〈逻辑学〉一书摘要》,北京:人民出版社 1965 年版,第 227 页。

的变革的反映,而且重要的是现实的变革。理论反映的是现实的要求,现实处于运动、变化、发展之中,因此反映现实的理论也是变化、发展的。马克思认为脱离实践的物质只是一种抽象:对于思维和存在的统一,人和环境的一致性,人的本质和认识的真理性等相关哲学问题,必须把它们当做人的感性活动、当做实践去理解,从而形成了他的实践唯物主义的辩证思维方法。

马克思哲学的出发点和归宿都是实践,他把理性建立在实践的基础上,从而形成"实践理性"视角。这里要注意马克思的这一"实践视角"与康德的"实践理性"是截然相反的,康德的"实践理性"是指实践(道德实践)为理性所规定,或者理性规定实践,而不是理性为实践所规定,不是实践规定理性。所以,马克思的结论是:理性的辩证法不过是感性的辩证法的反映,理论的辩证法不过是现实的辩证法的反映,认识的辩证法不过是实践的辩证法的反映。

在美是和谐自由论体系中,周来祥吸收并改造了马克思主义辩证逻辑的思维方法。他论述了辩证逻辑思维方法的两个方面。

首先是理论与实践相统一的方法。"这个统一包括从实践到理论,从理论又回到实践;从个别上升到一般,又从一般回到个别;从具体到抽象,再从抽象上升到具体这样一个完整的过程。"①

从抽象上升到具体,包含两个具体:前者是感性具体,这里指具体的感性事物,在形式上是具体的,但在内容上是抽象的;后者是思维概念的具体,其形式上是抽象的,但内容上是具体的,是多方面的复杂的规定。这里的具体与抽象和心理学上称可触摸到的东西为具体,其他为抽象,是不同的。

从具体到抽象的"具体"是现象的具体,从具体到思维的抽象是指概念的抽象,从具体到抽象的过程表现为分析的过程。面对纷繁复杂的感性世界,我们必须对其进行分析比较,找出事物最本质的规定。当然,从这个最简单、最本质的规定,我们不能直接运用到具体事物。人们认识具体的事物,必须从这个最简单、最本质的规定进一步上升到更为具体、更为复杂的规定,否则就会陷入抽象思维或者形而上学的思维。

抽象的范畴与具体的范畴在其推演和运动过程中是相对的,比如,人是一个抽象的概念,相对来说,男人或女人则是具体的范畴,但男人或女人相对于男生或女生则又是一个抽象的范畴。

---

① 周来祥:《周来祥美学文选》(上),桂林:广西师范大学出版社 1998 年版,第 150 页。

周来祥指出,辩证逻辑的思维不能从现象具体开始,因为现象具体是一个混沌的表象,只是一种形式上的具体,内容是空洞的,也不能从抽象开始。前面已经提到过,抽象虽然是事物最本质、最简单的规定,但无法应用到具体的事物,所以辩证思维从现象具体到抽象之后,还必须从抽象上升到思维具体。

抽象概念必须具备两个条件,一是它必须是事物本质的最抽象、最一般、最简单的规定;另外,抽象概念必须是构成那个事物的最小的细胞,从这个细胞就能生长出一个完整的有机体。如果说具体上升到抽象的过程是分析的过程,那么抽象上升到具体的过程则是综合的过程,同时也是概念对立统一辩证运动的过程——是概念的否定之否定的过程。

还有一点我们要了解的,就是抽象上升到具体必须经历一系列的中间环节,如果说前一个概念是抽象的概念,后一个相对来说就是具体的,但对它的子概念来说,它又是抽象的。如商品与货币相对来说,商品是抽象的,货币是具体的,但货币相对于资本来说,货币是抽象的,资本则是具体的了。后者都是对前者的扬弃,形成否定之否定的过程。事实上,在抽象上升到具体的过程中,一个范畴引出另一个范畴,每一个范畴都是一个中间环节,前一个范畴能为后一个范畴提供前提的证明,后一个范畴也能为前一个范畴提供结果的证明。我们能够看出概念的来源与趋势,这种逻辑证明的特点既说明了事物的普遍性,同时也说出了事物的特殊性。

其次是逻辑与历史相统一的方法。逻辑的方法就是通过概念范畴的运动建立的理论体系,来揭示客观事物的本质和规律的方法,逻辑方法是在自然科学和哲学的发展基础上产生的,逻辑分析方法以精确、严密的表达形式,分析、澄清语言结构和语言意义,从而以明确的概念组成判断,以恰当的判断组成有效推理,以有效的推理组成论证,消除多义性、含糊性的语言;历史的方法是通过事物现象的发展过程,以揭示事物的内在联系和规律的方法。

在辩证思维过程中,周来祥认为,逻辑的方法与历史的方法是统一的,历史的方法包含着逻辑,包含着客观事物的规律;同时,逻辑的过程也是历史的过程,任何事物的发展变化都是有其历史的,用以反映客观事物规律的逻辑同样必须遵循历史的规律。只是逻辑的方式反映历史的过程和规律,是经过匡正的、凝缩的;是经过修正了的历史过程:对历史的现象和支流予以抛弃,对历史中的曲折、倒退给予凝缩。在逻辑的过程中,我们是按照事物的总体发展趋势来构建的,不考虑自然的历史进程和各种偶然的情况。比如,社会的发展,按照逻辑的规律,一般是由原始社会到奴隶社会到封建社会,再到资本主义社会,最后过渡到社会主义社会和共产主义社会,但在具体的历史过程中,人类可能由于自身的进步或受到其他因素的影响,也会出现跨越的情况:中华人民共和国就是直接由封建社会进入社会主义社会,没有经历资本主义社会的过渡阶段。

"历史和逻辑的统一,包含着两个主要的内容,其一,逻辑和辩证法是一致的,逻辑与客观的历史是一致的;另一方面逻辑和认识论是一致的,与认识史是一致的,与美学思想史是一致的。"①

逻辑与客观历史相一致,这就要求美学概念范畴的运动与美和美感及艺术的客观历史运动进程相一致。逻辑的起点也就是历史的起点,历史从哪里开始,逻辑也就从哪里开始。

"概念辩证发展的过程,由抽象上升到具体的运动过程,就反映着你研究的那个事物从简单到复杂、由低级到高级,由不完善到完善的整个的历史过程。"②在美学上,从美的本质开始,到社会美、自然美,再到艺术美,就反映着美的发展的客观的历史过程,是美的客观规律的概括和反映。

逻辑和历史相统一的辩证法与黑格尔的唯心主义辩证法是有区别的,辩证逻辑中从抽象上升到具体的过程,是由简单到复杂、从无到有的过程。黑格尔的辩证法则是从无生有的过程,他的概念范畴的运动只是主观思想的臆造,不是客观事物的反映。

同时,辩证逻辑的思维方法,也是与人类的思想史、认识史是一致的,都一样是从具体到抽象,再从抽象到具体的过程。比如,我们的美学发展的历程,古典美学,基本上是素朴的和谐,还处于一个未加分解的直观的形态,到了近代资本主义社会,美学才出现分解的形态,到黑格尔用唯心的形式把它们综合了起来,到现代则出现了更加综合的辩证和谐美。另外,美学范畴和美学思想史也是一致的,因此,我们研究每个范畴时就应与美学史上相应的资料结合起来,研究以古代和谐为美的理想时,就应与古典美学相印证;研究崇高艺术和美时,就应与现实主义与浪漫主义等近代美学思想结合;我们时代的和谐是在近代对立崇高的基础上发展起来的辩证和谐,必须与现代的美学艺术资料相结合。也就是说,周来祥指出逻辑与历史的统一,不仅要求逻辑范畴的运动与历史的形态结合起来,而且必须与同时代的思想史相结合,以达到逻辑、历史、认识论的统一。这就要求我们在研究美学、文艺学理论时,既要有逻辑范畴的展开,同时也应符合历

---

① 周来祥:《周来祥美学文选》(上),桂林:广西师范大学出版社1998年版,第159页。
② 同上书,第160页。

史发展的规律。

总之,正是由于辩证思维方法中理论与实践相结合及逻辑与历史相统一的运用,周来祥建立了一个庞大的理论体系。如薛富兴在其研究周来祥的论文中指出:"动态地看,和谐美学的理论建构大致经历了三个阶段的思维行程:首先,以辩证法的对立统一思想为基础,提出以和谐统一关系为思想内核的和谐美学纲领;其次,逻辑与历史统一思想为指导,将和谐美学思想具体地贯彻到文艺美学、中西美学史及中西比较美学这样一些具体的美学相关学科中;将其美学逻辑体系与审美意识史融为一体;最后,以辩证法的否定之否定思想为基础,将抽象静态的和谐逻辑范畴在对人类审美理想演变的历史考察中展开为朴素和谐——对立崇高——辩证和谐,即古代的美、近代的美、现代的美三大历史形态。宏观上把握人类审美的历史形态,将美学理论的核心观念转化为对人类审美意识演变的宏观的历史考察,宏观上把握人类审美形态演变的总体历史面貌,随时将抽象的观念落实为历史的具体性,这是周来祥和谐美学所表现出的突出学术个性,也是其理论张力与魅力所在。"[1]

二、现代自然科学的方法

现代自然科学的方法是面对自然界的,20 世纪自然科学自爱因斯坦的相对论开始,以现代物理学为重点,获得了飞跃的发展。系统论、控制论、信息论的提出,模糊数学、统计数学、分子生物学、量子化学、遗传工程学等的兴起,深化了人们对客观世界互相联系、互相转化、不断运动的认识。

周来祥指出:"新的观念、新的方法在不少方面深化和发展了马克思主义的辩证思维方法。马克思主义辩证法本质上是批判的、革命的,也就是说它是发展的、开放的,而不是僵死的、封闭的。它应该总括和吸收、改造、融合现代自然科学方法的一切有益的成果,从而创造性地发展自己,使之进一步现代化,更体现出新的时代的特点,达到时代的新的水平。"[2]

对待自然科学方法,目前存在两种不同的认识:一种意见是把现代自然科学方法孤立起来,片面地夸大,把它视为等同甚至能够取代辩证唯物主义的方法;另一种意见是把现代自然科学方法视为辩证唯物主义发展的新阶段。

---

[1]　薛富兴:《辩证思维——和谐美学述评》,《贵阳师专高等专科学校学报》(社会科学版)2004 年第 1 期。

[2]　周来祥:《文艺美学》,北京:人民文学出版社 2004 年版,第 38 页。

周来祥不同意上述两种观点,认为自然科学的方法发展和深化了辩证思维方法,但同时有其自身的局限性。他把自然科学应用到了美学方面,为美学的发展提出了新的视角。

1. 现代自然科学方法对辩证思维方法的深化与发展

通常人们所说的系统论包括普通系统论、控制论、信息论、自动化理论、管理理论、政策论和模拟法等科学理论。系统论的方法是要求人们从整体出发研究问题,考虑全局,着重从系统与要素、结构与功能、系统与环境之间的相互关系中综合地考察对象,从而使理论优化的方法。其主要原则有相互联系原则、动态原则、适应性原则、自组织性原则与结构层次性原则等。

马克思主义的辩证思维方法是发展的,它对其他方法都采取吸收改造的态度,使其有利于自身的发展,对现代自然科学方法也是一样,它融合了现代自然科学方法的一切优点,内化为自身的特点,更好地丰富和发展了自己。

在周来祥看来,现代自然科学方法从以下几个方面发展和深化了辩证思维方法。

第一,在系统中理解和把握对象。系统论认为事物有两重属性,事物自身的属性和系统质,在这两重属性中,系统质是起决定作用的,事物的属性取决于系统质。同一要素在不同的系统中有不同的属性和功能,因此对事物的认识,我们必须把它放在一个系统中,这样才能把握其整体属性。

第二,综合——分析的思维模式。我们知道,形而上学的思维模式是把分析和综合截然分开的,先分析,后综合,其整体是各部分相加之和,部分与整体的关系是游离的。系统论强调和发展了辩证思维关于综合的观念,要求在对事物进行研究时,先有一个整体的观念,然后再对其部分进行研究,整体与部分是紧密结合在一起的。

第三,对事物进行定量分析。在对事物本质属性把握之后,一般会忽视对其进行定量的分析。现代自然科学方法主要是针对自然科学的,把对事物的研究符号化、形式化、数学化,对事物进行了很精确的分析。系统论的方法打通了自然科学和社会科学研究之间的绝对界限,在许多方面,我们对社会科学同样可以做定量的分析。

第四,"模糊"概念的提出。形而上学的思想注重在事物相对静止时做精确的分析,辩证思维强调事物的运动状态,把事物的分析研究放在事物的发展变化之中,模糊数学方法更加强调和突出作为中介环节的模糊性,丰富和发展了辩证思维方法。

第五,从有序到无序和从无序到有序。系统论认为,事物的发展是从有序到无序,再从无序到有序的过程,这就是说,事物开始的过程是有序的发展过程,发展到一定程度,就会产生无序现象,发生质变。同时,由于系统自身有自组织、自调节作用,在与外界环境信息的相互作用时,会克服无序性,使事物从无序达到新的有序。

第六,随机现象的认识。事物的发展有必然现象和随机现象两种,必然现象有其规律可循,而随机现象似乎是杂乱的。统计数学的发展,开始用概率和统计方法发现这些随机现象,从整体来看,无规律性又显示出有规律。人类借助控制论、智能机和黑箱方法及各种数学方法,或许可能揭示社会科学中无法解释的问题。

第七,事物的发展模式由单向到双向逆反和多向。控制论的提出,随机现象的认识,使人们的认识由原来的单向线性发展到双向和多向,思维空间有了新的拓展。由以前的注重对客体事物的研究,而转到了同时注重主客体双方的关注,人们可以从多角度、多方位进行选择。

第八,双向逆反纵横交错的网络式圆圈构架。现代自然科学方法含带有形而上学的某些局限,总体上是静态的、并列的、横向的研究。但它强调了事物自身的动态研究,它一方面研究自身的纵向发展,同时注重事物的横向联系,描绘了一个静态的纵横交错的网络结构。

总的来说,现代自然科学方法丰富和发展了马克思主义的辩证逻辑思维,使辩证思维进一步科学化、精密化、现代化。但现代自然科学方法主要是针对自然界的研究,虽有辩证的因素,却并未上升到哲学方法论的高度,因此具备许多的局限,不能用之代替马克思主义的辩证思维方法。

首先,现代自然科学方法主要针对自然界,缺乏宽广的普遍性。应用于社会科学时,往往只能在一定范围内适应,一旦超出这个范围,便会失去效用。正如列宁说:"自然科学无论如何离不了哲学结论。"[①]也就是说,自然科学方法所提出的范畴、原则、观点、命题必须经过哲学的概括和提升才具有普遍性。

其次,自然科学的方法缺乏深刻的历史感。自然科学方法主要是研究自然史的过程,提供某些自然客观规律的逻辑印证,没有必要像社会历史那样具备强烈的历史意识,所以很难达到逻辑与历史的统一。黑格尔曾经就说过艺术和美

---

① 列宁:《论战斗唯物主义的意义》,见《列宁选集》第4卷,北京:人民出版社1995年版,第653页。

的真理"不是自然史(自然科学)所能穷其意蕴的,是只有在世界史里才能展现出来的。"①这就要求美学与文艺学的社会内容和历史发展必须采取自然科学方法与社会科学方法二者的结合。

最后,现代自然科学方法是在电子计算机技术的基础上发展起来的,主要研究机械的、物理的、化学的、生物的运动形式。它沟通了自然科学与社会科学两大领域,但也可能忽视二者的区别,容易把美学与文艺学公式化、图表化。

从以上分析,我们知道现代自然科学方法不可能超越辩证思维而达到更高的境界。那么怎样才能把它改造吸收为辩证思维的方法呢?周来祥提出了如下观点:应该扬弃那些不适应社会科学的纯自然科学专业性的技术、手段、工具和程序;自然科学方法的援用要具备强烈的主体性意识,使之与社会科学方法融为一体;自然科学方法应用于美学与文艺学方法时,应根据美学、文艺学研究对象的性质,吸收自然科学方法,使其具备哲理性与可读性。

2. 现代自然科学方法在美学、文艺学上的应用

在现代自然科学方法应用于美学、文艺学方面,周来祥作出了较为成功的尝试,他的和谐自由论美学体系从许多方面合理地运用了现代自然科学的方法。

第一,在系统论的系统属性方面,周来祥把美学与文艺学问题放在一个大系统中来研究,由对美的本质从孤立的本体属性研究转移到系统整体研究和系统属性研究。在人类与世界接触的过程中,从逻辑上看,主体与客体形成了理智关系、意志关系与审美关系三大系统。同样的要素在不同的系统中具备不同的属性,除了本体属性之外,还有系统属性。比如说,同是一朵花,放在理智系统中,研究者发现的就是花的构造,是认识的对象,是一种真;放在意志系统中,花可以食用,是有用的植物,是一种善;只有放在审美系统中,花才成为审美对象。审美关系系统不仅规定着审美对象的属性,同时也规定着审美主体的属性。主体只有在审美关系系统中才是审美主体,如果在理智关系和意志关系系统中就是认识主体和伦理主体。

系统是历史的产物,不同时期会形成不同的系统,审美关系系统也是一样,许多远古时代的美景在古代人们并不觉得美,那时因为主体和客体没有形成一个审美关系系统,主体看到客体只是把它作为认识或功利的对象。与此同时,审美关系系统是随着历史的发展而发展的,不同时期有不同的审美关系系统,拿人体的美来说,唐代形成的是以肥胖为美的审美关系系统,现代社会讲求以苗条健

① 黑格尔:《美学》,第三卷(下册),朱光潜译,北京:商务印书馆1981年版,第335页。

康为美,就形成了另一个审美关系系统。

　　应当说,系统论对美的本质所作的理解比过去孤立的本体属性更具有科学性,更能动态地解决许多美学、文艺学方面的问题。在系统论中,周来祥与姚文放教授指出,美的本质是这样几个层次的系统质的有机复合体:审美对象的长度、形状、重量、密度、时间间隔、运动状态是其原生质(四维不变量)在一般观察者所处的宏观低速参照系统中所取得的一级系统质;事物的色彩、声音是物体的一级系统质在与人构成的直观反映关系系统中取得的二级系统质;"人化的自然"是物体的一级与二级系统质(包括物质内容和外观形式)在与人的对象性关系系统中所取得的三级系统质;美是"人化的自然"是在审美关系系统中所取得的四级系统质;艺术美是美的典型形态,是美在认识活动和意志实践活动、审美意识和艺术实践辩证统一的关系系统中取得的五级系统质。于是,他们把美的本质表现为多层系统质的相互递进、逐层上升,认为任何现象只有进入特定的系统层次之中,才能取得特定的审美属性。①

　　第二,根据"耗散结构"理论,各事物的自身系统总是在与外界接触的过程中,进行物质、能量、信息等交流,从而形成一个具备自组织性的开放系统。贝塔朗菲指出:"开放系统被定义为这样一种系统:它通过输入和输出、组建和破坏自身物质成分的行为,同环境不断地进行物质交换"②任何系统都是通过与外部环境进行物质、能量、信息的交流,保持自身的结构,并进一步发展的。皮亚杰提出的著名的认知结构双向活动揭示了这样一个原理:人的一切心理过程都是在刺激与反应、"同化"与"顺应"之间所达到的"平衡"。他把人的心理结构称为"在敞开系统中的稳定状态","具有流动性的平衡状态"。他还指出:"在任何一个时刻,由外在世界或内心世界所产生的变化使得行动发生了不平衡的状态,而每一新的行为不仅重新建立了平衡,而且还向着比受到干扰以前更加稳定的平衡前进。……人的心理结构是一种更为精微的耗散结构,它也需要这些连续的心理结构可以视为许多继续前进的平衡形式,而每一平衡形式都在前一平衡形式之上前进了一步。"③周来祥把它们应用于美学上,就是说,美也是一个不断与外界相互交流,从而维持自身系统发展的耗散结构。美学的发展经历了古典的和谐美到近代崇高美,再到现代社会对立统一的辩证和谐美三个大的阶段:古典

---

①　周来祥:《周来祥美学文选》(上),桂林:广西师范大学出版社1998年版,第210—212页。
②　贝塔朗菲:《开放系统模型》,《哲学译丛》1983年第2期。
③　皮亚杰:《儿童心理发展》,北京:商务印书馆1980年版,第126、21、24—25页。

的和谐美适应古代社会的经济、伦理结构,自身是一个比较稳定的结构。根据黑格尔说的:"按照希腊生活的原则,伦理的普遍原则和个人在内外双方的抽象的自由是处于不受干扰的和谐中的。"①古代的社会生活和朴素的直观思维都处于稳定有序的底熵状态,形成输入古代审美结构并产生有力作用的负熵流,使和谐美的产生成为必然。但周来祥强调,任何事物都是发展变化的,近代科学的发展,加速了主体与客体双方面的变化,人们开始注重细节和片断的研究,主体与客体、感性与理性、个体与社会、现实与理想都走向了严重的对立,浪漫主义和现实主义作为两个分支,各向两极发展,形成了近代对立的崇高。这时,人们普遍倾向于在不平衡中求平衡,在不自由中争自由。人们不再留恋歌舞升平的太平景象,宁愿领略那种惊心动魄的场面。与古典和谐美相比,这种放荡不羁、标新立异的审美趣味具备浓厚的近代气息。同时,事物总是相互联系的,分裂的极致就是更高层次的融合,共产主义把人类带入一个新的历史阶段,在这里,真善美达到更高的和谐统一,人类的思维上升到自觉的辩证思维,能够自觉地把世界作为一个相互对立统一的整体来把握。共产主义时代是理想的社会,又是理想的美的境界,是进步人类的社会理想与审美理想的统一,所以,高尔基说:"美学是未来的伦理学。"②与此同时,美学也将与现代自然科学殊途同归,创造出科学的美和美的科学。在共产主义社会,人与自然、人与人之间的矛盾能够得到真正的解决,主体与客体、感性与理性、个体与社会、现实与理想能和谐统一起来,真善美经历了充分的分化以后将在共产主义社会复归于统一。到了这时,人类思维才能普遍上升到自觉的辩证思维的水平,把世界作为相互对立又相互统一的总体来把握。正像马克思在《1844 年经济学哲学手稿》中预言的一样:"共产主义……是人和自然之间、人和人之间的矛盾的真正解决,是存在和本质、对象化和自我确立、自由和必然、个体和类之间的抗争的真正解决。"③

综上所述,周来祥用系统论的动态原则来解释美学的动态结构是很恰当的,美学这个系统是受社会这个大系统的影响,并随着社会环境和人类思维方式的演变而变化。周来祥指出,根据系统论的动态原则,把美的王国作为自成系统的耗散结构来考察,能够深化我们对问题的理解:首先,美学作为耗散结构,在本质上是一个开放系统,它必须与自然环境、社会环境和人类思维方式进行物质、能

---

① 黑格尔:《美学》第 2 卷,朱光潜译,北京:商务印书馆 1979 年版,第 169 页。

② 转引自周来祥:《周来祥美学文选》(上),桂林:广西师范大学出版社 1998 年版,第 218 页。

③ 马克思:《1844 年经济学哲学手稿》,北京:人民出版社 2000 年版,第 73 页。

量、信息的交流传递,才能维持自身并取得发展,因此,可以说,美既与客体有关,又与主体、自然有关,是一个复杂而丰富的关系系统;其次,美作为耗散结构,并不是一个一成不变的静态结构,而是一个生动活泼的动态结构,它必须时刻同外界进行交流,它能够克服系统内部的不平衡趋势,从绝对平衡的无序状态走向远离平衡的有序状态,并从低级的有序向高级的有序上升,构成"古代的有序和谐——近代的无序崇高——现代更高的有序和谐"的运动发展总轮廓;最后,正因为社会环境和人类思维方式是美这一耗散结构的重要信息源,因此,社会矛盾的变化,人类思维的发展流变,一定会引起美的结构形态相应的变动演化,于是在不同的时代,美总是呈现不同的历史形态。

第三,周来祥用系统论和突变理论来解释我国古典美学中的"阳刚之美"和西方美学中的"崇高"范畴的界定问题,同样有其合理之处。系统论的适应性原则指出,就系统要素的相互关系看,要素在进入一定系统以后总是要改变原有的形态以适应整个系统的性质,才能成为系统的有机组成部分。任何系统都处于动态的过程之中,系统变化了,要素也会相应地变化来适应整体属性。系统稳定、有序,要素也相应地稳定、有序;系统动荡不定,要素也相应地紊乱无序。"突变理论"体现了系统的适应性原则,它是当代发展起来的新的数学分支,旨在拓扑学基础上以定量分析给量变质变规律作出精确的说明。事物的质变如果处于非稳定系统,就会产生突变;如果处于稳定系统,那么就产生渐变。"突变理论"可解释崇高和阳刚的界定。周来祥认为,崇高和阳刚之美的不同与它们所属的审美系统的稳定性程度直接联系。阳刚之美与崇高是并不是完全相同的美学范畴,但二者有许多共同特性:崇高的本质是在内容与形式的矛盾中偏于内容压倒形式,客观规律压倒人的感性实践活动,人的实践活动开始不能把握和控制客观规律,但在紧张激烈的抗争中力图摆脱困境,最终以乐观自信的态度趋向于把握客观规律;阳刚之美也具备这些本质,同崇高一样带给人压抑、震动和惊讶,在人与人的矛盾对立之中唤起人的一种巍峨浩荡的气概,使人感觉到自己的伟大。但二者毕竟是不同的美学范畴,按照康德的观点,崇高是人的想象力不能把握客观对象的巨大、强劲,使人感到痛苦、受到压抑,从而唤起理性来把握和战胜它,于是主体心中产生一种征服感与自豪感,是一种由不自由到自由的突变;崇高表现在审美效果方面,感情是偏颇、大起大落的,其审美系统趋向不稳定状态。而阳刚之美虽然表现为力量无穷,或体形巨大,但并不使我们感到恐惧,内心的冲突始终不会超出和谐的范围,其审美效果相对平缓、自由,审美系统也相对稳定,其变化是渐变的。周来祥指出,阳刚之美与崇高属于古代与近代两个不同的美学范畴,"中国古典美学以和谐美为理想,在本质上是一个有序和谐的稳定系统,任何美学要素进入这一系统并与系统的整体属性相适应,都必须受到和谐的熔铸,增添稳定有序的新质。"①阳刚之美与崇高一样偏于对立与冲突,但由于阳刚之美具备稳定和谐的系统质,所以它的运动是渐变的。在中国古典美学的系统中,始终以阴柔相济作为一种调节器,对阳刚之美进行调节,限制在古典和谐的范围内,防止它走向崇高的极端。西方近代崇高则不一样:首先在形式外观上具备无序性,它们大多是混乱、不规则的;其次在心理内容上,具备强烈的情感,博克认为,崇高感来自人们面临危险时所产生的保存自我生命的冲动,恐怖和惊惧是崇高感的心理内容,远比一般的情感强烈;最后具备矛盾对立的绝对性和转化生成的突变性。"它经历着一个瞬间的生命力的阻滞,而立刻继之以生命力的因而更加强烈的喷射,崇高的感觉产生了。"②

因此,只有把"阳刚之美"与"崇高"放进古代与近代不同的美学系统中,才能对它们的进行定位;从两大美学系统的不同的稳定性程度来阐述这两个美学范畴的渐变性与突变性,才能对它们进行准确的区分。

第四,任何系统都能通过与环境进行适当交流而不断调整自身的行动,无须外力干预而依靠内部矛盾运动来实现自身的变化与发展。整个艺术就是一个自组织系统,艺术美是美的典型形态,艺术是认识活动与意志实践活动、审美意识与艺术实践辩证统一的更高一级系统。艺术的系统是在审美关系系统中形成,与认识关系系统与意志实践关系系统相互联系而形成的自组织系统。先看艺术系统在与认识关系系统的交流中展开的自组织运动:首先,艺术具备认识性,一方面,艺术需要吸收来自认识活动的信息,在艺术作品中,有着作者对生活的认识,对现实生活本质规律的把握;另一方面艺术也能为科学认识提供一些可资参考的信息,当然,这种认识与科学认识是不一样的,艺术的认识有其自身独特的结构与功能。其次,艺术的认识与科学的认识不一样:"艺术的认识不以概念为中介,而是以情感为中介,是感知、想象、情感等心理因素有机统一的整体结构物化形态。"③艺术是包含着感知的,艺术必须从外界吸取信息,再现现实生活画面,反映社会生活,因此它必须借助直观形象来说明问题。同时,艺术的感知与科学的感知是不同的:科学虽然一样可以借助模型、挂图等来感知,但科学的感

---

① 周来祥:《周来祥美学文选》(上),桂林:广西师范大学出版社 1998 年版,第 223 页。
② 转引自上书,第 225 页。
③ 同上书,第 227 页。

知不能带有个人情感,而艺术的感知必须与情感相联系、为情感整合才是合理的。当然,仅仅有感知还不够,艺术还需要在感知的基础上过渡到理解,必须把感性认识深化为对现实生活本质规律的掌握。这种理解同样不同于科学认识中的理智活动,它一方面是带情感的逻辑,借助喜怒哀乐的情感态度与价值判断,以超越一般逻辑的形式曲折地反映社会生活的本质规律;另一方面,艺术中的"理"也不是直接表现出来的,而是与情感水乳交融。除了理解,艺术的本质还需联系想象才能得到进一步的规定,想象是艺术中最活跃的因素,艺术凭借想象可以超越时空的限制。科学一样需要想象,爱因斯坦就特别重视想象的作用,依靠惊人的想象力为人类文明作出了巨大的贡献。但艺术的想象与科学的想象不一样,科学的想象是建立在事实的基础之上,对未来事物进行推测,一旦事实与想象不符,就必须无条件地服从事实,不能以个人的情感为准则。而艺术则恰恰相反,在艺术的想象中,情感是原动力,艺术正是在情感的基础上,依靠想象创造出一个美的世界。就情感而言,艺术的情感与日常生活的情感是不一样的:日常生活的情感具备功利性,有直接的功利目的;而艺术的情感在形式上则脱离功利目的性,依靠想象而实现。这样,艺术既需要吸收认识关系系统所输入的信息,又以自身特有的结构与科学认识不同:"科学认识以概念为中介,它从感性认识出发但必须粉碎、扬弃感性现象,才能上升为理性认识,它的终极目标是编织概念、范畴的关系网,构造理论体系,以抽象的方式复制现实的历史过程;而艺术的认识则是以情感为中介的感性与理性直接统一的认识,它也趋向与理性的把握,但并不扬弃感性形式,而是使理性内容直接固守在感性形式之中,直接与感知、理解、想象、情感相融合,形成那种不假思索、一目了然、百感交集、情理并至的直观性真理。"①最后,艺术趋向于模糊的概念。这主要体现在以下三个方面:艺术不以概念为中介,因此不可能像科学那样很明确,它的内容无法用一个与之相关的明确概念表述出来;艺术是个别的、具体的,个别的、具体的东西无法用言语说得很明白,艺术历来就有"言不尽意"、"诗无达诂"的特点;艺术是感性与理性、个别与一般、有限与无限的直接统一,是多层次的综合结构,其理性内容的深广意蕴是不可穷尽、无法确定的。当然,这并不是说,艺术就令人无法理解,事实上,任何艺术都能给人以启迪,只是它给人的信息不是很明确,具备模糊性而已,但在总的趋势上还是确定的。尽管"一千个读者就有一千个哈姆雷特",但哈姆

---

①　周来祥:《周来祥美学文选》(上),桂林:广西师范大学出版社 1998 年版,第 229 页。

雷特毕竟还是哈姆雷特,而不可能是贾宝玉;唐代诗人李商隐的《无题》诗歌的意境是朦胧飘忽的,但从中仍不难看出封建时代失意士子的矛盾心情。

这样,"艺术就在它内在矛盾的自生发、自展开、自运动之中扬弃了一般认识活动的抽象规定性,上升为以情感为中介的直观性认识,又在诸心理要素有机统一的整体功能推动下趋向一种不确定的认识,这就使之生成了'可言而不可言'、'可解而不可解'的新的系统质。"①

艺术系统在与意志实践关系系统的交流过程中同样形成了自组织运动。具体体现在:首先,艺术具有实践性,艺术同样具备明确的目的性与外部现实性两个实践方面的特点。艺术活动是自觉的有意识的活动,具备实行善的目的,它以提高人们的精神生活、提升人们的道德水平为目的;同时艺术也是主体意志的一种实现,是艺术家所创造的典型和意境对其本质力量的现实肯定;还有艺术的物质媒介也是一种感性实践活动,当然,艺术生产过程毕竟不是一般的生产过程,它主要是一种心灵的历程,它的产品也是观念性的精神产品。其次,艺术具备形式上的无目的性。一般意志实践活动都带有强烈的直接的功利目的性,总是要直接改变或消灭对象的形态或性质。比如,我们的大多数企业单位,它们都是生产直接的产品以赢利为目的,我们平时的生产实践也是以改变对象的存在形态为目的,它们都体现了强烈的直接的功利实用性。但艺术活动却超越了直接的功利目的性,具体来说,艺术的无目的性有两个含义:艺术不以概念为中介,有其不确定的一方面,表现为形式上的无目的性。正如别林斯基所说:"诗人不依存于他那被理智所支配的意志,因而他的行动是无目的的和不自觉的。"②另外,艺术给我们的满足不是直接的,画来的饼不能充饥,徐悲鸿画的马也不能骑,也就是说,艺术并不直接改变或消灭对象的物质存在以满足自己的功利需要。正如列宁摘录费尔巴哈的话说:"艺术并不要求把它的作品当做现实。"③最后,尽管艺术没有确定的功利目的性,但艺术最终要符合一定的目的性。艺术在形式上的无目的性,并不是说艺术家在创造艺术的时候是随意而为的,艺术的无目的性是通过艺术家长期经验积累,达到了相当熟练的程度上而形成的。所谓的"出口成章"、"下笔如有神"说的就是这个道理。但艺术最终的目的肯定会导向实践,在社会实践中发生作用,对社会完全没有作用的艺术是不存在的。于是,艺

---

① 周来祥:《周来祥美学文选》(上),桂林:广西师范大学出版社 1998 年版,第 230 页。
② 《别林斯基选集》第 1 卷,满涛译,北京:人民文学出版社 1958 年版,第 180 页。
③ 列宁:《哲学笔记》,北京:人民出版社 1956 年版,第 49 页。

术艺术在其自组织系统中扬弃了一般意志实践活动的直接性,而在形式上呈现为无目的性,但又通过直观的方式产生普遍的社会效果,给人以启发,愉悦人们的思想感情,从而达到教育人们的效果,趋向一定的社会目的。这就形成了"无目的而合目的性"的新的系统质。

概括地说,周来祥用系统论的自组织性原则对美学、文艺学系统与认识活动系统及意志实践系统的关系从另一角度给予了解释:美学、文艺学本质上是一个自组织系统,它以自身的矛盾为依据,与外界产生相互联系,形成自己独特的系统,与认识活动及意志实践系统相互交流,同时保持自身的稳定有序。他认为,就文艺美学系统与认识关系系统来说,艺术同样具备认识性,但其认识是不以明确的概念为中介,而以情感为中介,是感知、理解、想象、情感的有机统一;艺术系统与意志实践系统的关系中,同样形成了自己的自组织运动:艺术与意志实践关系一样具有实践性,另外,艺术还具有形式上的无目的性。可它终究要符合一定的目的性,因为任何艺术最终的目的都是为社会,为人类服务,毫无任何目的的文艺是不存在的。所以,周来祥指出,艺术系统在与理智与意志系统的交往过程中,自组织、自调节、自发展,成为与意志与理智系统更为自由的活动。这里,周来祥从系统论的自组织性原则出发,给美学、文艺学以情感为主、自由的本质特征以合理的解释,显示出他的独到之处。

第五,系统论的结构层次性原则对于探讨艺术的三种形态具备合理性。系统论的自组织性原则不仅体现在系统的行为、运动和发展之中,而且也体现在其内部结构的分化之中。"系统论认为,整个世界是由无数要素按照一定的耦合方式逐层构成的特大系统,有多少耦合方式就有多少种结构。在一定系统中,结构的纵向分化和横向分化都是无限的,这种无限分化的趋势是系统的内部矛盾自行展开的必然结果。"①根据这一原则,我们可以以系统的内在矛盾为根据,逐步深入系统的微观机制,按照要素的性质、数量和耦合方式比较精确地对系统内部各层结构的性质、功能及规律予以揭示。系统的内部结构按照要素的耦合方式可以有多种分类,同素异构分析法是其中的一种重要的分类方法。同素异构指的是性质相同的要素以不同的耦合方式形成不同的结构,它的功能也随着结构的变化而变化。在周来祥看来,艺术介于认识系统和意志实践关系系统之间,具备认识性,但不同于科学上的认识活动;具备实践性,但在形式上又表现为无

①　周来祥:《周来祥美学文选》(上),桂林:广西师范大学出版社1998年版,第232—233页。

目的性。

艺术是感知、理解、想象、情感的有机结合,但在不同的艺术中,它们在量上所占的比例是不一样的。周来祥认为,根据感知、理解、想象、情感在艺术中所占比例的不同,可把艺术分为表现艺术、再现艺术和综合艺术三种:表现艺术在量上以情感、想象为主,感知、理解为辅,表现艺术一般不注重再现客观现实,而是以情感的波动和丰富的想象为主要特征;再现艺术在量上与表现艺术则相反,以感知、理解为主,想象、情感相对次要,在理解、认识当中暗含着情感与想象;综合艺术则是感知、想象、理解、情感四者在量上相对平衡,再现中有情感与想象的因素,表现中有认识的情分,按照爱因斯坦的观点,综合艺术是把绘画与戏剧、音乐与雕刻、建筑与舞蹈、风景与人物、视觉形象与发音语言统一而成的整体。

事实上,感知、理解、想象、情感四者在量上的不一致,不仅决定表现艺术、再现艺术与综合艺术的区别,同时对每一类艺术中本身的分类也起决定作用。在再现艺术中也有偏于再现或偏于表现的,在表现艺术中也有偏于表现或偏于再现的。周来祥指出,按其相互推演的逻辑顺序可以从接近认识活动到接近意志实践活动排成一个序列,这就是从雕塑、绘画、文学到工艺、建筑、书法、音乐、舞蹈,再到戏剧、电影、电视等一系列艺术种类的出现。按照系统的层次性原则和各种耦合关系的不同来寻找艺术类型的结构和功能,有助于我们更好地理解它们。

雕塑、绘画和文学在量上以感知、理解、认识、再现为主,它们都属于再现艺术。但三者又有构成要素量上的不同。雕塑在三维空间中直观地塑造立体形象,感知因素占主导地位,主要以具体可见的物质实体来反映人类的风貌,在大范围上再现人的普遍本质,还不能具体细致地反映人物个性特征。其典型接近于类型性,以造型的理想性、单纯性、寓意性见长,难于刻画人物精细的面部表情和个性化心理。绘画以色彩和线条再现客观现实,借助透视法在二维平面上形成立体感。相对于雕塑来说,绘画更容易倾注主体个人的情感因素,它不仅能以精确的写实手法再现客观对象,而且能够展示内心复杂的情感生活,表现融入再现,情感融入认识,使绘画的再现功能得到了深广的发展,有着比雕塑更强的精神自由性。文学是语言的艺术,利于语言塑造典型形象或意境来反映人生。由于词语脱离了空间的可感觉性而直接诉诸理解,因此,感知的因素远远低于雕塑与绘画,理解的成分大大增加。词语的概括性和普遍性使文学与科学有着必然的关联,且同时文学与科学理论都是运用词语来表达思想,具备相同的物质媒介,因此,文学最接近于科学认识,文学的不同类型虽然也形成从再现到表情的逻辑序列,但它总的特点仍然是倾向于再现的,在表情性方面,文学远远不如各种表现艺术。

工艺、建筑、书法、音乐和舞蹈等以抒情和表现为主,它们属于表现艺术。它们的感知、理解、想象、情感在量上的分布也是不一样的。工艺美术虽然具备一定的物质实用性,但它在本质上是以色彩、结构和形体表现一定时代、民族的风尚、趣味、情调和气氛的。高妙的工艺品一般不模拟客观对象,而主要以形式美传达宽泛、朦胧的情调气氛。当然,工艺品的主要作用是供人欣赏的,它的情感含量理性深度无法与建筑艺术相比。建筑艺术以巨大的形体结构,契合严密的数理逻辑而表现出富于活力的节奏和旋律,在一定程度上类似于音乐,包含着巨大深邃的情感内容,表达了时代、民族广泛的审美趣味,审美与实用的结合。书法艺术是中国独有的艺术,它与汉字的特征有关联,同时又超越了汉字的客观形象和使用功能而走向纯粹的表情与审美。它是线的艺术,主要以线的律动暗合着数理的逻辑,以图案画似的意境表现人的情趣、个性和风范,以便表达伦理观念和人生哲理的深度,它的表情性有点类似于音乐。音乐艺术以高度抽象的乐音的承续流转和回环往复来表达人的内心意蕴。音乐是情感内容与声音运动形式的直接统一,音乐以其巨大的情感容量和精微的哲理意蕴成为表现艺术之最。音乐直指人类的思想感情,在激励人心方面有着巨大的作用。舞蹈在表现艺术中是以动感来感动人的,它兼具视觉艺术、空间艺术、时间艺术的特征,它以人体为媒介,以人的表情、动作、姿态、形体表达主观情感。舞蹈具有强烈的动作性、行动性和情感体验性,接近于意志实践活动,随着舞蹈的再现、认识因素的增强,艺术开始转向表现与再现平衡的综合艺术。

"戏剧是通过语言、歌唱和动作集中概括地反映生活中的矛盾冲突的艺术,冲突是戏剧的基础,戏剧冲突在时间中发展,在空间中呈现,综合了表情和认知。戏剧的对话、演唱与语言相联系,使情感与理智相互结合,并激发起丰富的想象,戏剧与音乐的联系又给人提供深刻的理性内容。"[①]因而戏剧在更高的程度上综合了再现艺术的客观性、空间性、认知性和表现艺术的主观性、时间性、抒情性,它既有雕塑的造型,又有绘画的构图,还有音乐的哲理和文学的诗情。戏剧冲突中丰富的内涵及强烈动作性使观众感觉到自己既是观赏者,同时也是体验者,它通过理性的内涵来净化人们的灵魂,提升人们的精神世界,以达到教育人们的目

---

① 周来祥:《周来祥美学文选》(上),桂林:广西师范大学出版社1998年版,第237页。

的。相对于戏剧艺术来说,电影与电视艺术有着更为广泛的综合性,它打破了戏剧舞台的框架,把镜头对准深广的生活画面。二者是主要诉诸视觉的艺术,它们扬弃了前面一切艺术的不足,并把其他艺术的优势集于一身,"电影主要以蒙太奇为手段,通过镜头的剪辑发、分切和重新组合,在蒙太奇语言的逻辑关系中显示巨大的认识价值,用可视的动态画面诉诸人们的理性直观,艺术家的思想、感情、认识、心理、理想、追求都在明白如话的写实画面中得到充分的展现,这是再现基础上的最大表现,是再现与表现在更高水平上的综合。"①因此,列宁指出:"对于我们来说,一切艺术部门中最最重要的是电影。"②

总之,周来祥认为,从以上运用同素异构分析法对各种艺术形态进行的分类可以见出:首先,系统论的结构层次性原则侧重从要素的性质、数量和耦合方式出发去考察诸艺术形态的结构,从终极原因上揭示了各艺术形态的内部规律;其次,系统论的结构层次性原则与各艺术形态的结构逐层推演、互为环节的客观辩证法是相互适应的,从再现艺术、表现艺术到综合艺术的各个艺术种类,在结构上呈现为从接近认识活动到接近意志实践活动的横向序列,从三种艺术类型到十个艺术种类,再到更高层次的各艺术种类的内部分类,在结构上又呈现为艺术形态从一般到特殊再到个别的纵向序列,这纵横两大序列的相互推演的辩证法也就是艺术本质的内在矛盾分化的客观辩证法;再次,系统论的结构层次性原则还有助于在艺术分类的定性分析中引入定量分析,使理论逐步走向精确化、严密化。

概括地说,现代自然科学方法深化和发展了马克思主义的辩证思维方法,马克思主义辩证思维的方法是最根本的方法,处于思维的最高层,具有很强的包容性。周来祥强调指出,我们应该吸收各种有益的现代自然科学方法,丰富和深化辩证思维,使之更加精密化、现代化,以便更好地适应于美学和艺术的发展。周来祥正是以马克思主义的辩证思维为中心,吸收和运用现代自然科学和哲学、文艺学等学科的研究方法,形成了他"双向逆反纵横交错的网络式圆圈构架"的研究方法。利用这种研究方法,他从横向与纵向、动态与静态、历时与共时等多方面阐述了他的"和谐自由"理论,形成了多角度、多方位、多层面的思维模式及网络式的、圆圈式的体系构架。

---

① 周来祥:《周来祥美学文选》(上),桂林:广西师范大学出版社1998年版,第238页。
② 《列宁论文学与艺术》(二),北京:人民文学出版社1960年版,第928页。

第二节 审美关系说的缘起与内蕴

任何一门独立的学科都有自己的研究对象,关于美学的研究对象,中西方从不同的角度给予了探讨。西方经历了从美的现象寻找美的本质结构、以审美心理为核心的美学理论及艺术哲学三个阶段;在中国,美学界形成了四派意见:或认为美学是研究美的规律的科学;或认为美学是研究艺术一般规律的科学;或认为美学是美的哲学、审美心理学和艺术社会学的综合;周来祥认为,美学是研究审美关系的科学。在确立了美学研究的对象为审美关系之后,周来祥从横纵两个方面对审美关系的内蕴进行了阐述。

一、审美关系说的缘起

何以美学的研究对象为审美关系? 周来祥认为这是历史发展的结果,古代美学、近代哲学尽管一个以客观对象为主,一个表现审美主体,但都只限于探讨其研究对象的特点,没有超越对象本身属性的范围。现代的马克思主义美学则是美的哲学与审美心理学及艺术社会学的综合与扬弃,审美关系说是在马克思主义辩证思维的基础上,综合其他方法形成的。

对于"审美关系说",周来祥指出可以从三种理论来源进行分析:一是马克思主义的实践论,二是发生学认识论,三是现象学理论。马克思主义的实践论认为,人类在长期的社会实践中,主体与客体形成了三种关系:理智关系、意志关系与审美关系。在审美活动中,主体以情感为中介去实现主体与客体的和谐统一,客观世界合规律性与合目的性的统一;从发生学的角度看,由于人与现实的审美关系建立在认识关系和实践关系之上,所以说,社会实践是美的根源;从现象学的角度看,对象的真、善、美是相对于主体的知、情、意展开,所以我们必须从主客体之间所形成的具体的、特定的关系中来把握美的本质。

周来祥根据马克思在《1844 年经济学哲学手稿》中关于"对象如何对他来说成为他的对象,就要取决于对象的性质与对象性质相适应的(人的)本质的性质;因为正是根据这二者之间的关系的具体(特定)性质才可以作出特殊的具体的肯定方式"[①]的思想提出了把握美的本质,不能仅从主体入手,也不能仅从客

---

① 周来祥:《再论美是和谐》,桂林:广西师范大学出版社 1996 年版,第 2 页。

体入手,而必须从主客体之间所形成的特定关系入手,从而形成了"审美关系说"。

二、审美关系说的内蕴

周来祥讲道:"审美关系作为人与现实对象(自然、社会)的一种关系,它有客观的方面:美的本质、美的形态;也包括主观方面:美感、美感的类型、审美理想;也包括主客观统一产生的高级形态的艺术。也就是说,审美关系包括美、审美、艺术这三大部分。"①他把审美关系的本质作为和谐论美学体系的逻辑起点,提出"美是和谐自由"的美本质论:"美是和谐,是人和自然、主体和客体、理性和感性、自由和必然,实践活动的合目的性和客观世界的规律性的和谐统一。"②从美的本质出发,周来祥阐述了一系列美学和艺术问题。概括地说,他的审美关系说主要包含以下几层含义。

首先,从横向来说,审美关系是理智关系与意志关系的统一。

人类从动物界分离出来之后,就时刻处于征服世界、改造世界,以达到和谐自由的过程之中。在此实践过程中,人类形成了理性认识关系、伦理实践关系和体验观照的审美关系,这三种关系都是主体与客体相互作用的结果。

理智关系是以概念的、普遍的形式把握客观世界的本质和规律,其形式是抽象的,具有普遍性。它要把握的是客观世界的普遍内容,追求客观真理。理智关系具有以下特点:首先,它虽以感性的客观世界为基础,但这只是提供了一个前提,理智关系的最终目的是从感性实践中经过综合分析,得出普遍的规律,用以指导今后的实践。我们的哲学是最讲求理智的,也是最抽象的。黑格尔认为,只有绝对精神即绝对理念才是终极真理,现象中的一切都必须通过辩证运动,排除非本质的东西,最后才能达到绝对精神。其次,在主观方面,它不允许带有个人的情感,尽管在工作热情、推动力方面允许有情感,但那只是开始工作之前的情况,一旦进入主题,就要求排斥个人感情,只要发现与事实不符,无论感觉多美,都必须放弃或重新再来。人们只能用必然性、规律性说明客观真理,而不能靠感觉与悟性来证明。愤怒出诗人,只是对于文学而言,对科学却有害。

意志关系是主体与客体之间的一种意愿、欲望、目的关系。意志所追求的是

---

① 周来祥:《论美是和谐》,贵阳:贵州人民出版社 1984 年版,第 4 页。

② 同上书,第 73 页。

善,道德的第一前提是个人及其自由意志的存在。意志关系也可以从主客观两个方面来说。首先,意志是带有情感性的,个人的意志要求在客观世界中得到实现,使自己的本质力量对象化,在客观物质世界中肯定自己的意义。意志在没有实现之前是存在于个人头脑中的,是主观的。其次,意志也具有客观方面,这主要表现在,意志要求倾向于用一种物质的力量作用于客观世界。跟理智关系一样,意志关系也具有普遍性,因为善的活动以符合客观规律为基础,也就是说在做之前都有一定的模型与标准。

审美关系是理智关系与意志关系的统一:理智关系讲求概念、普遍性,意志关系要求情感、普遍性,审美无关概念,却也要求普遍性,更强调情感。这样审美关系就把二者结合起来了。当然,其结合是排异求同的结合,对于理智关系中的概念性,在审美关系中是不确定的,审美的过程不会立即想到实用目的,即审美是无功利目的性的。但它却内在地会指向一种目的——主观的目的。就审美关系与意志关系来说,意志讲求的是善,对社会的作用与影响,审美过程中同样没有直接关联这些。但由于在审美过程中人们总是会表明自己的态度,这样就与意志关系也结合起来。从审美心理方面来说,审美要求的是主体的心理愉悦,审美心理包括感知、想象、理解与情感四个方面的因素,这四个方面既有主体的情感方面,也包含理性的理解。只是在审美关系中,四者已经融合为一体,没有在理智与意志关系之中那么片面地被强调。但四者之间依然存在着较为明显的差异,这也就是我们的审美与艺术有表现派与再现派的原因。

理智、意志、审美三种关系虽然有区别,但他们都是在实践过程中产生的,是相互影响、相互发展的,理智关系与意志关系发展了,必然推动审美关系的发展;反之,人类的审美能力提高了,也会促进理智与意志的进步。三者是一种辩证发展的关系。

其次,从纵向来说,各个时代所形成的审美关系的主题是不一样的。

周来祥指出,既然审美关系是与理智关系与意志关系紧密关联的,那么,随着人类认识和实践活动的发展,人与现实的审美关系也会呈现出不同的历史形态。

古典时期的审美关系的主题是和谐,这里的和谐也就是我们平时所接触到的优美或壮美,是主体与对象之间的多样性统一,主体在内心中一般不用经历很痛苦的斗争经历,即使有强烈的感情冲突,但最终的结局是圆满的。从奴隶社会到封建社会,由于封闭的自然经济、当时社会斗争的特征、素朴的辩证思维方式等多种因素的制约,美的主题表现为和谐。无论在东方古代社会还是西方的古希腊与古罗马,都强调以和谐为美学特征。在中国,特别注重把杂多或对立的元素组成一个均衡、稳定、有序的和谐整体,排除不稳定、不和谐的因素,强调大团圆的结局,悲剧中不管经历了多少悲欢离合,最终总是完满的和谐的结合。与中国的古代美学相比,西方的古典美学虽然有更多的矛盾、对立等现实内容,但相对于近代的崇高与现代的丑及后现代的荒诞而言,远没有超出和谐的范畴。郎吉弩斯的《论崇高》强调的不过是强烈的激情,伟大的思想和恢弘、遒劲的文辞,并且这些最终也构成一个和谐的整体。

只有到了近代,随着资本主义社会的快速发展,物质财富迅速增长,阶级矛盾加剧,人与人的情感关系为金钱关系所代替,古典社会正常的生活秩序被打破。这时才出现了以崇高为主的审美关系,它冲破古典和谐的美,打破古代和谐有序的美的理想,提出和运用对立、无序的原则来构建美和艺术,用近代的崇高代替了古典的和谐美。当然,相对于丑与荒诞来说,崇高是偏于和的:崇高虽讲求矛盾冲突,最终的结果却是理性战胜感性,获得自由;崇高中的悲剧虽然让人感到痛苦和悲愤,但由于具备“心理距离”,我们能够心安理得地欣赏这种苦痛的感觉,并从中领略到一种震撼内心的美。

到现代、后现代时期,近代形而上学思维极度分裂,造成人文主义与科学主义两大思潮对立发展,主体与客体都失落了;同时,近代资本主义社会矛盾日益深化,现实变得愈来愈混乱无序,人的精神几近崩溃,社会的一切已无法满足人民动荡不安、变异的心态。于是,正如在第一章所说的,西方审美关系的主题由崇高向丑并朝荒诞转化。这种情形在 20 世纪 80 年代曾对中国发生过很大影响,但由于中国长期的儒家思想的影响,以及中国社会目前的情况与西方不一样,因此后现代在中国并没有形成气候,像一个刚出生的婴孩,过早地夭折了。之后,后现代在中国也一直没有找到合适的土壤。所以,现代中国的审美关系主要以新型的辩证和谐为主导。这种新型的和谐不是古典和谐美单线式的复归,而是经历了扬弃的辩证和谐,既包含古典的和谐美,也有近代意义上的对立的崇高,并且是二者的辩证结合。

有一点要注意的是,这里说的是各个时代占主流的审美关系,并不排除各审美范畴的横向并存。例如,在古典和谐美中,照样会有崇高、丑等近代美学范畴的萌芽;在后现代的荒诞中,同样有着某种意义的和谐,并且,根据人类世界的规律,荒诞发展到一定程度的时候,更高层次的辩证和谐的美也会来临。总的来说,各时代的审美关系范畴虽然有其主导范畴,但它们同样是相互渗透的。“独木不成林,孤花不成春”。

　　再次,从对审美和艺术的形态的划分来说,周来祥认为是由质、量方面的关系来决定的。

　　周来祥关于美的形态的划分也是从关系方面来谈论。他认为,根据逻辑与历史相统一的原则,依量的标准,美可分为偏于内容的美和偏于形式的美。一般说来,社会美偏于内容,偏于善;自然美偏于形式,偏于真(自然的合规律性);艺术美(广义的艺术)作为自然美(形式)和社会美(内容)的统一,也有偏于内容的再现艺术和偏于形式的表现艺术。依质的标准,美可分为内容和形式的矛盾对立中偏于和谐的优美,和内容和形式的统一中偏于矛盾对立的崇高与滑稽。相对来说,崇高是内容压倒形式,滑稽则相反,是形式压倒内容;悲剧是社会崇高的深刻体现,喜剧则以滑稽(主要是社会领域)为本质,以丑为本质。①

　　周来祥在这里从审美关系的大前提出发,依据质、量的原则对审美形态进行划分,对美的形态进行了系统的整体性的把握,运用了对比分析的方法,进行了抽象具体的归类,体现了其独创性。

　　最后,审美关系说与主观说、客观说、主客观统一说的不同及与实践美学和后实践美学的区别。

　　主观说强调美是主观的感觉,主体认为美就美,没有道理和标准可言。客观说则认为美在具体典型的现象和事物当中,与人的主观感受没有任何关系。美的社会性和客观性统一说,同样存在不足:一是强调了社会主体的作用,而忽略了审美对象的自然属性;二是强调了社会主体的作用,而忽略了个人主体的作用,没有看到社会主体与个人主体的辩证统一关系;三是强调了美的社会、普遍、抽象的方面,而忽略了个性的、具体的、现实的审美关系的形成。

　　实践美学认为"美是人的本质力量的对象化",是"自然人化"的结果。这种观点指出了美是社会实践的结果,强调了美是在客观对象上烙下主体的痕迹。但实践美学的这种观点只能说具备了审美的前提,因为理智关系、意志关系同样是人的本质力量对象化的结果。周来祥认为,只有在审美关系中产生的人的本质力量对象化才是美的本质,而在理智关系与意志关系中产生的人的本质力量的对象化的成果却不可能成为美。后实践美学以存在论哲学和当代西方美学为思想资源,他们认为美的本质在于个体对生命的超越。如杨春时认为,审美是"超越现实的自由生存方式和超越理性的解释方式","它创造一个超理性

———————————
　　①　参见周来祥:《论美是和谐》,贵阳:贵州人民出版社1984年版,第1页。

的世界"①;潘知常认为:审美活动"是人类主动选择的活动方式,它以自由本身作为根本需要、活动目的和活动内容,从而达成了人类自由的理想的实现。"②

周来祥认为,所有这些美学派别,在思维方式上仍停留在对象性思维或实体性思维的阶段,它们都把美归结为单纯的客观存在,或者是主体的物质实践,或者是主体的生物性存在。周来祥在综合比较这些派别的基础上,提出了审美关系说。审美关系说强调的是由于对象的美是相对于主体的情感而言,所以我们不能仅从对象的性质或仅从审美主体来判定美的本质,而是必须在主客体形成的具体的、历史的、特定的关系中来把握美的本质。审美关系包括两方面,一方面是审美主体和审美对象的客观关系,它是主客体关系在客观对象上的统一,它构成美的对象;另一方面是主体和客体的主观关系,它是主客体关系在主观上的反映,它构成审美意识。总之,周来祥认为,审美活动只有在审美关系中才会发生。

从以上观点可以看出,周来祥对美的本质的探讨往前推动了一大步,认为作为美的根源来说,它是人类实践活动的产物;作为现实的美的对象来说,它是由审美对象和审美主体相互对应而形成的审美关系决定的。在这个意义上,没有审美对象,就没有审美主体;没有审美主体,也就没有审美对象。审美关系说的提出,弥补了主观派与客观派的片面性,让人们不再单纯地在主体或客体中找寻美的本质,而是把主客体联系起来考虑。在一定程度上,审美关系说对实践美学也有所深化,实践美学广义的自然的人化的问题,并不就是美的本质,科学认识与意志实践同样是属于自然的人化现象,自然的人化现象只是事物美的前提条件,要寻找美的本质只有在审美关系中去寻找。

总之,周来祥肯定了美的本质既不在主观也不在客观,而是在主客体所形成的审美关系当中,这是完全合乎情理与社会现实的,只有建立了审美关系才能找到事物的美的本质。当然,审美关系的建立涉及许多方面:第一,是审美主体的主观条件必须符合要求,即不仅要具备基本审美的感觉器官,同时应该具备审美的素养;第二,审美客体必须进入主体的兴趣范围,即审美主体能在其中找到自己的契合点,能找到主体对象化的痕迹,从心理学的角度来说,人类审美的过程其实是自己的内心感觉投射到客观对象上,这方面,移情说和距离说就是典型的

---

① 转引自章辉:《实践美学——历史谱系与理论终结》,北京:北京大学出版社 2006 年版,第 148 页。
② 转引自上书,第 328 页。

代表;第三,审美关系的建立还受到许多偶然因素的影响,比如意外的灾难与惊喜等。周来祥以实践美学为基础,以主客体关系为本体深化了实践美学"美是本质力量的对象化"问题,把美的对象缩小在审美关系之中,为后人对美的本质的探询作出了杰出的贡献。

第三节　美是和谐自由的历史渊源

在周来祥看来,无论是东方还是西方、古代还是近现代,美学都是以广义的和谐自由为主题。当然,具体而言,美是和谐自由的主题从纵向的发展来看是不一样的;从横向的东西方对比而言,也各有其不同。现在,我们就美是和谐自由在东西方的不同表现来论述美是和谐自由的历史发展概况。从时间上来看,这里阐述的主要以古典的和谐美为主。

一、美是和谐自由在西方的发展

古典美学在西方发展线索鲜明,理论性比较强,从古希腊的具体事物的和谐到狄德罗的物与物、物与环境及人自身之间的关系的和谐,再到马克思、恩格斯把和谐定义为人的本质力量的对象化,是人与自然、主体与客体、合目的性与合规律性的统一。中间虽然经历了近代的崇高,但总的趋势都是以和谐自由为审美理想。具体来说,和谐美学的历史在西方经历了以下几个阶段。

1. 毕达哥拉斯学派的"美是数的和谐"

西方的和谐美学思想,自古希腊首开其端,随着自然哲学的发展而出现。"人跟自然神的和谐是希腊神话的主题最深刻最集中的展示,是其审美意识、审美理想之所在"①。毕达哥拉斯学派首创数的和谐,认为:"神秘、超验的数以及由神规范的数量关系决定了万物的和谐。"②

首先,他们认为和谐的世界由数派生出来,一定的数量关系造就了事物、宇宙的和谐。毕达哥拉斯学派首先承认数是万物的本体,由数的元素"一元"(类似于后来亚里士多德的"形式")派生出"二元"("质料"),二者结合派生出各种数目,然后产生万物,构成一个和谐统一的世界。这种观点,与中国古代《老子》讲的"一生二,二生三,三生万物。万物负阴而抱阳,冲气以为和"(四十二章)的

---

① 转引自周来祥主编:《西方美学主潮》,桂林:广西师范大学出版社 1997 年版,第 25 页。
② 转引自上书,第 29 页。

思想有殊途同归之处。

按亚里士多德《形而上学》1 卷 5 章:"……发现了数与存在的和生成的事物有较多相似之处,比在火、土、水中能找到的更多。元素和万物由体积(三维)构成,某种数是正义,另一种是灵魂和理性,再有一种是机会,几乎所有一切别的东西无一不可以用数表述;还有他们看到音律的特性和比例也是可以用数来表现的;一切其他事物就其整个本性来说都是以数为范型的,数在整个自然中看来是居于第一位的东西,所以他们认为数的元素就是万物的元素,认为整个天就是一个和音,也是数……如果在什么地方出现了漏洞,他毫不犹豫地进行拼凑。"①

其次,数的和谐至高无上,它不仅是其他和谐之源,更是一种超验的和谐本体。所有的和谐都是由数量关系构成,万物都是数的摹本。在他们看来,1 至 10 个数字都代表一种特殊的含义。无论主体还是自然的美都由和谐的数量关系造成,甚至连关联主客体的艺术美也必须从数量关系上探索。在音乐方面,他们更是研究了发音体的数量关系和音值、音调等之间的关系,从而总结出了有关数的一系列和谐理论。它们主要表现为:完满、比例、对立组合、多样统一等方面。

总而言之,正如张祥龙在《西方哲学笔记》中所言:"毕达哥拉斯是塑造西方哲学'形式'的第一人,对数的构造关联与和谐结构有自觉意识。"②以上理论范畴都程度不同地体现了美学上的和谐观点,并形成了一个相当整一的大体系,开启了西方和谐美学主潮的先锋,对其后的古希腊美学及后世美学产生了极大的影响。但毕达哥拉斯派的数是超验的,是此岸世界的彼岸,它为现实事物和艺术提供原则、依据,最后把数的原则与数量关系归结为神的缔造。这样就不可避免地走向客观唯心主义,为后来柏拉图的"理式"提供了范例。

2. 柏拉图的美是理念说

美学的和谐由毕达哥拉斯派确立后,到赫拉克利特的"对立造成和谐"再到德谟克利特与苏格拉底的人物相和及人神相和,已经逐步走向完善。柏拉图扭转了苏格拉底和谐理想中人的重心,把人的神化作为主要内容,以达到神人同构的和谐。

柏拉图的和谐提出了理式的概念,认为文艺是对理式模仿的模仿,是不真实的。他提出了驱逐诗人和文艺法制化的文艺对策。当然,他所做的这一切,只是

---

① 汪子嵩等:《希腊哲学史》,第 1 卷,北京:人民出版社 1988 年版,第 270—271 页;苗力田主编:《古希腊哲学》,北京:中国人民大学出版社 1989 年版,第 70—71 页。

② 张祥龙:《西方哲学笔记》,北京:北京大学出版社 2005 年版,第 57—58 页。

表面上对文艺的价值持否定态度,实际上都是围绕着一个目的,就是希望建立一个人神相和的理想世界。其要驱逐诗人、清洗文艺的主要原因是因为传统的文艺对他的理想国不利;对于世人与城邦有利的文艺,柏拉图是非常欢迎的。我们通过其在晚年写的《法律篇》,就可以看出其文艺思想的明显变化:承认了喜剧存在的价值、悲剧的审美教育作用、文艺接受的差别等。柏拉图要建构人神和谐的新格局,须使人神尽量达到一致,而在他的眼里,神是最完美的,神是一切好的事物的因。于是,他要求人克制情感,强调理性,以达到神人相和的境界。这种和谐境界是人尽量向神靠拢,形成了现实世界、艺术世界和理式世界有机组成的和谐整体。为此,他提出了建立新的和谐理想:以神为主的神人和谐取代以人为中心的和谐样式,"从美的理式来看,他认为那是一个以真为基础的真善美同一的和谐体,是永恒不变,万古如斯的超平衡、超稳态的和谐体。从美的理式和美的分有者以及理式世界和它的直接间接的模仿者来看,他认为它们构成的是等级分明、秩序井然的统一体。"①

那么这种神人相通的和谐是如何建立起来的呢? 在柏拉图看来,只有按照理式,即根据神的样式建立一个理想国,才能建立一个以神为中心的和谐整体。在这个国度里,理想公民的性格是按照神的要求来确定的,所以神人相通的关键是人通神,以神的一切为自己的榜样,以理式世界的一切来组织理想国的一切。有关通神的道路,柏拉图认为有两条途径可以通神:第一条途径是神灵凭附;通神的第二条途径是灵魂回忆。

概而言之,神人相通的和谐,主要是人向神看齐,逐步把握理式,使人神化,在其理想的国度里,哲学家是当然的统治者。他们通过理式井然有序地管理国家,通过艺术陶冶人的情操,从而培育出一个充满正义、具备壮美审美趣味的社会,最终使现实社会理想化,此岸世界彼岸化。

自柏拉图之后的中世纪的美在上帝说、理性派的美在完善说,都强调美是和谐:中世纪的最后一个神学家阿奎那认为美有三个要素,即"完整"、"和谐"、"鲜明",其最主要的还是强调和谐;理性派从莱布尼兹"预定"的和谐到鲍姆嘉通的感性认识的完善,仍然延续着古代和谐美的理想。② 但总的来说,他们注重的是抽象的理念美,忽略具体事物的和谐美。在美的本质问题上,他们都否认美的客观性和物质性,基本上属于唯心主义范畴。

---

① 周来祥主编:《西方美学主潮》,桂林:广西师范大学出版社1997年版,第101页。
② 参见周来祥:《文艺美学》,北京:人民大学出版社2003年版,第55页。

3. 亚里士多德美在形式的和谐说

亚里士多德被认为是"希腊哲学的集大成者"①,对整个宇宙做整体的哲学思考,用四因说总结前人的学说,成为欧洲形式派唯物主义美学的奠基人,他的和谐理想偏重于中和形态,这也决定了他的悲剧和喜剧成壮美的审美趣味。

首先,亚里士多德提出了"质形论"。

他的"质形论"主张:具体实体或个别事物有形式和质料、实在与潜在两方面因素构成,质料是组成事物的基本因素,又称质料因,形式是先于质料而存在的,包括形式因、目的因、动力因三个方面。亚里士多德发现宇宙和谐的总体机制是"纯形式",纯形式是第一推动者,也就是亚里士多德和柏拉图所谓的神,是这"纯形式"范塑了宇宙万物,形成了宇宙的历史进程,造就了宇宙共时与历时的整体和谐。纯形式最终使整个世界达到神与人的和谐统一,神逐步走向人间,同时人也因神而改变,逐渐形成神人共处而以人为主的和谐整体。

亚里士多德的质料与形式的统一所造成的和谐是一种动态的和谐、过程的和谐,是多层次的和谐:第一个层次是质料与形式因的统一,这是事物生命进程的历史与逻辑起点的和谐,在这个层次中,形式潜于质料中,正如一颗种子,还未发芽、开花、结果,是事物低级阶段的和谐;其后,形式不断范塑质料,逐步达到质料与形式的统一;最后,形式完全统一质料,达到事物的最完美的和谐。

其次,亚里士多德认为美的本质在于"整一"。

亚里士多德在对形式与质料关系的研究过程中,发现了美的本质与形式和谐的整体要求——整一,以及达到整一的特征:秩序、匀称、明确等。他说:美在于事物体积的大小和秩序,"美要依靠体积与安排"。这里就提出了两个原则:一是量的原则,美和体积大小有关系,太小了感受不到,不美;太大的东西,一千里长的东西,不能一览而尽,看不出整一性,也不美。二是要求秩序性,就是要把各个不同的因素有机和谐地组成一个整体,事物才会美。"美与不美,艺术作品与现实事物,分别就在于美的东西和艺术作品里,原来零散的因素结合成为统一的整体。"②

亚里士多德不但强调客观事物内部的和谐,而且要求主体的心理和谐及主客体的和谐。在审美心理方面,他认为审美主体的感知觉、想象、理解等,达到了

---

① 赵敦华:《西方哲学通史·古代中世纪部分》第 1 卷,北京:北京大学出版社 1996 年版,第 168 页。

② 北京大学哲学系教研室编:《西方美学家论美和美感》,北京:商务印书馆 1980 年版,第 39 页。

高度的整一与和谐;在主体与客体的接触与审美过程中,审美主体在审美对象身上发觉与认识自己,从客观对象上看到自己的智慧、道德与才能。正如马克思所提出的,在对象上发现了自己的本质力量,这时客体仿佛成了自己,对客体的欣赏就是对自己的欣赏,这是一方面;另一方面,客体的尺度也带上了主体的痕迹,按照主体审美机能来要求客体对象。如亚里士多德认为,事物太大、太小及戏剧的情节长度必须合适等,都是适应审美主体的,在主客体的相互融合中,二者达到了整一与和谐。在这种和谐里,客体的尺度如体积与安排的适宜性、秩序性、明确性、匀称性、整一性等,已融进了主体的尺度,已不是单纯的自然规则,而是一种主客体统一的标准。

再次,亚里士多德认为艺术是和谐的。

亚里士多德认为艺术是模仿现实世界的,是对现实生活的再现与创造,是艺术家赋予质料以形式的活动,他不但不赞同柏拉图的认为艺术是"影子的影子",而且认为艺术所创造的东西比现实生活更真实、更美满、更合乎事物的本质。他认为艺术具备更高的整一,是用"心之理性"模仿自然的整一,"只有经验的人对于事物只知其然,而艺术家对于事物则知其所以然"①。他指出艺术能够通过偶然表现必然,通过个性表现共性,从而更高层次地表现事物的本性,更好地体现了其和谐的理想:个体性与普遍性、现实性与理想性、假定性与可信性、模仿性与创造性、再现性与表现性及主观与客观都达到了统一。

综观亚里士多德博大精深的和谐美学体系,可以说代表了古希腊整个时代的审美理想。同时,他使艺术中和美学理论中的和谐理想,更加协调地、有机地结合,成为高度整一的时代的和谐主潮,对和谐理想的本质规定性作了更深刻、更全面的研究,使美学的重心由对一般社会生活的研究转到对艺术的研究,把美的本质从遥远的天国拉回了现实生活之中,注重了生活中具体感性的美的研究。其后的经验派的美在快感说和狄德罗的美在关系说,都受到了亚里士多德和谐说的影响。相对来说,经验派更强调具体事物的美,侧重在美的现象特征和主体的审美心理之间找出和谐的关系;狄德罗则从事物自身的关系、察知的关系、虚构的关系三个方面论述了美是和谐,同样偏重于形式方面的和谐和事物感性的现象特征。

4. 德国古典美学的美是自由说

德国古典美学是在综合经验派与理性派的基础上发展起来的,经验派强调

---

① 转引自周来祥主编:《西方美学主潮》,桂林:广西师范大学出版社1997年版,第153页。

感性,注重实在事物的美,把感性经验放在第一位;理性派强调理性,轻视感性经验。首先是康德,其后费希特、席勒、谢林都主张感性与理性、主体与客体、人与自然的和谐统一。他们都认为美是自由、美感是自由感。

(1)康德的美与崇高的分析。

a)他在"美的分析"部分,从以下四个方面进行了分析:第一,从质的方面看,"鉴赏是通过不带任何利害的愉悦或不悦而对一个对象或一个表象方式作评判的能力。一个这样的愉悦的对象就叫做美。"①康德从愉悦感入手,区分了美的愉悦与快适的愉悦及善的愉悦的不同。第二,从量的方面看,"美是无概念地作为一个普遍愉悦的客体被设想的。"②第三,从关系来看,"美是一个对象的合目的性形式,如果这形式是没有一个目的的表象而在对象身上被知觉的话"③就是说审美对象与审美主体之间的关系是"无目的的合目的性"。第四,从方式范畴来看,"凡是那没有概念而被认作一个必然愉悦的对象的东西就是美的"。④在这里,康德提出了一个"共通感"的概念。

b)"崇高的分析"。康德认为,"崇高就是那通过自己对感官利害的抵抗而直接令人喜欢的东西"。⑤ 他指出崇高和美一样,是不涉及概念、具备普遍性、无目的而合目的的。同时,他又强调了美与崇高的区别:首先表现在对象的形式上,美是建立在对象的形式上,是有限的;而崇高则可以在对象的无形式中发现,是无限的。两者的愉悦也是不同的,前者是直接产生愉悦;后者却是间接产生的,因为它先是给人一种力量,仿佛觉得人的力量的渺小,使生命力受到暂时的阻碍,当人觉得有能力把握这种力量,或者这种力量不能伤害自己时,就会产生更为强烈的愉快。所以,康德说,崇高不在自然事物里,而在人的观念里。

康德把崇高分为数学的崇高和力学的崇高。在数学的崇高中,崇高是一切和它较量的东西都比它小的东西,是伟大的东西;力学的崇高,"对于审美判断力来说,自然界只有当它被看做是恐惧的对象时,才被认为是强力,因而是力学的崇高"⑥。

① [德]康德:《判断力批判》,邓晓芒译,杨祖陶校,北京:人民出版社 2005 年版,第 45 页。
② 同上书,第 46 页。
③ 同上书,第 72 页。
④ 同上书,第 77 页。
⑤ 同上书,第 107 页。
⑥ 同上书,第 99 页。

康德的"美的分析",通过审美的桥梁把感性与理性调和在一起,解决了经验派与理性派长期纷争的局面,在主体与客体、人与自然、感性与理性之间找到了一种和谐对应的关系,提出了自由的审美境界,他对崇高的论述虽然强调了对立的因素,但最终的结果还是以自由为主的。当然,康德美学是主观唯心主义的美学,他的自由与和谐也尽指主体内部的和谐,带有强烈的先验的原理。其后的席勒改造了他的主观唯心主义,却又走向了客观唯心主义的和谐。

(2)席勒的"美是活的形象"。

席勒认为美是一种形式的形式,是活的形象,是一种形而上的自由。其美学思想作为德国古典美学的重要组成部分,为从康德过渡到黑格尔和马克思美学起了桥梁作用。他提出"美是活的形象",认为感性的存在是被动的,先验的理性是主动的,所谓活的形象就是生命与形式、感性与理性、被动性与主动性的和谐统一,也就是自由。席勒同时认为美是游戏冲动的结果,是人的自由活动的结果。他认为人有两种冲动:感性冲动和理性冲动,在这两种情况下人都是不自由的。在感性冲动中,人要求把自己内在的东西表现为外在的东西,这就不能不受到外在客观世界规律的限制,常常有心有余而力不足之感,因此在感性冲动中是不自由的;人的理性冲动要产生出自己的对象,要从自己的主体中排除被动性和依赖性,同时要受到先验的道德理性的约束,因而也是不自由的。席勒指出,只有在游戏冲动过程中,人才是自由的,因为在游戏过程中,一方面主体产生对象,另一方面也接受对象,也就是说游戏冲动既有接受对象的被动性,又有产生对象的主动性;既有感性存在,又有先验的理性形式;既有自然,又有道德;既有客体,又有主体,是两方面的和谐统一。因此,席勒认为游戏冲动克服了自然规律和道德法规的强制性,使人成为一个完整的、自由的人。

席勒把美分为理想的美与经验的美:理想的美是感性与理性平衡统一的美,这种美只在理想中存在;经验的美包括两个方面:感性的美和理性的美,偏重感性实在的是优美,偏重理性的是力美。

总的来说,席勒的美与美感的论述在思想上秉承康德,只是将内容引入其抽象的理论,在充分理解康德思想的基础上,以归纳的方法对其美学思想加以改造,由康德的主观唯心主义美学走向客观唯心主义美学。他的美如果概括为和谐自由的话,有其自相矛盾之处:在三种冲动过程中,他认为感性冲动和理性冲动都不自由,只有游戏冲动即审美活动最自由,但同时,他又把美和审美看成是感性的人走向理性的人、自然的人到道德的人的中间环节。在这里,美不过是手段,目的是达到理性的人。于是,在前一种情况,美与审美是自由的;而在后一种情况,美的自由却不如道德、理性。

(3)黑格尔的"美是理念的感性显现"。

黑格尔是德国古典美学的集大成者,他的首要贡献是辩证思维的运用,伟大的马克思就是从他这里吸收了辩证法。同样,黑格尔同其他古典主义大师一样,把美的本质规定为自由,是感性与理性、自然与人、认识与实践的统一。

a)"美是理念的感性显现"的定义

黑格尔的哲学有两个特点,一是强调逻辑,二是强调辩证法。他有一句名言:"凡是现实的都是理性的,凡是理性的都是现实的。"①这句话反映了黑格尔的辩证思想:肯定了理性世界和感性世界的统一。

黑格尔对美的定义运用了辩证思维的方法,黑格尔是这样对美下定义的:"美就是理念,所以从一方面看,美与真是一回事,这就是说,美本身必须是真的。但从另一方面看,说得更严格一点,真与美确是有分别的……真,就它是真来说,也存在着。当真在它的这种外在存在中是直接呈现与意识,而且它的概念是直接和它的外形处于统一体时,理念就不仅是真的,而且是美的了。美因此可以下这样的定义:美就是理念的感性显现。"②在这里,美既不在主体,也不在客体,而是主客体的统一,是感性与理性的统一。

b)黑格尔还从发生学上论证了美的自由的本质

他认为,艺术和知识都起源于自由的需要。他说:"人要把内在世界和外在世界作为对象,提升到心灵的意识面前,以便从这些对象中认识他自己。当他一方面把凡是存在的东西在内心里化成为他自己的(自己可以认识的),另一方面也把这'自己的存在'实现于外在世界,因而就在这种自我复现中,把存在于自己内心世界里的东西,为自己也为旁人,化成观照和认识的对象,他就满足了上述那种心灵的自由的需要。这就是人的自由理性,它就是艺术以及一切行为和知识的根本和必然的起源。"③

c)他的关于艺术的分类也是从理念的和谐角度来区分的

艺术的中心是内容和形式达到完整的统一。象征型艺术是艺术的开始阶段,还没有成为一个自由的整体,因为它的理念是不充分的;而浪漫型艺术则是艺术的解体阶段,理念已经溢出形式,同样不是完整的自由整体;只有古典型艺

---

①　转引自周来祥主编:《西方美学主潮》,桂林:广西师范大学出版社1997年版,第666页。

②　[德]黑格尔:《美学》第一卷,朱光潜译,北京:商务印书馆1996年第2版,第142页。

③　同上书,第40页。

术达到了美的理想,充足的内容与完美的形式达到了自由的统一。

概而言之,"美是理念的感性显现"就是说美属于理念的范畴,是感性认识中包含着理念,所以美是自由的。他认为人在理智认识过程中,主体是不自由的,因为主体必须遵从客观规律,一旦人的预想与事实不符,主体就必须改变自己的预想服从客观规律;在有限意志过程中,主体是自由的,而客体是不自由的;只有在美与审美过程中,主体和客体都摆脱了不自由的局面:美的对象独立存在,不与他物发生关系。在美与审美过程中,主体不像在认识过程中那样受到客体的限制,而是与想象、情感结合在一起,由不自由转向了自由阶段,所以美和审美是自由的。但同时,黑格尔又认为美与审美过程中的理念相对于他的绝对理念来说,还不是很自由的,只有到达绝对理念阶段,主体才真正达到自由。他的和谐自由观同样建立在唯心主义基础之上。

德国古典美学从理论上调和了英国经验派和大陆理性派长期以来相互争论的局面,把形式的和谐深化为感性与理性、对象与主体、人与自然的和谐统一。不管是属于主观唯心主义的康德,还是属于客观唯心主义的席勒,以及在理念的基础上把主客观统一起来的黑格尔,都强调美是自由、和谐。

5. 马克思关于人的全面发展的和谐

自德国古典自由美学思想之后,美学逐步由唯心走向唯物,先是别林斯基的"艺术是现实的再现",后有费尔巴哈和车尔尼雪夫斯基的美学观。但这些都是直观的唯物主义美学观,没有考虑社会历史的实践问题。比如,车尔尼雪夫斯基的"美是生活"的观点是抽象的、非实践的。他所理解的审美的生活的人也是生理的人、自然的人。他的美是生活的观点也存在二元论的观点:一方面认为美是生活,另一方面又认为美是"依照我们的理解应当如此的生活。"①即符合主观理想的生活。他的悲剧理论也是肤浅的,强调偶然性是悲剧产生的根本原因。

只有到了马克思才真正彻底地改造了黑格尔的唯心主义,形成了辩证唯物主义和历史唯物主义。马克思首先认为,人在社会实践中的劳动与动物的活动是不一样的,"诚然,动物也生产。它也为自己营造巢穴或住所,如蜜蜂、海狸、蚂蚁等。但是动物只生产它自己或它的幼仔所直接需要的东西;动物的生产是片面的,而人的生产是全面的;动物只是在直接的肉体需要的支配下生产,而人甚至不受肉体需要的支配也进行生产,并且只有不受这种需要的支配时才进行

---

① 转引自周来祥:《论美是和谐》,贵阳:贵州人民出版社 1984 年版,第 108 页。

真正的生产；动物只生产自身，而人再生产整个自然界；动物的产品直接同它的肉体相联系，而人则自由地对待自己的产品。动物只是按照它所属的那个种的尺度和需要来建造，而人却懂得按任何一个种的尺度来进行生产，并且懂得怎样处处都把内在的尺度运用到对象上去，因此，人也按照美的规律来建造。"①这里的美的规律也就是客观事物的必然律和人的目的性和谐统一的规律，也就是自由的规律。只有在认识和支配自然的实践过程中，人才会真正地自由，才能产生美和美感。

接着，马克思提出了"美是人的本质力量的对象化"的定义，具体表现在两个方面：一是每一个特殊的对象，都是人的全部本质力量中某一特殊本质力量的对象化，对象和人的本质力量二者是相互适应的，否则就构不成特定的关系；二是人的这种本质力量，既不是专指人的理智，也不单指人的意志，而是二者的和谐统一，是理智和意志情感的结合；同时，人的本质力量是随着社会实践、社会生活的不断发展而发展的。

从以上分析，不难看出，整个西方美学"美的范畴"发展史，从毕达哥拉斯到马克思的美学思想，都是以和谐自由为美，和谐自由是美在各个历史时期的共同理想。当然，尽管从古至今各个流派都以和谐自由为美的理想，但对和谐自由的理解是不一样的。概括起来说，出现了唯心和唯物两大派别，二者既相互斗争，又相互吸收、融合。和谐自由作为一个辩证否定的发展过程，总的趋势是由具体到抽象，由片面到全面，由原始的、素朴的和谐，中经资本主义的异化而出现的对立的崇高，到社会主义、共产主义社会的辩证和谐，形成了否定之否定的螺旋式发展趋势。

二、美是和谐自由在中国的基础

周来祥指出，中国古代的美是古典的和谐美，是美的三大历史形态的第一个形态。当然，在中国古代，由于美学理论没有西方那么体系化，美是和谐自由的观点也不如西方那么有系统。但从史料记载来看，中国古代的思想家和艺术家都讲和谐自由，认为和谐自由就是美，反之就是丑。中国的"中和"思想，据朱自清《诗言志辩》的考证，自殷周以来就成为中国的传统思想。前面第一章已经讲过，中国古代以中和为美，来自我国古代的"天人合一"的宇宙观，其观点体现了

---

① 马克思：《1844 年经济学哲学手稿》，北京：人民出版社 2000 年版，第 58 页。

古代人不是把人与自然分开,而是从总体上观察和把握事物,是一种直观的总体观念。中国的"天人合一"的思想以人为主,讲和谐偏于美与善的结合,要求人与自然、主体与客体、感性与理性、情感与理智的和谐统一。具体地说,我国远在《尚书·尧典》中就提出了"和谐"的思想:

> 帝曰:夔!命女典乐,教胄子。直而温,宽而栗,刚而无虐,简而无傲。诗言志,歌永言,声依永,律和声,八音克谐,无相夺伦,神人以和。①

从全文看,它所说的"和"与"谐"的含义是一致的。文中所说的诗歌、音乐与舞蹈整体上都是和谐。

到春秋时期,晏子、史伯与单穆公认为"同"是单纯的统一,"和"是复杂的统一,只有复杂的声音和谐地组合在一起,才能构成动人的音乐。史伯说:

> 夫和实生物,同则不继。以他平他谓之和,故能丰长而物归之。若以同裨同,尽乃弃矣。故先王以土与金木水火杂,以成百物。是以和五味以调口,刚四支以卫体,和六律以聪耳,正七体以役心,平八索以成人,建九纪以立纯德,合十数以训百体。出千品,具万方,计亿事,材兆物,收经入,行姟极。故王者居九畡之田,收经入以食兆民,周训而能用之,和乐如一。夫如是,和之至也。于是乎先王聘后于异姓,求财于有方,择臣取谏工而讲以多物,务和同也。声一无听,物一无文,味一无果,物一不讲。②

此处,史伯已经认识到:第一,"和"是"以他平他",是许多不同事物的协调、平衡,"同"是"以同裨同",是同一事物或因素的相加和重复;第二,"和"是万物产生的本原和动力,"同"则只是事物的单一重复;第三,音乐与万物一样,也是由"和"产生,并且单一的声音不能构成乐曲。

晏子也从五味的"和"讨论到五声的"和"。他说:

> 和如羹焉,水、火……以烹鱼肉,燔之以薪,宰夫和之,齐之以味,济其不及,以泄其过。君子食之,以平其心……先王之济五味,和五声也,以平其心,成其政也。声亦如味,一气,二休,三类,四物,五声,六律,七音,八风,九歌,以相成也;清浊、大小、短长、疾徐、哀乐、刚柔、迟速、高下、出入、周疏,以相济也。君子听之,以平其心,心平德和。故《诗》曰:"德音不瑕。"今据不然,君所谓可,据亦曰可;君所谓否,据亦曰否。若以水济水,谁能食之? 若

---

① 《尚书正义》,《十三经注疏》(上),北京:中华书局1980年影印本,第131页。
② 《国语·郑语》,上海:上海古籍出版社1988年版,第515—516页。

琴瑟之专一,谁能听之? 同之不可也如是。①

此文一是把"以他平他"的"和",进一步发展为不同事物之间相辅相成,和相反事物之间相反相补、相反相济的两种关系;二是对"和"提出了一个标准,那就是"济其不及,以泄其过",也就是要适度;三是"和"的目的,无论美味和音乐都是为了使人达到"心平德和";四是进一步说明"同"是"以水济水",与"和"的相辅相成是不一样的。

到单穆公已从主客体相互对应的关系中论述"和"的问题。他说:

夫钟声以为耳也,耳所不及,非钟声也。犹目所不见,不可以为目也。夫目之察度也,不过步武尺寸之间;其察色也,不过墨丈寻常之间。耳之察和也,在清浊之间。……今王作钟也,听之弗及,比之不度,钟声不可以知和。②

……夫乐不过以听耳,而美不过以观目。若听乐而震,观美而眩,患莫甚焉。夫耳目,心之枢机也,故必听和而观正。听和则聪,观正则明。聪则言听,明则德昭。③

这里说明了"和"不仅决定于对象的"和",还决定于主体的"和"。"和"是和谐的对象与和谐的主体相互对应、相互谐和的结果。

到《礼记·中庸》,"中和"已经作为一个明确的概念提出来了,并且把"中和"的理论推进到一个比较全面系统的境地:由人与自身的和谐,推及人与社会的和谐,由人与社会的和谐,推及天与人、人与自然的和谐,从而把和谐的关系扩展到主客体的各个方面。孔子的"乐而不淫,哀而不伤",说明中国古代以礼节乐、以礼节情的和谐开始成为儒家的传统美学思想。

到汉代董仲舒的《春秋繁露》,融合了阴阳、五行的思想,对"中和"进行了阐述。汉以后,"中和"的思想日益渗透到艺术中,从刘勰的《文心雕龙》偏重倡导"风骨"、重气势、雄厚的大美到司空图的《诗品》,逐渐转向平淡、自然、宁静、清远之优美。宋明理学吸收庄老、佛禅,使以"中和"为主的儒学达到了一个新的高度:转向实用化、生活化、世俗化。

明中叶以后,随着近代崇高的萌芽和浪漫主义思潮的兴起,对"中和"思想产生了很大的冲击,周来祥把明中叶到民国初年的美学定位为从古典审美

---

① 《左传·昭公二十年》,《十三经注疏》(下),北京:中华书局 1980 年影印本,第 2093—2094 页。

② 《国语·郑语》,上海:上海古籍出版社 1988 年版,第 123 页。

③ 同上书,第 125 页。

形态向近代审美形态的过渡时期，也就是由古典的和谐美向近代的崇高美的过渡时期。但这种冲击始终未能突破古典的和谐圈，未能动摇"中和"的主导地位。

整体来说，中国古代大量的诗论、文论、画论、乐论、书论、曲论虽然很少直接讲到美，但和谐自由美的思想却贯穿于其中，成为中国古代奴隶社会与封建社会占主导地位的美学思想。

第四节 和谐自由论美学的范畴论

列宁说过，在认识的过程中，"范畴是区分过程中的梯级，即认识世界的过程的梯级，是帮助我们认识和掌握自然现象之网的网上纽结。"[1]美学范畴是美学思想展开的基础，是美学史的主要构成元素。和谐自由论美学思想的代表人物周来祥根据马克思在《1844 年经济学哲学手稿》中的提示，在形成了以辩证发展的和谐美学观为主的"审美关系说"之后，开始对美的本质展开论述，这就形成了和谐自由论美学思想的范畴论。相对于美的本质来说，美的范畴具有更为丰富的、更为个体的规定性，因而也就有更多的类型划分和个别性的规定。周来祥认为，尽管东西方美学思想存在着较大的差异，但总体的走向是一致的，都是由古典的和谐走向近代的崇高、丑（西方还经历了后现代的荒诞），最后走向辩证的和谐。于是，周来祥从美学的历史发展阶段揭示了和谐美学范畴的内涵及形成过程，特别强调了范畴的逻辑性与历史性。

一、和谐自由论美学范畴新论

美和艺术的形态是美的本质的具体表现。"周来祥认为美的本质内在地规定着形态分类，美的分类有质和量两个原则，按照量的原则，偏于内容的是社会美，偏于形式的是自然美……社会美和自然美都是现实美，艺术美是社会美和自然美的统一……按照质的原则，内容和形式在对立中偏于统一的是优美（狭义的美），在统一中偏于对立的是崇高、丑与荒诞、悲剧与喜剧。"[2]这里主要就质的原则来讨论和谐、崇高、丑、荒诞、悲剧、喜剧等范畴。

具体而言，和谐自由论美学思想的和谐为美的范畴是一个多层次的深刻的

---

① 列宁：《哲学笔记》，北京：人民出版社 1993 年版，第 78 页。
② 周纪文：《和谐论美学思想》，山东：齐鲁书社 2007 年版，第 80—81 页。

美学范畴。它更多的是代表了古典美的理想,是一个古典美学的范畴,认为美是和谐,是人和自然、主体与客体、理性与感性、自由和必然、实践活动的合目的性和客观世界的规律性的和谐统一。与此同时,和谐自由论美学把"美是和谐"从形式美、古典美发展、深化为一个美学思想体系和深刻的美学、哲学范畴。它起码包含以下四个方面的内涵:其一,形式的和谐,人、物、艺术、外在因素的大小、比例及其组合的均衡、和谐(形式美);其二,内容的和谐,如艺术中理智与情感、主观与客观等各种因素的和谐;其三,内容与形式的和谐统一,好的艺术作品内容与形式是和谐结合在一起的,这就既要强调有实质性的内容,同时要有优美的形式与之搭配,二者是相辅相成的;其四,内容的和谐又决定于主体与客体、人与自然、个人与社会和谐自由的关系,这种和谐自由的关系集中体现为完美的、全面发展的人(在艺术中则体现为理想的典型和意境)。

对于美与崇高两个范畴而言,国内大多数学者都是从横向的共时研究着手,而周来祥则是从其内在本质上作深入的逻辑分析,将孤立的共时的静态研究改为发展的、纵向的动态研究。前面已经提到周来祥把和谐看做是一种广义的美,并从广义与狭义两个方面说明了美与崇高:"广义美作为主体与客体、人与自然、个体与社会、必然与自由、内容与形式的矛盾统一体,有偏重于它的和谐、均衡、稳定、有序的形态,此即狭义的美的形态;有强调其对立、斗争、动荡、无序的形态,此即崇高的形态。"①在崇高的范畴中,周来祥认为同样有广义和狭义两种:广义的崇高包括崇高、丑与荒诞;狭义的崇高就是与和谐美相比较的崇高。周来祥在《古代的美·近代的美·现代的美》一书中对美与崇高进行了详细的论述:"总的来说,所谓古典和谐美,就是把构成美的一切元素,素朴地辩证地结合成为一个和谐的有机体。具体地说,就是主体与客体、人与自然、个人与社会、内容与形式在实践的基础上形成的和谐自由的关系所呈现的对象性属性,或者说是由和谐自由的审美系统所决定的对象的系统性质。"②"所谓近代对立的崇高,就是在构成美的各种元素形成的和谐统一的有机体中,突出强调发展其对立的、斗争的方面。在这个美的有机体内部,主体与客体、人与自然、个体与社会、感性与理性等各种因素都处于严肃对立、尖锐冲突、激烈动荡之中,而且越来越向分裂、对峙、两极化发展。这种由对立斗争的审美关系(总体上应是和谐自由

---

① 周来祥:《再论美是和谐》,桂林:广西师范大学出版社1996年版,第219页。
② 周来祥:《古代的美、近代的美、现代的美》,长春:东北师范大学出版社1996年版,第84页。

的)所决定的系统、总体属性,就是近代倾向于对立的崇高范畴。"①

按照和谐自由论美学思想的观点,所有美学范畴并不是天生就存在的,而是随着社会的发展,在社会实践过程中产生,先是优美,然后是崇高,接着就是丑。周来祥指出,丑尽管在古代也有,但丑作为一个美学范畴,却是在近代资本主义社会发展起来后才具备的:"从古典美学向近代美学的转折和发展,是以不和谐、不稳定因素的侵入、扩大和日益受到人们的重视为契机的。具体地说,就是丑的发展导致古典美学的否定和近代美学的产生。"②丑是在崇高范畴的进一步发展的基础上形成的,如果说崇高的结果是对立的痛感最终走向统一的和谐感,是一种向和谐的回归,那么丑则完全是不和谐、反和谐,是崇高的对立极尽裂变之势,把对立推向极端的产物。荒诞则是丑的进一步发展:"丑的对立已否定着事物矛盾的联系性和统一性,在本质上已有不合理、不正常性,荒诞则进一步把这种不合理性、不正常性继续向两极发展。丑本来是对立的、不和谐的,但荒诞认为丑的对立还是一般的,还不够极端。它把丑的对立推向了极度不合理、不正常,甚至人妖颠倒、是非善恶倒置、时空错位,一切因素都荒诞不经、混乱无序,达到令人不可思议、不能理喻的程度。""矛盾的悖论是荒诞的根本特征。"③总体而言,崇高、丑、荒诞三者都属于近代美学范畴,是一步步发展起来的。丑是三者的中介,是不和谐,崇高是由不和谐走向和谐,荒诞则是把不和谐推向极端的混乱。

同样的,在悲剧与喜剧范畴的概念方面,和谐自由论美学也与其他美学思想不一样,其代表人物周来祥指出,它们不是历来就有的美学范畴。尽管从古代的悲剧与喜剧来看,确实存在这样的艺术形式和理论形态,但并不是从本质规定上的认定,只有崇高产生之后,才会带来严格意义上的悲剧和喜剧。"崇高中美与丑在特定的历史时期中不可能解决的对立冲突是悲剧冲突(这又与现代意义的荒诞不同,荒诞认为矛盾是永远不能解决的,是一个循环的怪圈)。特定的历史阶段,一般是在新的社会力量刚刚形成和生长的阶段,丑恶的力量还相对强大,美是新生的但又是软弱的、缺乏力量的,在这种力量悬殊的斗争中,美所遭到的必然的挫折、失败、苦难、不幸甚至死亡,这就是典型的近代悲剧。""喜剧与丑相联系,只有近代本质上丑的出现,才可能产生近代喜剧。喜剧也是美丑对立斗争

---

① 周来祥:《古代的美、近代的美、现代的美》,长春:东北师范大学出版社 1996 年版,第 137 页。

② 同上书,第 175 页。

③ 同上书,第 209、212 页。

的一种新形态,当然这种斗争与悲剧不同,悲剧是丑压倒美,喜剧则是美压倒丑。剧中的丑还相对强大,是有力量的,还是有害的,它能严重地摧残着美、窒息着美;而喜剧中的丑则已走到了历史的坟墓,已没有多大力量了,已成为被美自由戏弄和扬弃的对象。"①周来祥对悲剧与喜剧的理解有两大贡献:一是把它们作为近代美学范畴;二是把悲剧与喜剧和崇高与丑联系起来思考。

对和谐自由论美学范畴的理解,周来祥的弟子周纪文女士在其著作《和谐论美学思想研究》中进行了高度的评价:认为和谐自由论美学思想对和谐、崇高、丑、荒诞、悲剧和喜剧等范畴的规定是秉承了一种范畴论的思维。第一,是高度抽象,都具有一般性、普遍性的特征,对具体的审美形态和艺术形态具有概括和解释作用;第二,是具有稳定统一的结构,使得各个范畴形成一套语法,清晰地表明因素的结合与分化、量变与质变;第三,各个范畴之间形成纵横之势,既有严格的区别,保证独立性,又有逻辑的联系,环环相扣,不可逾越,互相解释,互相补充;第四,注重逻辑与历史的统一,每一个范畴都具有一定的逻辑位置,这种位置同样是一种历史的方位感,是历史阶段的无法逾越。② 我们认为,这种从历史的角度来解释美学范畴的观点有其合理之处,强调了各个时代主流范畴的不同,是和谐自由论美学思想的独到之处。当然,这种划分法也容易产生与事实不符的主观上的定论,因为许多范畴的界限并不十分明显,大多数时候是相互并存的。比如,近代的崇高、丑、荒诞三大范畴,谈不上有何先后之分,基本上处于相互杂糅的状态。但不管怎样,和谐自由论的代表作家周来祥对美学范畴的独到的见解为美学界提供了一种新的研究范畴的方式:不仅从共时,更主要的是从其历史形成与发展的角度来研究,拓展了我们对范畴的理解。

二、和谐的逻辑范畴在历史性上的展开——三大美范畴的论述

在论述 20 世纪美学时,周来祥认为:"20 世纪美学是从古代美学向近代美学转型的时期,它大体上又分为两个阶段:一是从 19 世纪末到 20 世纪初,这是由古典素朴的和谐美学向近代对立的崇高美学转型的时期,相应的,在艺术上是由古典主义向浪漫主义、现实主义发展的时期;另一个是从 20 世纪中叶到现在,这是由近代的崇高理想向辩证和谐的现代理想转型的时期,亦即由浪漫主义、现

---

① 周来祥:《古代的美、近代的美、现代的美》,长春:东北师范大学出版社 1996 年版,第 169、171 页。

② 周纪文:《和谐论美学思想》,山东:齐鲁书社 2007 年版,第 90—91 页。

实主义、现代主义、后现代主义,甚至还有残留的古典主义,多元并存,相互影响,相互碰撞,在辩证和谐理想的光照下,向高度综合的新型的社会主义艺术发展的时期。"①这里,周来祥运用了辩证逻辑的方法,通过范畴的运动与展开,从纵向的历史上指出了美是和谐的三个阶段。在这三个阶段的划分过程中,周来祥排除了原始的崇高,把原始的青铜饕餮及夸父逐日、精卫填海、后羿射日等神话故事作为前艺术来理解;然后把奴隶社会与封建社会占主导地位的美学思想作为古典的和谐美学思想;把资本主义社会对立冲突的美学思想作为近代崇高的美学思想;最后,他把社会主义社会与共产主义社会时期的美学思想作为新型的辩证和谐美学思想。这种划分方法尽管不是很完美,但基本上概括了美学发展的规律,达到了逻辑与历史的统一。

(1)古典和谐美:东西方的古代美学思想有着共同的规律:二者都强调和谐自由,即强调内容与形式的协调、主客体双方相互融洽、相互统一等。古代的审美关系强调相辅相成、依存转化的整体关系,也就是人与自然、个体与社会融为一体。在审美形态上,古典和谐分为优美与壮美两大类型。二者是不同的审美形态,各有其特点,相对而言,"壮美偏于对立,优美偏于和谐;壮美偏于刚健、运动、气势和骨力,优美偏于柔媚、宁静、含蓄和神韵;壮美趋向于无限、主体、观念,优美则守在有限、客体和感性里面。在外在的形式上,壮美追求高大、庄严、雄伟,优美偏于娇小、可爱、祥和。在审美感受上,壮美是愉悦中夹杂着激昂的情感,优美则是单纯的愉悦和静观的享受。"②与此同时,和谐自由在东西方也有它各自不同的特色:首先,东西方尽管都强调情感与理智的结合,但东方偏于情感,西方侧重理智;其次,东西方都以古典的和谐的美作为美的理想,相对来说,西方偏重于形式的和谐,对内容方面不做太多要求,而东方则偏重于伦理内容的和谐,这与东方讲求礼仪,偏于中和的观念是分不开的;最后,东西方都在追求真、善、美的统一,但东方强调美与善的结合,西方偏重于美与真的统一。

周来祥强调指出,尽管西方偏于再现、模仿;东方着重表现、抒情,但二者都是以和谐自由为主体的美学思想,总体的趋势是向和谐自由方向发展的。

(2)近代对立的崇高(广义的美):由于西方社会由自由资本主义社会经垄断资本主义走向后工业社会,哲学上的形而上学思维、否定的辩证法及悖论思想的影响,于是产生了对立的崇高。对立的崇高就是把构成美的各种元素对立地、

---

① 周来祥:《三论美是和谐》,济南:山东大学出版社 2007 年版,第 397 页。

② 周纪文:《和谐论美学思想研究》,济南:齐鲁书社 2007 年版,第 93 页。

无序地、动荡地、不和谐地组合为一个矛盾复杂体。大致来说,这种分裂与对立又分为三个部分:崇高、丑、荒诞。周来祥认为,近代的主客体是在主体基础上展开的深刻对立和尖锐复杂的斗争关系:最先开始是理性主体的高扬,从文艺复兴经由启蒙运动开始,人类越来越讲求理性,个性自觉与人的解放的追求同封建的神学的客体现实相对抗,这时就出现了崇高;其次,是垄断资本主义的出现,社会经济高度发达,但人的精神思想没有同步,理性的主体感觉现实世界并不是那么理性化,与客观世界的对立进一步深化,最后彻底否定客观世界,极力宣扬主体的地位,这时就产生了丑;最后,感性的主体如果没有依附,最终只能成为幻想的空中楼阁,脱离了社会的主体最终会导致主体的消亡,此时,整个世界存在于荒谬、悖论之中,于是,荒诞不可避免地产生了。当然,上述西方近代崇高发展的情况在中国完全不同,尽管中国也有对立、无序的状态,但由于长期封建社会伦理道德方面的影响,西方的一些后现代的理论在中国得不到合适的土壤。所以,在中国并没有形成以荒诞为主的美学主潮,而是经由崇高与丑直接进入了辩证和谐的现代美学。

(3)周来祥认为,"现代辩证和谐美与艺术,是人类美和艺术发展的最新阶段,它一方面彻底否定了近代形而上学的绝对对立,而复归于古代的和谐统一;但也彻底否定了古代素朴的和谐,而跃到现代对立基础上的和谐,它真正把近代的对立和古代的和谐予以辩证地综合和发展,成为既追求对立又追求和谐的新型的美。它的矛盾性质是把构成美的各种元素既深刻对立又和谐统一地结合为一个真正的有机体,它既有近代的无序、动荡、不平衡、不稳定,又有古代的有序、稳定、平衡和宁静。这与社会主义、共产主义的时代特征及辩证思维的心理模式是相应的。"①

就目前东西方的现状来说,在西方,采取的是主客二分的思维方式。所以,他们要么重视客体,把客观世界当做绝对的真理,而忽视感性主体的重要性;要么抛弃客体,认为客观世界是不可知的、荒谬的,只有主体的自我是最真实的,从而进入一个纯主观的感性世界。后来,从法兰克福学派开始,人们开始反对资本和现代高科技对人的异化,强调主客体的融合,企图消解近代以来长期在文化、哲学中存在的主客二元对立思维模式。但总的来说,他们都未能很好地把主体与客体完整地结合起来,没有达到主体游刃有余地把握客体的

① 周来祥:《周来祥美学文选》(上),桂林:广西师范大学出版社1998年版,第25页。

目的。可以说，在目前西方现代的丑，特别是后现代的荒诞中，没有任何和谐的因素。

东方由于马克思的辩证思维解决了西方主客二分的矛盾，于是，美学的发展由近代的崇高直接进入了辩证和谐美学的初级阶段。在此阶段，人们的生活既有宁静的世外桃源似的格调，亦存在许多暂时不能解决的矛盾、冲突，人类总感觉到有无数无法解决的烦恼与痛苦，"痛并快乐"地活着。但同时，人类已经逐步走向全面发展，人性的大方向已经确定，道路上的挫折会随着人性的改善而克服，新的大团圆的结局将随着共产主义社会实现而到来。到那时，人与对象、主体与客体、自然与人文的对立才现实地根本地达到和谐的统一。马克思说："这种共产主义，作为完成了的自然主义，等于人道主义，而作为完成了的人道主义，等于自然主义。它是人和自然界之间，人和人之间的矛盾的真正解决，是存在与本质、对象化和自我确证、自由和必然、个体和类之间的斗争的真正解决，它是人类历史之谜的解答，而且知道自己就是这种解答。"①在这个时候，人成为了社会的人，人与人结成了新的和谐社会："自然界的人的本质只有对社会的人说才是存在的，因为只有在社会中，自然界对人来说才是人与人联系的纽带，才是他为别人的存在和别人为他的存在，才是人的现实生活的要素；只有在社会中，自然界才是人自己的人的存在基础。只有在社会中，人的自然的存在对他来说才是他的人的存在，而自然界对他说来才成为人。因此，社会是人同自然界的完成了的本质的统一，是自然界的真正复活，是人的实现了的自然主义和自然界的实现了的人道主义。"②周来祥指出，这就是辩证和谐社会，在此时期产生的美与艺术就是现代辩证的美学和社会主义艺术。

总之，三大美的运动发展可以说就是范畴的运动发展，三大美的理论运用抽象上升到具体和逻辑与历史相统一的方法，通过美学范畴的运动，在一定程度上揭示了美、美感和艺术的本质规律。"和谐、崇高、丑、荒诞等，每一个范畴都对一个美学发展的历史阶段起到统摄作用。范畴的本质特征内在地规定着美和艺术的本质特征，美和艺术的形态展示，成为本质特征的生动体现。"③当然，后来的事实证明，周来祥的这种概括是有其局限的：古代同样存在以崇高为美的美学范畴，西方的荒诞范畴之后也不见得一定会走向辩证和谐。所有这些与社会制

---

① 《马克思恩格斯全集》第 42 卷，北京：人民出版社 1979 年版，第 120 页。
② 同上书，第 122 页。
③ 周纪文：《和谐论美学思想研究》，济南：齐鲁书社 2007 年版，第 97 页。

度、地理环境及中西方的传统思想等方面都有很大的关联。同时,周来祥也抬高了社会主义初级阶段的美与艺术的地位,缩小了现代辩证和谐美的范围,这些在结语中将会详细论述。

第三章 和谐自由论文艺美学
思想理论内核

  和谐自由论美学思想在形成以和谐自由为核心的哲学美学思想理论体系时,同时也形成了以和谐自由美学为出发点的文艺美学的逻辑构架和范畴体系。周来祥对于艺术性质和发展的总结有着独特的理论价值:首先,从艺术的审美本质出发,抓住了艺术的情感表现特征;其次,把艺术放在逻辑与历史相统一的轨道中,既把握了艺术的一般规律,同时也强调艺术的历史具体性;再次,对艺术的分类也提出了新的看法。

  周来祥认为文艺美学作为一个学科,既是传统美学发展的必然产物,又是20世纪诞生的一个新兴学科。他自1984年的《文艺美学的审美特征与美学规律》作为我国第一部文艺美学专著,提出了第一个原创性的文艺美学体系以来,又做了大量的理论工作:在第一次全国文艺美学学术讨论会上,做了题为《文艺美学的对象与范围》的主题发言;创办了第一届、第二届文艺美学研究班,阐述了文艺美学的基本原理和理论体系。经过20年的努力,周来祥终于在2003年再次出版了作为高等学校文科教材的《文艺美学》理论专著。于本书中,他指出文艺美学是客观存在的,是学科发展的必然结果;是由哲学认识论、心理学、社会学、伦理学、生存实践等多种角度、多个层次、多种方法高度融合所规定的美学的中介学科和分支学科。本章着重从以下几个方面论述周来祥关于文艺美学的特征与规律。

第一节 文艺美学的方法与体系

  文艺美学是一般美学的一个分支,是艺术社会学更加独立化,更加美学化的发展,是哲学认识论、艺术社会学与审美心理学的统一。如果说,一般美学是研究各种审美活动的共同规律,那么文艺美学则是在一般美学规律的基础上,对艺术美的独特规律进行探讨。依据周来祥的观点,文艺美学的任务主要以马克思的辩证逻辑思维方法为主,融合其他自然科学方法,系统全面地研究文学艺术的美学规律,特别是社会主义文学艺术的美学规律,探讨和揭示文学艺术产生、发展,以及创造和欣赏的美学原理,建立完整的文艺美学体系。

一、文艺美学的方法

"方法论并不是单一的,而是一个多层次的结构系统,它的最高的最普遍的层次是哲学方法论(也是世界观),是辩证唯物主义,是马克思主义的辩证法。它的最低层次是特定科学的独立方法。从最高到最低,中间有一系列的中介环节。"①周来祥认为,方法有外在的技术性的和内在的本质性的两种,内在本质的方法是辩证思维的方法。他关于文艺美学的建构就是采取从抽象上升到具体、逻辑与历史相统一的辩证思维方法,同时将现代自然科学、现代哲学和美学的观念和方法论引入辩证思维方法,从而提出了科学的、实用的、先进的、独特的方法。

"和谐自由论"文艺美学"运用以辩证思维为统帅的多元综合一体化的方法,构筑了一个纵横结合网络式圆圈型的逻辑框架。'和谐论'文艺美学体系以黑格尔、马克思的辩证逻辑思维为根基,以抽象上升到具体、历史与逻辑相统一为主线,展开了一个从艺术的萌芽(亦即其本质的抽象规定)开始,经古代美的古典主义、近代对立崇高的浪漫主义、现实主义、丑的现代主义、荒诞的后现代主义、向现代新型辩证和谐美的社会主义艺术发展的历史画卷。"②随着社会的进步,自然科学的发展,人们形成了研究自然科学的独特的方法。马克思主义的辩证思维方法具有很大的包容性,能够整合和融汇结构主义与系统论等自然科学的方法,使它们成为丰富、发展、完善辩证思维方法的一个富于生命力的组成部分。"和谐自由论"文艺美学体系就在辩证思维方法的基础上吸收融合了现代自然科学方法及现代哲学、现代美学的方法:借鉴系统论的方法,对美的本质、艺术审美本质进行分析,超越对象性思维,形成了关系系统思维;在美的形态和艺术形态的研究上也渗透着现象学的方法、结构主义的精神:在构成美和艺术的各种元素或和谐或对立的矛盾构成上,划分着古典和谐美和艺术、近代崇高美与艺术、现代辩证和谐美与社会主义艺术的根本差异。周来祥指出,黑格尔的辩证思维方法提出了肯定——否定——肯定的圆圈式思维构架,历史意识较强,但在充

---

① 周来祥:《文艺美学》,北京:人民文学出版社 2003 年版,第 45 页。
② 周来祥:《"和谐论"文艺美学的理论特征和逻辑构架》,《文史哲》2004 年第 3 期。

分注意事物与事物之间的共时态的横向联系方面有所不够;而现代自然科学方法是一种横向、静态、共时的思维模式,但它缺失了黑格尔、马克思宏大的高瞻远瞩的历史眼光,忽略了事物之间的转化和发展的历史总体。因此,在"和谐自由论"文艺美学体系方面,周来祥力图在马克思主义辩证思维的基础上,把纵与横、动与静、历时与共时高度融合起来,使之既包括美和艺术由古代到现代的历史嬗变的多彩画卷,又包括横向的艺术创造、艺术作品、艺术接受的静态解析,力争成为目前比较全面与完整的文艺美学体系。具体而言,这种纵向与横向、动态与静态、历时与共时的结合,既表现在其内容的组合和构成上,也渗透于各个范畴、各个观念的分析上。如三大美和艺术由古代经近代向现代历史的发展更替,是纵向历时的、动态的:古代艺术是指奴隶社会与封建时期的艺术;近代艺术是指资本主义社会时期的艺术,既包括现实主义与浪漫主义艺术,又包括丑的现代主义艺术与荒诞的后现代主义艺术;现代辩证和谐艺术是指社会主义时期和未来共产主义时期的艺术。三大艺术尽管有相互穿插的情况,但总的来说,是按照历史的时代从古至今而发展的。但周来祥对三个部分美与艺术本身的剖析,则是相对横向静止的:古典主义艺术的审美特征、意境与典型、类型等,只能在古代奴隶社会与封建社会这个范围内来分析;崇高型的三类艺术(现实主义与浪漫主义、现代主义、后现代主义)的基本特征也只能在各自的范围内进行;现代辩证和谐的艺术一样必须在社会主义的基础上来分析。当然,周来祥指出,这也只是就大体的方向而言,事实上各个艺术特征与类型在横向的研究中,也渗透着纵向的历史感。如内容与形式、人物与情节等,它们可以说都是横向并列的范畴,但在各个历史时期所呈现的具体情况是不一样的。首先,就形式与内容在古今的具体情况来看:在古代强调二者素朴的和谐;近代则把二者对立起来:现实主义艺术、再现艺术偏重内容,浪漫主义艺术、表现艺术则偏重形式,到 20 世纪初俄国的形式主义,开始把形式提到本体的地位,与此同时,现象学和存在论的美学则致力于消解内容与形式的二元对立;现代马克思主义美学则把内容与形式更高的辩证和谐作为美和艺术的最高理想。其次,就人物与情节的历史发展来说:古代艺术偏重于情节,把情节放在第一位,人物处于第二位;近代艺术则把人物提到核心的地位,为了塑造典型人物,打破了故事的完整性和情节的单一性,甚至剪取和集中一些互不相关的细节,多侧面、多层次地刻画典型性格;现代主义淡化人物和情节;后现代主义则把人物作为一种符号,情节可以随意编造。另外,关于艺术是感知表象、情感、想象和理解高度融合的审美心理结构,在历史上也各有偏重:古代艺术倾向于四者平衡、协调;近代艺术趋于分裂对立,现实主义更强调感知、表象、理智,浪漫主义更追求情感、想象、理性,表现主义和荒诞艺术则把想象推到幻想、梦想、直觉甚至荒诞离奇的极端,强调本能、无意识和荒诞意识;新型和谐美的社会主义艺术则追求再一次把四者更高更理想地融合起来。"这样便形成为一种动静结合、纵横交错、螺旋上升的网络结构,我力图用这种发展着的辩证思维方法和复杂的网络结构,多视角、多层次、动态的、立体的、全方位地完整地揭示文艺的美学原理和历史规律。"①

二、文艺美学的体系

"和谐自由论"美学、文艺学的方法论与其理论体系是一个硬币的两面。周来祥认真深入地运用马克思主义的唯物辩证法,同时消化与吸收前人及同时代人的思想成果,以艺术独特的审美本质规定为逻辑起点,形成艺术的各种历史类型、艺术发展的全过程,演绎出文艺学、美学完整、博大、开放的理论体系。

在文艺美学的研究中,周来祥运用双向逆反纵横交错的网络式圆圈构架的研究方法,从哲学认识论、心理学及历史唯物主义、社会伦理实践的角度来对文学艺术的审美特征和美学规律做总体的研究与概括,形成了一个纵横交错、动态开放的文艺美学理论体系。

具体地说,首先是对艺术审美本质的探讨:艺术的审美本质是整个文艺美学理论体系的逻辑起点,周来祥把美和审美与艺术联系起来考虑,从美与审美的本质来规定艺术的审美本质。他认为审美判断的领域,一方面和善、意志、生存实践相联系,另一方面和科学、真理、客观世界相联系,从而得出艺术不以概念为中介,但又趋向一种不确定的概念;艺术是无目的性,却又符合于一定的社会目的;艺术是自由的审美意识等特征。在确定了艺术的审美本质之后,还只是一个逻辑起点,我们要对具体的艺术进行分析就必须经过抽象上升到具体,由逻辑转化为历史的一系列的中介环节。这里周来祥是从横纵两个方面来阐述的。一方面从纵向进行探究与总结,他按照质、量原则来研究:在质的方面,从艺术的审美本质出发,演绎出由美的古典主义艺术经近代对立的崇高艺术,到真正现代意义的更高的辩证和谐美的社会主义艺术。其中在古典艺术中,它又展开为由壮美经优美再到崇高萌芽的艺术的发展过程。此时期的艺术特征总的来说是素朴的和谐,强调真、善、美素朴的统一。关于近代对立的崇高艺术,周来祥把它分为现实

---

① 周来祥:《"和谐论"文艺美学的理论特征和逻辑构架》,《文史哲》2004 年第 3 期。

主义和浪漫主义艺术、丑的现代主义艺术、荒诞的后现代主义艺术三个部分来论述。在狭义崇高的现实主义主义与浪漫主义艺术中,指出它们虽然偏于对立、冲突,但还没有达到极端的特点;在丑的现代主义艺术部分,又沿着现实主义与浪漫主义继续分裂下去,展开为从自然主义经照相写实主义到超级写实主义,和从象征主义经具象表现主义到抽象表现主义,它们的特征与浪漫主义和现实主义相比,更加走向分裂与对立;在荒诞的后现代主义部分,在现代主义艺术对立的基础上继续分裂,达到对立的极端,展开为从法国新小说派到波普艺术、行为艺术和从荒诞派到黑色幽默戏剧。对于现代辩证和谐美与艺术,周来祥论述了它是建立在近代对立崇高基础上的和谐,是经历了否定之否定的辩证和谐,它与古典艺术素朴的和谐完全不一样。除了从质的方面来说明艺术的纵向发展之外,周来祥还从量上总结了艺术由再现经表现到综合的过程:就中西方艺术总的方面来说,根据人类认识世界的规律,是先有再现艺术,后有表现艺术,最后才发展为综合艺术。但就艺术在中西方各自发展的具体情况而言,是不一样的。因此,周来祥在艺术的历史发展中也展开了中西方文艺美学的比较研究。除了对文艺美学作纵向历时的论述之外,周来祥同时注意横向的研究。在横向的研究方面,周来祥主要从以下几个方面来阐述。首先是艺术创作的美学规律:他从艺术创作不同于伦理实践与科学认识的独特规律来阐述,论述了艺术构思与生活实践、艺术构思与艺术传达等问题;其次是艺术作品的构成:与传统的看法一致,他认为艺术作品是其内容与形式的辩证统一;再次是艺术欣赏与艺术批评:他从艺术欣赏与审美活动、艺术创造及艺术批评的关系来论述艺术欣赏与艺术批评的美学原理;最后是审美教育,他根据艺术的审美本质来规定艺术教育的根本特征,提出了艺术类型与艺术教育相结合的观点,强调了审丑教育。整体来说,周来祥指出它们虽然有先后之分,但都是针对作品这个中心而言,比起从古典艺术经近代艺术到现代艺术的历史发展来说,无异于是一个横断的平面。当然在横向的研究时,一样也有历时的发展,周来祥同样给予了注意。

　　概括地说,周来祥从艺术的审美本质的最抽象、最一般的规定出发,一方面运用辩证思维中的抽象上升到具体、逻辑与历史相统一的方法,在范畴的逻辑发展中,概括出三大美和艺术形态的发展轨迹:由古典和谐美艺术经近代崇高美艺术,发展到现代对立统一的和谐美艺术,以及由表现艺术、再现艺术向综合艺术发展的历史趋势。另一方面是引进了系统论、信息论、控制论、模糊数学等现代自然科学方法,从横向对美与艺术的考察和比较,在美和艺术的发展之中是中西方的比较、艺术形态之间的比较;另一重点是艺术系统内的横向、静态研究,研究艺术家反映现实创造艺术的基本规律,研究艺术的审美构成及其组合的复杂形态,阐明艺术作品通过艺术鉴赏、艺术批评的中介在社会实践中所产生的推动、反馈作用及审美教育的根本特质。纵横交叉,动静结合,形成了一个双向逆反、纵横交错、动态开放的网络式圆圈构架体系。

第二节　艺术的审美本质

对艺术本质的理解与界定众说纷纭,莫衷一是,周来祥根据其和谐美学体系中关于美的本质与审美的本质,来理解艺术的本质,认为艺术的本质应从美与审美的本质而来。美的本质是人与自然、主体与客体的和谐统一,是客观的合规律性、主观的合目的性的统一。它反映在艺术中,就是主观与客观、表现与再现、情感与认识、真与善的统一。艺术的本质特征也与美的本质特征相差无几。

一、新中国成立以来我国关于艺术审美本质研究概述

新中国成立以来,我国学术界探索艺术审美本质大体经历了三个阶段:一是20世纪50年代初期,主要从社会学的角度来研究,把艺术作为意识形态之一,这种研究确定了艺术的社会本质,同时对各种唯心主义理论作了批判,但把范围局限在社会学里,忽略了其心理学与哲学方面;二是1956年以后,以艺术认识为主的研究,认为艺术是一种特殊的反映现实的形式,是一种认识活动,肯定了艺术与科学的联系,强调了其理性的内容,但忽视了艺术的感性因素;三是党的十一届三中全会以后,艺术的本质研究开始引进心理学,强调情感、想象等在艺术上的意义,强调艺术是再现与表现的结合,是以情感为中介的感知、理解、想象等多种因素综合统一的审美意识的物化形态,出现了研究艺术之所以为艺术的局面,这种情况把艺术作为了一种独特的审美形态来把握,研究它的审美本质,可以说把握了艺术的本质特征。

另外,对于艺术本质的认识,自古而言,就有再现说与表现说之分:表现说认为艺术的本质是表现,是主观情感的抒发;再现说强调艺术是再现,是形象地认识和反映生活的特殊形式。周来祥认为二者各有千秋,表现说注重了情感的表达,但容易成为单纯的主观表现,使文艺脱离客观,脱离社会生活与社会,坠入唯情主义和非理性主义;再现说突出了艺术的认识作用,但这不只是艺术具备的独特功能,几乎所有科学作品都具备认识世界的作用,不能把握艺术的审美本质。因此,我们应该把艺术的客观与主观、认识与情感、再现与表现对立统一起来,完

整地把握艺术的本质,也就是说从美的本质与审美的本质两个方面来把握艺术的本质。

二、艺术的审美本质

艺术作为社会生活的反映,是由社会实践决定的,因此社会生活中美的本质决定艺术的审美本质,美的本质是人和自然、人和人、主体和客体的和谐统一,是客观的合规律性与主观的合目的性的和谐统一,是真与善的和谐统一。因此,在艺术中也是一样,艺术作为审美意识的物化,在本质上是一致的。

周来祥对艺术的把握,主要是认为艺术是情感的表现:艺术以情感为中介,一方面与善、意志、生存实践相联系,另一方面和科学、真理、客观世界相联系。他说:"文艺美学是以心理情感为中介,结合哲学认识与社会学、伦理学、生存实践论的一种高度综合的研究。"①他指出艺术具备下述基本特征。

1. 艺术不以概念为中介,但又趋向于一种不确定的概念

第一,周来祥和前人一样认为艺术具有认识性和真理性。艺术作为现实生活的反映,是对现实生活的概括与提炼。通过文学艺术,我们能从中认识、了解我们不熟悉的世界,也能帮助我们更深刻认识我们生活世界的本质。例如,我们能从《红楼梦》中了解封建社会的没落、衰亡;从古代文学中了解古代社会的生活概况等。

随着社会的发展,艺术的理性内涵也不断深化,与科学也存在内在的联系。我们知道,尽管古典的神话反映了原始人的愿望,但那只是一种人类想象的驰骋,是不符合当时社会现实的。并且随着科学技术的发展,神话逐步失去其土壤,到奴隶社会与封建社会之后,文学所描写的东西已经很少有神怪方面的事情了,基本上是人间艺术,世俗艺术,就连佛教也被世俗化了。到资本主义社会,文学艺术中理性的因素更加丰富,人物性格也比以前更为复杂,更现实化。例如,莎士比亚笔下的哈姆莱特尽管有点类似古代类型性典型的痕迹,但他的性格已经丰富得多了,他不仅仅是忧郁的类型,而且充满着复仇的精神,他的内心世界是复杂的,心中充满了矛盾与痛苦,不像古代人物那样宁静与安闲,考虑问题比古代的类型性人物要复杂得多,与周围人物构成一种错综复杂的关系。中国近代的话剧与古代的戏曲相比,也要复杂有理性得多,曹禺的四幕话剧《雷雨》,在

---

① 周来祥:《文学艺术的审美特征与美学规律》,贵阳:贵州人民出版社1984年版,第9页。

一天时间(从上午到半夜)、两个场景(周家和鲁家)里,集中展开了周、鲁两家前后 30 年错综复杂的矛盾冲突,显示了作品严谨而精湛的戏剧结构技巧。话剧中的典型人物性格与古代的类型性人物相比要复杂得多。总之,随着人类科学认识的发展,艺术的理性内容也在日益深入丰富。

第二,艺术的认识是不以概念为中介的。科学从感性认识的具体到理性的具体、思维的具体,中间经过由抽象概念上升到具体概念的一系列中间环节,才能达到真理性的认识高度,才能达到对客观事物的本质、必然性的把握,因此,科学的认识是以概念为中介的,离开了概念,科学就无法成立。[1] 艺术是以形象来打动人的,欣赏艺术时,我们借助的主要是我们的直观,当然,科学认识上也有直观,但科学的直观是不带任何感情的,一般也不夹杂想象的因素,这种直观必须以客观事实为依据,而艺术的直观则与想象、情感结合在一起。"它从感性的个体开始,向理性的内容深化,但始终守在个体表象的形式里,不粉碎个体形式,在个体形式中上升到理性,在感性中深化到理性,是知觉、表象和理性内容的直接结合。"[2]别林斯基称之为直观中的真理。我们把握艺术始终不离开感性个体的表象,它给我们的印象是生动的,不似科学概念那样枯燥乏味。

第三,艺术是以情感为中介的感知、想象、理解相结合的统一体。我们已经了解到艺术的特质:艺术是以情感为中介的感知、理智与想象等元素的结合。在科学中,理智占主导地位,不允许任何个人感情的因素在其中,一旦科学实验与主观预想不符,就应放弃主观而以客观事实为准绳。在艺术中则不一样,艺术描述的是可能的事情,符合情理的事情,只要合情合理,艺术是允许虚构的,现实生活中不存在的事情,在我们的文学艺术中是很正常的事。古典的神话,《聊斋志异》中的鬼狐故事,用科学的观点来看,纯属子虚乌有,但在文学作品中照样能打动人心,这就是因为艺术是以情感为主来反映生活逻辑的,它要求的只要合乎情理,描写的是可能发生的事情。尽管科学也需要情感,这就是我们说的激情,没有激情和热情,就不会产生追求真理的动力,遇到困难就会退缩,但这种激情不能作为科学的内容,一旦发现我们的预测与事实不符合,不管我们在情感上是多么的不舍,也必须以客观依据为标准。在艺术中,照样有理智的因素,但其理智与情感相结合,是"理在情中"的,就好像盐融化在水中一样,看不见,摸不着,但我们能感觉得到。因此,艺术中的理智不以概念的形式存在。

---

① 周来祥:《文艺美学》,北京:人民文学出版社 2003 年版,第 119 页。
② 同上。

科学与艺术都需要想象,如设计家搞设计,就必须借助想象和幻想才能实现。但科学的想象只是在科学研究开始时的预测,并且必须以事实为依据,如果在后来的事实证明当中,科学家发现想象与事实结果不一样,就必须放弃预测。艺术的想象以情感为中介和推动力,不要求一定与事实相符,主要目的是创造形象、塑造典型,只要想象能自圆其说就行。

艺术中的情感与生活与科学中的情感也是不一样的,生活中的情感常带功利目的,而在艺术中,是没有直接的功利目的的。我们阅读文学艺术作品,尽管最后从中受到了教育,得到了启发。但在阅读开始的过程中,我们并没有想到一定要达到这些目的,只要文学作品能够让我们愉快,暂时离开纷扰的现实世界,得到短时的审美愉悦就行。

总的来说,艺术以情感为中介综合了想象与理智等心理因素,使艺术与科学认识和伦理道德意识不同,成为一种独特的审美意识,其中的情感、理智、想象等心理因素已与科学和伦理道德中的情感、理智、想象不同,具备自身独有的特点。

第四,艺术是一种模糊概念。周来祥引用现代自然科学中的模糊数学来解释艺术现象,具备一定的新意,也符合艺术的本质特征。因为艺术带有不确定性,艺术以概念为中介,但其概念是暗含于情感之中的,是不确定的,多义的。艺术是以个别性来表达普遍性,个别的东西是"只可意会,不可言传",而要表达的普遍的东西,其意义是无法穷尽的。一本《红楼梦》,专门研究的人很多,但都是各持己见,未能形成一个定论,单就贾宝玉的形象就有好几种解释。"一千个读者就有一千个哈姆莱特",同样说明了文学艺术本身的模糊性与不确定性。当然,艺术尽管有很大的不确定性,但从另一方面来说,它又是确定的,也就是说,艺术总要表现一些东西,表达作品的主题思想或基本倾向,让人们从中受益。《哈姆莱特》尽管在不同的读者眼中形象都不一样,但他毕竟还是哈姆莱特,他的犹豫不决,作为资产阶级的人文主义的形象还是可以确定的。同样,《红楼梦》中贾宝玉作为资产主义萌芽时的形象,也是很明显的,书中反映封建家族没落的历史趋势也是可以确定的。总之,艺术是一种模糊概念,具有确定与不确定的特征。

2. 艺术是无目的的,但又符合一定的社会目的

艺术是有目的的,有伦理性、实践性。人类的伦理实践具备目的性与现实性两个方面,是指人类通过实践来改变外在世界,来满足人类主体的需要。人的活动总是带有一定目的性的,马克思说:"动物只是按照它所属的那个种的尺度和需要来构造,而人懂得按照任何一个种的尺度来进行生产,并且懂得处处都把内

在的尺度运用于对象。"①这也就意味着人在改造世界之前在内心就有一个目的。艺术家也一样,他们创作作品总是具有自己的目的,作品在创作出来之前,总是观念地存在于作者的审美理想之中,他是按照他的理想来塑造形象的。艺术的实践性指的是艺术并不像克罗齐所说的只是存在于作家的头脑之中,只是作家想象活动的结果,而是必须物化为作品,以供世人欣赏。这种艺术传达就是艺术的实践活动。"同时,艺术的社会作用最终必然要导向实践,要成为影响人们的灵魂,提高人们的理想、道德情操的有力手段,也是我们对人民群众进行共产主义教育、道德思想教育的有力手段,成为鼓舞人们进行'四化'建设,去为实现共产主义而斗争的巨大精神力量。"②因此,艺术作品必须注意它的社会效果,紧密结合时代的需要,艺术家也应该有一定社会历史使命感,有一定的目的。这样,艺术家创作出来的艺术作品才能完成它的历史使命,才能流芳后世。

总之,周来祥认为,"文艺作品要注重它的社会效果,艺术家要有高度革命责任感,有明确的目的。批评家也要正确对待文艺作品,好的就赞扬,坏的就批评。艺术有它的伦理性、实践性,社会主义文艺就应该与共产主义理想、道德规范相结合……"③

刚才谈到了艺术具备目的性,但艺术在形式上是以无目的为特点的。它的目的不像科学与伦理那样明确,正如黑格尔说的:艺术只是想象和灵感的活动,而不是有目的的概念思维活动。艺术的创造过程中,灵感是非常重要的,而灵感的来临是预先无法预测的,人们在灵感状态中往往无法驾驭自己,事先设想的目的也可能因之而改变。很多艺术家开始写作的时候,是没有目的的,只是心中有写作之冲动,觉得不吐不快而已。现代的许多主情文艺作品都是从个人的主观情感出发,文艺的社会作用也是他们事先没有考虑的。比如,曹禺写《雷雨》的时候,不可能事先就有明确的目的,只是写完之后批评家指出它揭露了封建家族的罪恶而已;曹雪芹写《红楼梦》的时候,也不可能考虑到后人会研究出那么多的主题思想。前面谈到艺术的实践性,那只是就它作为艺术物化的存在形态而言,事实上,艺术不是意志目的的产物,我们不能用实用功利来对待艺术:画的食物不能吃,工艺品也不能拿来使用,更不能像在现实生活中那样对待艺术。比如,我们欣赏悲剧时,不能对戏剧中表演的坏人物采取过激的行为,因为艺术不

---

① 马克思:《1844年经济学哲学手稿》,北京:人民出版社2000年版,第58页。
② 周来祥:《文艺美学》,北京:人民文学出版社2003年版,第126页。
③ 同上。

同于现实,只能欣赏,既要入乎其内,又要出乎其外,要保持一定的"距离",才能产生审美的效果。

既然说艺术是有目的的,同时又说它是无目的的,那么我们应该怎样理解其中的关系呢? 在周来祥看来,艺术的无目的就是把必然活动转化为自由活动的无目的,其中暗含着理性的内容:"艺术的无目的又是以有目的的实践为基础,从有目的转化而来的。从生活感觉到艺术构思,再到创造形象,是情感和想象自由地符合着规律的活动,而这种符合是长期有目的的实践、思索的结果,是掌握了必然之后的一种升华,是进入一种自由的境界、无目的的境界。"①这说明艺术的无目的是经过长期实践磨炼的结果,是艺术创造的自由境界。所以,周来祥指出艺术的无目的性中也总是符合一定目的性的,只是这种目的包含于艺术形象之中而已:艺术作品创造出来之后也总会符合一定的社会目的,对社会实践起推动作用,从而发挥艺术的独特作用。周来祥对艺术的目的性特别强调,认为"艺术通过欣赏观照影响人们的灵魂、情感、思想、人生观、世界观、道德理想和审美理想,最后就要由审美活动转化为意志实践活动,鼓舞和推动实践斗争。""不承认艺术有目的性,就会否定艺术的理性内容,否定艺术的伟大历史使命,使之成为无思想的、脱离人民的东西,就不可能适应社会主义的需要,不能完成其伟大的社会主义的历史使命。"②诚然,艺术是应该为社会服务,为人们服务,但过于联系实际的东西就会成为庸俗化的东西。因此,艺术应该联系实际,但又要高于实际,我们不能把艺术当做时代的传声筒,而应更多地突出艺术自由的特性。

3. 艺术是自由的审美意识

"艺术是伦理的社会内容、科学的认识内容和心理形式、必然和自由的直接统一,因而本质上是自由的。"③前面已经谈到,艺术与科学一样具备认识世界的作用,但其认识不是用概念而是用形象来描述世界。因此,艺术认识世界的方式是不一样的。同样,艺术与伦理实践相关,艺术必须要传达,就必须具备物质性,但艺术本质上不是一种物质性的产品,其物质性只是人们借以欣赏的工具而已。由于艺术具备认识和意志两方面的自由,而排除了它们中的不自由因素,因此,艺术是自由的。

马克思说人类"以自由的自觉"为特点,恩格斯也曾说过:"自由是一个高尚

---

① 周来祥:《文艺美学》,北京:人民文学出版社 2003 年版,第 129 页。
② 同上书,第 130 页。
③ 同上书,第 131 页。

且神圣的字眼,人类发展的历史就是人的自由不断扩展的历史。文化上的每一个进步,都是迈向自由的一步。"①

周来祥和其他许多学者一样,把艺术的审美本质规定为自由:是以概念为中介,但又趋向于不确定的概念、是无目的却又符合一定社会目的的自由。这种观点非常符合艺术的本质与特征。因为这种自由既包含了认识的自由,也包含了意志的自由:在人类的认识过程中,主体是不自由的,必须依据客观规律办事;在意志实践过程中客体是不自由的,所有的一切都必须服从主体的需要,是为了主体的功利目的服务的;只有在艺术的审美过程中,虽然不是刻意去认识世界,但在欣赏的过程,潜移默化地受到艺术作品和作者的影响,从而把握了真理。同样,艺术家创造艺术作品时,无意于教育别人,却"寓教于乐",达到了教育的目的,也达到了善的目的。因此,周来祥指出,艺术的审美本质是自由的,"艺术的自由总是在有目的和无目的之间,有意和无意之间、认识自由和伦理实践自由之间。"②

第三节 纵向的动态研究——艺术形态研究

对于文艺美学历时的研究,周来祥主要是从对艺术形态的分类着手。有关艺术形态的分类,周来祥有其独到之处。他根据任何事物都是由质、量两部分组成,认为按照质、量原则来对艺术进行分类是最合理的:一是用现代自然科学方法进行定量分析,把艺术分为再现艺术、表现艺术及综合艺术;二是按质的原则,主观与客观、再现与表现、理智与意志、必然与自由,这些元素在对立中偏于和谐的是美的艺术,在统一中偏于对立的是崇高的艺术。

一、再现艺术、表现艺术与综合艺术

周来祥根据感知、情感、想象、理解四个因素在各个艺术作品中的分布情况而对艺术从量上进行分类:认为情感和想象占主导成分的艺术,就是表现的艺术;反之,那些偏重认识、客观、感性、必然的艺术,是以再现客观世界为主的,就是再现艺术;综合艺术则是再现与表现、认识与情感、理想与现实相结合的艺术。周来祥对再现艺术与表现艺术做了详细的阐述,并就它们在中西方的不同做了比较。

---

① 《马克思恩格斯全集》第 3 卷,北京:人民出版社 1980 年版,第 154 页。
② 周来祥:《文艺美学》,北京:人民文学出版社 2003 年版,第 132 页。

　　人类来到这个世界上,首先必须认识客观世界,以便征服和改造世界,为主体服务。因此,最开始的艺术是以认识为主的。从欧洲哲学史、美学史看,人类总是先客观地观察世界,所以说最先的哲学、美学是再现的、客观的。艺术进入近代后,人类开始从心理学的角度来研究人的主体活动,这时开始出现主观的艺术。艺术总体上从再现艺术向表现艺术发展。当然,再现与表现是相互交叉的,再现艺术中会有表现艺术,表现艺术中也会有再现艺术,只是当时谁为主流而已。进入社会主义社会,艺术已经走向了全面的综合,极少再有单纯的再现艺术和表现艺术,更多的是再现与表现、认识与情感、理想与现实相结合的艺术。

　　周来祥指出,再现艺术与表现艺术是量的分类,但量也转化为质,各有偏重的倾向导致成为两种不同类型的艺术形态。具体地说,再现艺术偏重于客观、感性、必然,偏重于典型的刻画,表现艺术偏重于主观、理性、自由,偏重于意境的创造;再现艺术偏重于在空间中展开,本质上是相对静止的,表现艺术偏重于在时间中运动,空间依时间而流转;再现艺术偏重于内容,形式是次要的,表现艺术偏重于形式,内容含于形式里面;再现艺术强调艺术媒介的认识作用,因而侧重于美与真的统一,表现艺术要求发挥艺术媒介的表情功能,侧重于美与善的统一。这些分析都符合历来再现艺术与表现艺术的实际情况,周来祥从理论上给予了合理的概括。

　　就再现艺术、表现艺术与综合艺术的类型而言,周来祥在传统的分类基础上融会了自己质、量划分的原则。他指出,再现艺术的类型主要有雕塑、绘画、文学等。雕塑是以简单的感性材料,在三维空间塑造立体形象,再现客观人物的本质面貌,它善于表现人的内在本质力量,难于描绘人的精确的外部特征和高度个性化的内心状态。绘画是在二维平面上,以色彩、线条为艺术媒介,再现客观现实。"假若说,雕塑更侧重再现人的本质的普遍性、概括性、理想性,绘画则更侧重刻画人的本质的特殊性、个性、现实性。雕塑的客观性,物质实体性强,绘画则主观性、精神自由性强。"①文学则是语言的艺术,借助词语唤起人们的表象和想象的艺术。文学以概括性的词语,广阔而深刻的再现社会生活,反映一个时代的本质风貌和历史发展的客观规律。文学在再现客观现实的广阔性上是雕塑、绘画无法比拟的,词语的理性内涵,使文学成为最富有思想性的艺术,理性内容最强的艺术。表现艺术的类型主要有工艺美术、建筑、书法、音乐、舞蹈等。工艺美术是

---

① 周来祥:《文艺美学》,北京:人民文学出版社 2003 年版,第 335 页。

以色彩、结构和形体造型来表现一定时代民族的宽泛而朦胧的情感气氛,是一种普及的表情艺术。这种艺术品是在长期的发展过程中形成的,随着时间的推移,它的实用价值慢慢地被审美价值取代,最后成为纯粹的装饰品。建筑主要以巨大的形体和严密的数理结构,表现一定民族与时代的精神风貌,它将情感内涵与理性内容比工艺品要充实得多。建筑一般都具备鲜明的时代性、历史性和民族性,恩格斯说:"希腊建筑表现了明朗和愉快的情趣,回教建筑——优美,哥特式建筑——神圣的忘我,希腊建筑如同灿烂的阳光照耀的白昼,回教建筑如星光闪烁的黄昏,哥特式建筑则是朝霞。"①建筑艺术一般是实用与美观的统一。书法是以线条、形体结构表现一种气质、品格、情感境界的艺术。书法的结构有建筑的美,其线条有舞蹈的美,其节奏、韵律有音乐的美,它同工艺与建筑一样,都是由实用艺术转化而来。音乐是以声音在运动中组合来表现人们心理情感的艺术。它的内容凝结在形式上,是情感运动和声音运动组合形式的直接统一。正如黑格尔说:"音乐所特有的因素是单纯的内心方面的因素,即本身无形的情感,这种情感不能用一般实际的外在事物来表现,而是要用一旦出现马上就消逝的亦即自己否定自己的外在事物(按即声音)。因此,形成音乐内容意义的是处在它的直接的主体的统一中的精神主体性,即人的心灵,亦即单纯的情感。"②音乐有着严格的形式规律和严密的数理结构,在时间运动中的自由达到了极致,但它不能诉诸视觉,缺乏空间形象的鲜明性与确定性,只能依靠想象得到比较模糊的认识。舞蹈是"以人的形体为媒介,通过表情、姿态和形体动作的力度、幅度、角度的有规律的变化,以表现人们的内心情感和主体性格的艺术。"③舞蹈在本质上比音乐更偏重于表现,但二者是不一样的,音乐是诉诸听觉,舞蹈则是诉诸视觉,它将情感的抒发和形体相结合,使心理与生理、美感与快感紧密结合起来,它的直接感染效果是其他艺术所不具备的。舞蹈艺术之后就是表现与再现相互结合的综合艺术,包括戏剧、电影与电视。戏剧是通过对话(或歌唱)和行动,如实地集中概括地再现客观生活的矛盾运动的艺术。戏剧必须要有典型的矛盾冲突,它的矛盾冲突在空间中展开,在时间中运动,直接诉诸我们的视觉与想象,它既具有绘画的空间性、视觉性、认知性,又有音乐的时间性、听觉性、表情性,同时兼有抒情诗歌与小说等方面的特长,可以说是艺术的皇冠。电影是以蒙太奇为

---

① 转引自周来祥:《文艺美学》,北京:人民文学出版社 2003 年版,第 337 页。
② 黑格尔:《美学》第 3 卷(上),朱光潜译,北京:商务印书馆 1979 年版,第 19 页。
③ 周来祥:《文艺美学》,北京:人民文学出版社 2003 年版,第 339 页。

手段,能自由广阔地反映一切客观现实生活的艺术。电影同戏剧一样,把各种艺术综合为一体,但二者有区别:戏剧给人实际可动的画面,电影则展示给人以视觉的画面;戏剧由于是以真人为主,所以它的活动必定受到场地等许多方面的限制,而电影则可以通过蒙太奇的方式解决这个矛盾。因此,电影比戏剧更能广阔和自由地反映社会历史生活。电视则是缩小了的电影,它的普及范围比电影更为广泛得多,因为电影还必须要有一定的场地和设备,而电视则随着科学技术的发展,几乎普及到每家每户。电视的多频道、多种类的设置是电影无法比拟的。我们可以在家中遍览整个世界,了解天下大事。但电影特别是现在的多维电影所造成的身临其境的感觉又是电视无法比拟的。因此,尽管电视在许多方面取代了电影,但电影依然有其一席之地。

总之,从艺术的发展趋势来看,艺术由古代偏重客体的摹拟与再现发展到近代偏于主体的抒发与表现,再发展到主体与客体、再现与表现的结合。其实,在发展的过程中,二者逐渐显示出了你中有我,我中有你的情况:再现艺术由三维空间的雕塑到二维空间的绘画到脱离视觉空间而依赖想象的语言文学,表情因素一步步增加;表现艺术由工艺、建筑到音乐、舞蹈等,不仅表情的因素在增强,再现的因素也越来越突出;最后发展为二者结合的戏剧、电影等综合艺术。这种发展与哲学和美学的发展道路是一致的:哲学的发展由古代研究客体为主的哲学发展到近代偏于研究主体心理的哲学;美学的发展也由古代研究美是什么的客观美学发展到近代研究主体审美本质的主观美学。"而未来的发展趋势,必然在马克思主义辩证法的指引下,哲学、美学、艺术都走向主体和客体、再现与表现的更高结合,似乎这是一个历史的必然趋势。"①

与此同时,周来祥对东西方艺术在重再现与表现方面的不同做了对比,尽管是概括式的,却为我们认识中西方艺术类型的不同提供了前提:认为在艺术的开始阶段,西方是以再现艺术为主的,自柏拉图、亚里士多德的模仿说开始,中经17 世纪的新古典主义、18 世纪大陆理性派的美学与艺术,直到19 世纪的批判现实主义,艺术一直以反映真实的现实为主,把艺术看做是人类生活的教科书。这种情况持续了很长一段时间,西方直到20 世纪以后才转向为以表现为主:随着近代资产阶级哲学由研究自然客体转向研究人类主体,随着各种研究人类心理意识的心理学派的兴起,艺术也由客观转向主观。在东方,艺术是偏于表现的,

---

① 周来祥:《文艺美学》,北京:人民文学出版社 2003 年版,第 342 页。

注重主体和人的心理。周来祥指出中国的这种表现艺术与美学以中唐为界限分为两个大的阶段:"中唐以前,侧重具象的表现,在表现的大原则下,更重视写实、再现,通过写实(写人、写物、写景)来表现,是寓情于物,情在景中。晚唐以降,更倾向写意,通过变形来表现,甚至直抒胸臆,景在情中。但它始终不脱离对象(对象),其变形始终也未走到西方立体派的美学形式的程度,更不用说抽象表现主义了,准确地说,也可以称之为概括的表现(相对于个别的感性具象说)。"①他先从我国古代《尚书》中的"诗言志"观点、孔子的兴观群怨说、《乐记》的乐者"其本在人心之感于物也"、韩非子的"画鬼魅易,画犬马难"的议论、汉代王充的以真为美,"疾虚妄",反对"华伪之文"以及刘勰、白居易等人的看法或作品中体现出来的观点,概括了我国古代前期的写实思潮的情况;接着,周来祥以司空图的《二十四诗品》为标志,指出美学与艺术的理想开始由崇高壮美转向优美,由侧重写实转而趋向写意。"一般说中唐以前是以形写神,形神兼备,形似中求神似,晚唐以后转为轻形而重神,于神似中求形似,甚至写神即写心,神由客观本质转而为主观的情意。"②就艺术的发展情况来说,周来祥强调再现和表现的辩证结合是东西方艺术发展的历史趋势:随着哲学的研究对象由自然客体转向人类自身,各种心理学流派的创立,美学也由研究"什么是美"的客观美学转向研究"什么是审美"的主观美学;同时,东西方的美学在近代各自朝着自己相反的方向进行,即西方由模仿论转向表现论,我国则由表现转为再现。由此可见,周来祥预见,今后美学与艺术发展的趋势是表现与再现的辩证结合。并且这种结合是历史发展的,不是静止不变的,"古代强调再现和表现的均衡和谐,近代崇高观念把两者对立起来,浪漫主义强调理想、表现,现实主义强调忠实的再现;但随着社会主义向共产主义的迈进,随着革命现实主义和革命浪漫主义相结合的日益发展,两者必然出现更高水平的综合。"③

二、古典和谐艺术、近代崇高艺术与现代辩证和谐艺术

根据质的原则,周来祥把艺术分为古典和谐艺术、近代崇高艺术与现代辩证和谐艺术。他认为人类最开始的艺术是古典和谐美的艺术。这里有一点要注意,就是他的古典和谐美与艺术是不包含我国青铜饕餮等原始神话方面的崇高

---

① 周来祥:《文艺美学》,北京:人民文学出版社2003年版,第343—344页。
② 同上书,第346页。
③ 同上书,第349页。

艺术的,我们从他对古典艺术的定义可知(他的古典主义艺术的范围指的是奴隶社会与封建社会时期的艺术):他是把原始的崇高作为前艺术,作为整个艺术的大背景来处理的。在排除了原始的崇高艺术之后,他认为在古代社会,人的思维是素朴的辩证思维,万事万物都以和谐为中心,讲求内容与形式、主观与客观、理想与现实的朴素的和谐统一。进入资本主义社会,形而上学思维发展起来,人类注重对部分进行分析,艺术上产生了浪漫主义与现实主义两种类型的对立崇高型艺术。这种艺术注重内容与形式、主客观的对立,已经不再是优美的艺术形态了。其后艺术继续发展,经崇高向丑过渡,发展为以丑为主的现代主义艺术,最后发展为以荒诞为主的后现代主义艺术。社会主义社会是对资本主义社会的扬弃,在艺术上同样如此,艺术经对立的崇高之后,复归于统一的现代辩证和谐艺术。此时的和谐已与古典的和谐不一样,是经历了对立崇高后产生的新的辩证和谐。

　　总的来说,和美学的发展同步,从历史的维度来看,周来祥认为艺术先后经历了古典主义素朴的和谐艺术、近代对立的崇高艺术和现代的辩证和谐艺术。对于近代对立的崇高艺术,周来祥又把它分为三个方面:①浪漫主义、现实主义艺术;②现代主义艺术;③后现代主义艺术。同时,他强调,三大类型的艺术是相互交叉的:在古典和谐艺术中,有原始的崇高艺术,也有近代崇高艺术的萌芽;现代辩证和谐艺术时代同样会有古典和谐艺术、近代崇高艺术等,三者你中有我,我中有你,相互促进发展,只是在一定时代,某种艺术占主导地位而已。

　　1. 古典主义艺术

　　周来祥所指的古典主义不同于 17 世纪欧洲出现的古典主义,而是指整个奴隶社会和封建社会占主导地位的美学思想和艺术现象。他所指的这种艺术现象把我国原始青铜饕餮等神话方面的崇高艺术作为前艺术来理解;同时,对于古希腊悲剧,周来祥指出它尽管有着比中国古代悲剧方面有着更为激烈的对立冲突,但与近代崇高相比,总的趋势是走向和谐与统一的。因此,从这个角度来说,他认为古典主义艺术是指古典和谐美的艺术,"依据素朴的辩证的和谐处理方式,把艺术中主观与客观、再现与表现、现实与理想、情感与理智、典型与意境、时间与空间、内容与形式,以及构成形式的诸因素,看做既相互区别、对立,又相互联系,相互渗透,相辅相成的,并把它们巧妙地组成一个均衡、稳定、有序的统一整体。这种均衡和谐的艺术品,就是古典和谐美的艺术。"①周来祥认为,这种古典

---

① 　周来祥:《文艺美学》,北京:人民文学出版社 2003 年版,第 135 页。

艺术是以古典和谐美的理想和规范为准则的,艺术中体现着古典和谐美的理想。古典和谐美是一种范本式的美,是集众美之长融为一人或一物的美,是由古代的经济和朴素辩证法决定的,强调矛盾双方的联系、渗透,因而给人的感觉是平稳的、宁静的。不论东方还是西方,古代人都是以和谐作为美的理想:西方自公元前6、7世纪的毕达哥拉斯学派的"美是数与数的和谐"到柏拉图的"美是理式"、亚里士多德的"美在形式",之后英国经验派与大陆理性派的观点,狄德罗的"美在关系说"等,尽管不同流派的美学家对美的看法有着严重的路线分歧和对立,但他们所追求的美的理想都是古典主义的和谐美;东方的情况也大致无二,从《尚书·尧典》中提出的"八音克谐"、"神人以和",到春秋时期的形式方面的和谐,到孔子强调伦理情感的和谐统一(即从形式的和谐过渡到内容的和谐),以及汉代董仲舒在"阴阳之和"的基础上提出"凡物必合"的思想、宋代朱熹运用阴阳调和论证中庸之道的观点、明末清初的王夫之提出的"天下以和顺为命,万物之和顺而为性"的"中和"思想等,他们追求的都是和谐之美。这其中渗透和体现出古代社会对人、对社会政治和伦理的理想。周来祥着重从以下几个方面对古典主义艺术提出了自己独到的观点。

(1)古典主义艺术的审美特征。

古典主义艺术是以素朴的和谐的美的理想来规范和陶铸的,它强调艺术各种要素的相互联系、相互渗透、相辅相成的辩证融合,是古代人对于艺术的独特的本质观,是一种艺术的历史类型和美学的历史形态,这种艺术形态在西方从古希腊直到启蒙运动,在中国自先秦开始至清末,古典主义艺术是整个封建社会和奴隶社会共有的现象,它有着自身独特的审美特征。

a)"古典和谐美的艺术要求再现与表现、客体与主体素朴的和谐统一,要求在表现艺术中有丰富的再现、模拟、写实的因素,在再现艺术中有浓厚的表现、抒情、写意的成分,再现与表现水乳般地融合在一起。"①周来祥认为古典艺术的这种特征是由古典美学和艺术共同的和谐美的本质所决定的,无论东方还是西方,都讲求表现与再现的统一。中国很早就要求心与物、神与形、情与理的和谐统一,刘勰的《文心雕龙》、陆机的《文赋》等都是这方面的佳作。中唐以后,美学与艺术由重视再现到更重视表现,同样体现了中国古典美学的表现与再现相统一的特征。在西方,古希腊诗人摩西尼德斯把绘画称为"无声的诗",把诗称为"有

---

① 周来祥:《文艺美学》,北京:人民文学出版社 2003 年版,第 147 页。

声的画"。直到文艺复兴时期的达·芬奇还说:"画是嘴巴哑的诗,诗是眼睛瞎的画"①,也就是说古代诗歌中照样讲神形,绘画中也求意境,把神形和意境也和谐地统一在一起。这就是说,由于古典美学强调再现与表现的结合,就既要求物我为一,又要求以我驭物,这就像我们欣赏戏剧电影,既要进入剧情,因剧中主人公的悲喜而悲喜,又要能出乎其外,知道自己是在欣赏,不能把它当成现实生活来对待。高明的演员就应把握这个度:既要进入角色,又要与角色保持一定的距离,以自己的特性恰如其分地表现角色。因此,从主流来看,在古典主义艺术中,艺术家与他所创作的人物之间就是这种和谐的关系。

b)古典主义理想与现实的和谐统一是单一的、素朴的。古典主义的理想美是以现实为基础,从现实中概括出来的。但古典主义作家不满足于现实,认为现实的美是不充分的,于是他们从现实中集中最美的人或物,"杂取种种,合成一个",塑造出一个理想美的范本。他们塑造典型,既不像近代浪漫主义那样以自我,和近代现实主义以客观的特定个人为模特儿,而是广取博采。正如拜伦所说:"当康诺娃塑像时,他采取一人的肢体,另一人的手,第三人的五官,或第四人的体态","就像古希腊艺术家在塑造他的海伦娜时所做的那样"。② 这种塑造人物的手法在古代是很普遍的。

c)古典艺术中的各心理因素相互统一:情感与理智、想象与思维和谐统一。"客体的再现与理智、思维直接相关,主体表现更多地诉诸情感想象。所以古典和谐美艺术,再现与表现、主体与客体的和谐,也制约着情感与理智、想象与思索的和谐统一。"③古典艺术作品由再现走向表现,由理智、思维走向情感想象,但在情感想象中,并不轻视和否定理智与思维,而只是强调理在情中。在时空的关系方面,本来,偏于再现的艺术侧重在空间展开,时间凝冻在空间上,时间空间化了;反之,偏于表现的艺术侧重于在时间中运动,空间依时间而变化,空间时间化了;同样,偏于再现的艺术重客观的物理时空,偏于表现的艺术重主观的心理时空。而古典艺术由于要求再现与表现的和谐统一,于是,在时空问题上,既重时间的空间化,又重空间的时间化;既重客观的物理时空,又重主观的心理时空,强调时间与空间的和谐与均衡。

---

① 《欧洲古典作家论现实主义和浪漫主义》(一),北京:中国社会科学出版社1980年版,第56页。

② 《欧洲古典作家论现实主义和浪漫主义》(二),北京:中国社会科学出版社1980年版,第289页。

③ 周来祥:《文艺美学》,北京:人民文学出版社2003年版,第153页。

在此基础上,周来祥又提出了中国古代重表现,西方重再现的观点。中国古典艺术强调主观的真,客观再现内含于主观之情理之中。宋代郭熙提出三远之法,他说:"自山下而仰山巅,谓之高远,自山前而窥山后,谓之深远,自近山而望远山,谓之平远。"①一幅画之中,往往"三远"并用,突破自然物理时空的限制;同时,中国的画还把不同季节的东西放在一幅画中,化静为动,如五代南唐徐熙《百花图卷》,把四季的花卉交织在一起,宋代杨朴之的《四梅花图卷》,在同一空间里展现了梅花由生长到凋谢的全过程;中国的古典戏曲更是如此,一个小小的舞台上,不断变换时间和空间。总之,中国古典艺术是化静为动,化空间为时间,化再现为表现,是在表现、时间的基础上结合再现、空间的。西方古典艺术以再现、感性、空间为基础,结合表现、理想、时间的因素,把时间空间化,把对象按照自然的、感性的、认识的原则来安排。西方古典艺术家特别要求按现实社会本来的样子来描写生活,绘画上力求形似,画家要以镜子为老师。

从以上论述可以看出,"中国古典主义艺术是时间的艺术,中国古典主义美学是时间的美学;西方古典主义是空间的艺术,西方古典主义美学是空间的美学。但这种特点是相对而言的,就其本质来说,东西方古典美学和艺术都是强调客观与主观、时间与空间的均衡、和谐。"②

d)古典艺术讲求内容与形式的和谐统一。中国古代孔子、刘勰等的思想,都是最早的内容与形式相统一的范例。孔子认为"质胜文则野,文胜质则史,文质彬彬,然后君子"(《论语·雍也》),刘勰的"情采"提出"文附质"、"质待文"(《文心雕龙·情采》);西方的亚里士多德也很早就强调内容与形式诸因素有机统一的整一美,布瓦洛的《诗的艺术》也提出:不管写什么样的主题,都要求情理和音韵永远互相配合。不过概括起来说,中国古典艺术的审美理想是偏于伦理和政治的,因为中国古代历来强调中和之美、以礼节情,西方是偏于认识的。但两者都强调内容与形式的和谐统一。

周来祥还谈到艺术媒介的表情功能与认识功能的和谐结合,即在再现艺术中强调表情的因素,在表现艺术中突出认识的因素。东方偏于艺术媒介的表情性,西方是偏于艺术媒介的认识性等情形都很符合古代艺术具体情况,对我们了解中西古代艺术提供了基本框架。

---

① 郭熙:《林泉高致》,载沈于丞编:《历代论画名著汇编》,北京:文物出版社 1982 年版,第 64 页。

② 周来祥:《文艺美学》,北京:人民文学出版社 2003 年版,第 155 页。

（2）古典主义意境和典型是类型性的。

偏于表现的艺术偏重意境的创造，偏于再现的艺术侧重塑造典型人物。古典主义艺术由于强调再现与表现的素朴的和谐统一，也就出现典型与意境的结合：即古典艺术中偏于表现的艺术中有典型，偏于再现的艺术中有意境。

古典艺术的典型不同于近代的个性典型，它不仅再现还要表现，不仅描写现实的个性，还要追求共性的理想。所以它们的个性典型是不鲜明的，作者追求的是一种范本式的理想的美，是从社会现实中概括而来的，是一种经验的普遍性。

同样，古典主义的意境也是一种情感、意境的类型，因为古典主义一方面使表现的概括个别化，理想现实化；另一方面，又使再现的个别概括化，现实理想化。中国的古代社会，各种艺术都进行了归类。比如，诗文方面，刘勰曾把诗文归纳为八体，皎然扩大为十九体，司空图进一步推演为二十四诗品。小说方面如金圣叹的评点《水浒传》，他说："《水浒传》一百零八人"，"人有其性情，人有其气质，人有其形状，人有其声口"（《读第五才子书序三》）；又说《水浒传》中宋江等三十六人"便有三十六样出身，三十六样面孔，三十六样性格"；①《三国演义》中的诸葛亮、关羽、曹操都是类型性的人物形象。在西方，同样如此，古希腊把音乐分为七种乐调，每一种代表一种类型；文学中，答尔丢夫是伪善的类型，阿巴贡是吝啬的类型。

周来祥指出这种类型性的典型在古典艺术中是必然的、合理的，是艺术尚不发达时期的必然现象。但这种理想和现实、共性和个性的素朴结合的典型，比起近代艺术的个性典型来说，它不具备鲜明的个性，因而必然会被近代的个性典型取代。

（3）古典主义要求真善美的素朴统一，提倡艺术的"寓教于乐"。

"偏于表现的艺术，强调美善结合；偏于再现的艺术，强调美真统一；而古典的和谐理想，却总是要求把真、善、美和谐、均衡地整合在一起。"②在周来祥看来，中国古典艺术是偏于表现，是伦理学和心理学的美学，强调美善的结合，同时，所有古典的艺术并不排除真，美与真同样是统一的，因为在封建社会，"封建伦理道德的善，也被看成是天经地义的真，通过人道看到天道，通过善去表现真，正是中国审美文化的一大特色。所以，文道、情理的统一，正是真、善、美的素朴

---

① 转引自周来祥：《文艺美学》，北京：人民文学出版社 2003 年版，第 165 页。
② 同上书，第 166 页。

的和谐、均衡的结合。"①西方的古典艺术是偏于再现的艺术,总是把美同客体、自然、科学认识联系起来,强调美真的统一,同样,西方古典主义虽然重再现、理性和真理,强调美真的统一,但并不否定艺术中的善,并不否定艺术与伦理道德的联系,这也就是说,古代西方艺术中的真、善、美也是统一的。

艺术的真、善、美的统一也就意味着认识、伦理和审美的和谐结合。当然,艺术的伦理与认识作用是蕴涵于审美作用之中的,优秀的艺术不是社会功利目的的传声筒,而是以情感为主,给人们以审美享受。我国的古典美学历来讲求"寓教于乐",重理论教育作用,但又反对公式化,而主张在潜移默化中受教育。西方柏拉图一方面贬低文艺,另一方面又欢迎那些对城邦有益的文艺,强调美善结合,于不知不觉中受到教育。他说:"应该寻找一些有本领的艺术家,把自然的优美方面描绘出来,使我们的青年们像住在风和日暖的地带一样,四围一切都对健康有益,天天耳濡目染于优美的作品,像从一种清幽境界呼吸一阵清风,来呼吸它们的好影响,使他们不知不觉地从小就培养起对于美的爱好,并且培养起融美于心灵的习惯。"②

(4)古典和谐美的艺术类型:优美与壮美。

美有优美与壮美之分,是历代美学家与艺术家都承认的两种美的主要形态,尽管有些美学、艺术家给它们以不同的命名(例如张玉能先生将其划分为柔美与刚美),但其含义也不出此意。周来祥把它们放在与崇高艺术相对比的角度来分析,有其创新之处。他比较了二者的异同及与崇高的区别:壮美与优美"与近代崇高相比,都是在对立中强调均衡、和谐……相对地说,壮美偏于对立,有更多的对立、严肃的因素,优美偏于和谐,更强调均衡与谐和;壮美偏于刚,更强调刚健、运动、气势、骨力,优美侧重于柔,更突出柔媚、宁静、含蓄、神韵;壮美更趋向于无限、主体、观念,优美则牢牢地守在有限、客体、感性里面……壮美追求着高大、方正,优美则以娇小、圆润为特征。"③二者给我们的感受也是不一样的:壮美在给我们以愉悦的感受之外,还有一种激情澎湃的情感;而优美给予我们的是温和的愉悦与静默的享受。与崇高相比较,它们都是属于和谐范畴,近代崇高建立在社会矛盾尖锐对立、主客体分裂对立的基础上,尽管也讲求一定的统一,但在统一中以对立为主导特征。壮美中虽然也有雄大威猛的感觉,但给人的是自

---

① 转引自周来祥:《文艺美学》,北京:人民文学出版社 2003 年版,第 168 页。

② 柏拉图:《理想国》,《文艺对话集》,朱光潜译,北京:人民文学出版社 1962 年版,第 56 页。

③ 周来祥:《文艺美学》,北京:人民文学出版社 2003 年版,第 173 页。

由的感觉;而崇高则带有痛感和不自由感,是由痛感、不自由转向理性的自由感。

在西方的古典艺术中,同样存在优美与壮美两种类型。西塞罗早就说过:"我们可以看到,美有两种,一种美在于秀美,另一种美在于威严;我们必须把秀美看做女性美,把威严看做是男性美。"①这种男性美与女性美类似于中国古代的阳刚之美与阴柔之美。朗吉弩斯的《论崇高》主要包含五个方面:庄严伟大的思想、强烈而激动的情感、运用藻饰的技术、高雅的措辞及整个结构的堂皇卓越。这里大大地强调了主体情感的因素,但并没有达到近代的对立分裂的情况,还没有突破和谐统一的界限,他的崇高与中国的壮美于内涵上相一致。

周来祥对古典艺术形态另一个创新是按照逻辑与历史相统一的观点,描述了一个从壮美到优美的历史发展过程。在他看来,中国古典艺术的发展经历了三个历史阶段:中唐以前,以壮美为主,晚唐以后以优美为主,明中叶后逐渐转向近代崇高。西方同样如此,温克尔曼在《古代艺术史》中把古希腊、罗马艺术的发展分为四个时期:第一个时期,是古朴的风格,特征是雄浑有力、生硬、不美;第二个时期是"崇高"或"雄伟"的风格,类似壮美;第三个时期是美的风格,主要指优美;第四个时期是艺术衰落的时期。当然,严格地说,周来祥对中国美学形态的这种历史划分法未必准确:在事实上,何时期为优美、何时期为壮美并没有十分明确的界限,优美在壮美之前或壮美在优美之前的情形在当时社会都出现了,具体而言,必须看当时社会的现实情况、地理环境及其他许多因素综合而定。并且,二者在很多时候是相互并存的,无所谓先后之分。但这种提法至少带给我们另一种思考美学形态的方式,把美学与艺术形态的划分与历史的发展联系起来了。

(5)古典主义艺术的一元化。

周来祥认为"中国古典美学由于以和谐为美,强调把杂多的或对立的元素组成一个均衡、稳定、有序的和谐整体,因而排除和反对一切不和谐、不均衡、不稳定和无序的组合方式。它在和谐与不和谐、均衡与不均衡、稳定与不稳定、有序与无序之间,寻求一个恰当的度。"②因此,中国古典艺术是以中和为审美理想:"中和"、"适度"与礼相联系,形成了贯穿整个古典美学的礼乐统一、文道结合、以礼节情、以道制欲的美学观念,产生了温柔敦厚的诗教和乐教,一切都受礼的制约,反对过度,因而丑的美学形态在中国古代不占重要地位。由于古典艺术

---

① 转引自鲍桑葵《美学史》,北京:商务印书馆1985年版,第138页。
② 周来祥:《文艺美学》,北京:人民文学出版社2003年版,第182页。

不主张主客体的对立,而主张和谐统一,故艺术的结局往往是大团圆式。古典艺术剧中人物不管经历如何曲折,最后都会得到一个大团圆:王子和灰姑娘从此过上了幸福的生活;《西厢记》长亭送别之后,还是"有情人终成眷属";《窦娥冤》本是一桩极大的冤案,最终窦娥的父亲为之昭雪了冤案。

在西方,尽管有更多的矛盾、对立、曲折、斗争的现实内容,但仍然没有冲破古典和谐的范围,没有达到近代的崇高。柏拉图就不希望文艺家描述丑恶的事物,更不允许在他的理想国中有神的罪恶与丑行;贺拉斯在《诗艺》中要人们严防把丑的事物搬上舞台;亚里士多德认为悲剧人物应介于好人与坏人之间,悲剧强调净化人的心灵,使人经历痛苦、愤怒之后重新达到和谐的状态。

总之,古典艺术无论东西方都强调素朴的和谐统一,都经历由壮美到优美的阶段,同样强调和谐统一的结局,丑、崇高、喜剧等作为独立的美学范畴还没有从古典和谐美中分化出来。当然,这里需要说明的是,周来祥并不是说古代不存在具体的悲剧与喜剧形态,从古希腊的悲剧与喜剧来看,的确存在这种艺术形式和理论形态,但周来祥认为这都是从形态的认定,而不是从质上的规定。所以,他讲到悲剧与喜剧时,一般都加上了"严格意义上的"字眼,以与传统的理论相区别。也就是说,古希腊的悲剧与喜剧只是形态上的,而不是严格意义上的美学范畴,从严格意义上来讲,只有到了近代资本主义社会的新兴,出现了近代的崇高,才产生了悲剧与喜剧的范畴。关于这一点,在前面论述他的美学范畴时已经做了说明。事实上,这也正是周来祥的独特之处:把悲剧与喜剧放在近代来理解,并把它们与崇高和丑联系起来。

2. 近代对立的崇高艺术(一)——浪漫主义与现实主义艺术

对于浪漫主义与现实主义两种艺术类型,与前人及同辈学者不同的是,周来祥不把它们看做是古已有之的艺术类型,而是把它们看做是近代历史发展的产物,把它们作为近代崇高型艺术类型。周来祥讲:"一个主体性,一个客体性;一个分裂对立,一个素朴和谐。这两大特征,使近代现实主义和浪漫主义,同古代的古典主义根本区别开来。同时也使两相对立的浪漫主义和现实主义,具有近代崇高型艺术的同一特性,即两者在主体性基础上,在分裂对立的结构上,都是共同的,都具有同一的近代美学原则。"①

周来祥认为,近代对立的崇高是构成美的各种元素所形成的和谐统一的有

---

① 周来祥:《古代的美·近代的美·现代的美》,长春:东北师范大学出版社 1996 年版,第148 页。

机体中,突出强调发展其对立的、斗争的方面。"在这个美的有机体内部,主体与客体、人与自然、个体与社会、感性与理性等各种因素都处于严肃对立、尖锐冲突、激烈动荡之中,而且越来越向分裂、对峙、两极化发展。这种由对立斗争的审美关系所决定的系统、总体属性,就是近代倾向于对立的崇高范畴。至于崇高型的近代艺术,就是依据这种分裂、对立的审美处理方式,把艺术中主观和客观、再现与表现、现实与理想、情感与理智、典型与意境、时间与空间、内容与形式,以及构成形式的诸元素,看做既相互联系、相互渗透、相互补充,又强调其相互对立、相互排斥、相互斗争的关系,把它们组成为一个不均衡、不稳定、不和谐、无序的、动荡的有机体。"①与古典和谐美艺术特征相比,近代崇高型艺术特征有诸多方面的不同。

在审美感受上,古典和谐美强调事物诸元素组成一个均衡、和谐、有序的整体,美的事物呈现出单纯、宁静的状态,因而给人的感受是轻松、自由、和谐与愉快;近代崇高艺术则是在对立斗争后的统一,事物是先经历冲突与矛盾,由不自由感然后到自由感。所以,崇高感必须先经历痛感,再转向快感,由对立的不和谐感走向统一的和谐感。正如席勒曾说:"美始终是欢乐的、自由的,崇高则是激动的、不安的、压抑的,需要纵身一跃,才能达到自由的境界。"②

在形象的塑造上,古典型艺术追求的是范本式的类型美,强调的是人物的共性,而近代崇高则强调鲜明的人物个性。在古典型艺术中,美的形象相对来说,有序稳定,人物性格的变化也是一个渐变的过程,而崇高则是质变的动荡过程。优美与崇高体现在现实生活中,就是当我们与周围的环境非常和谐,工作很顺利,心情高兴舒畅时,我们就是处于自由的相对稳定的美的状态;当我们与周围的环境不协调,发生矛盾时,心情就会出现烦躁、苦闷,这时我们就处于矛盾对立,动荡的崇高境界。一个时代、阶级和社会同样如此,正如毛泽东说的:"我们在日常生活中所看见的统一、团结、联合、调和、均势、相持、僵局、静止、有常、平衡、凝聚、吸引等,都是事物处在量变状态中所显现的面貌。而统一物的分解,团结、联合、调和、均势、相持、僵局、静止、有常、平衡、凝聚、吸引等状态的破坏,变到相反的状态,便都是事物在质变状态中、在一种过程过渡到他种过程的变化中所呈现的面貌。"③

---

① 周来祥:《文艺美学》,北京:人民文学出版社 2003 年版,第 191 页。
② 转引自上书,第 193 页。
③ 转引自上书,第 195 页。

　　周来祥谈论美和崇高与其他学者存在不同之处,他从社会历史的角度来论述:它们是美的两种基本形态,虽然各个历史时期都会有美和崇高的形态,但美在各个历史时期是以优美为主流还是以崇高为主流的情况是不同的。在古代,人对自然、个体对群体处于依附状态,因而对立冲突也不会达到很严重的地步,总体来说是素朴的和谐自由的关系;到了近代,由于资本主义社会对物质的强烈追求,人已经变成了物的奴隶,人的心灵与客观事物产生了隔膜与分化,人与自然与社会由依附转化为矛盾,绝对对立的形而上学代替素朴的辩证和谐,于是古代素朴的和谐美结束了,近代对立的崇高开始。与此同时,他指出崇高在中国与西方经历了不同的历程。在西方,关于崇高的论述,有着明确的理论与体系。柏克于《论崇高和美两种观念的根源》一书中,从客观事物的属性和主体生理方面区分了美与崇高的不同:美是小的、柔滑的、娇弱的、明亮的,给人的是单纯的愉快感受;崇高是巨大的、无限的、晦暗的,给我们的感受是带有痛感的惊惧和恐怖;莱辛的《拉奥孔》划分了古典美的造型艺术和近代崇高的浪漫诗歌的界限;康德的《判断力批判》真正从美学与哲学上规定了美与崇高;席勒的《论素朴的诗和感伤的诗》对素朴的诗与感伤的诗的划分,促进了近代浪漫主义诗歌的发展,重视了崇高美的普遍性;此后黑格尔的《美学》与尼采的《悲剧的诞生》都从不同方面区分了美与崇高、古代和谐艺术与近代崇高艺术。中国的崇高发展界限不是很鲜明,理论体系更是不如西方充分。大致说来,崇高开始于明代中叶,从李贽的童心说开始,艺术家开始强调主体、个性、感情、心理,带有浪漫主义特色的艺术得到了极大的发展,《西游记》可以说是当时浪漫主义的最高成就;同时,中国具有批判色彩的近代现实主义发展起来,《红楼梦》写出了中国第一部具有近代性的悲剧。

　　素朴的古典和谐艺术发展为对立的崇高艺术的过程中,产生了向两极的分化,分别发展为现实主义与浪漫主义,"素朴和谐的古典主义艺术,逻辑必然地而且也历史现实地分裂为两种美学倾向和艺术类型。一种是偏重于客观再现,一种是偏重于主体表现;一种是偏重于客观现实,一种是偏于主观理想;一种是偏重于认识、思维和勤奋,一种是偏重于情感、想象和天才;一种是向感性的外部世界拓展,一种是向理性的内心世界开掘。前者是现实主义,后者是浪漫主义。"①浪漫主义与现实主义艺术作为两种不同的崇高艺术,具备各自不同的审

---

① 周来祥:《文艺美学》,北京:人民文学出版社 2003 年版,第 202 页。

美特征。

（1）浪漫主义与现实主义在古典和谐的基础上把主客体分离开来,浪漫主义偏重于主观、表现,现实主义偏重客观、再现;浪漫主义偏重内心,向自我心理世界探求,揭示复杂矛盾的内心世界;现实主义偏重向外,朝对象感性世界开掘,描绘大千世界错综复杂的矛盾和尖锐剧烈的斗争。一句话,现实主义按照"本来如此"的面目再现生活,浪漫主义则按照"应当这样子"表现生活。①

（2）近代艺术从主体与客体、再现与表现到内容与形式,以及构成形式的诸因素,都贯穿着对立的原则。强调对立原则,这是周来祥把浪漫主义与现实主义作为近代艺术的根本。在近代的崇高艺术中,理想和现实是分裂对立的,浪漫主义以追求现实中不存在的理想为特征,现实主义则把现实作为丑的、恶的事物来批判;在创作的心理元素上同样是对立的,与古典主义把理智与情感、想象与思维、勤奋与天才素朴结合不同,近代艺术把它们拆解开来,浪漫主义强调情感、想象与天才,现实主义推崇理智、思维与勤奋;在时空认识方面,现实主义向空间展开,追求客观的物理时空,追求像生活一样逼真的现象,浪漫主义艺术在时间中流动,不顾历史时空的顺序,任凭主观的想象去创造时空;于内容和形式方面,与古代艺术强调理性内容和感性形式的和谐统一不一样,近代艺术由于主体与客体、人与自然、个体与社会的对立,因而在内容与形式上也强调对立,浪漫主义重在表现人物心理、精神的深刻矛盾,现实主义主要反映客观人物的性格矛盾;近代艺术在感性材料上也是相互对立的,浪漫主义强调材料的表情性,发展了音乐、舞蹈、抒情诗等艺术的表情的特长,现实主义强调感性材料的认知性,注重了绘画、文学、小说等艺术的认识再现功能。

（3）浪漫主义与现实主义艺术的典型塑造。在典型塑造方面,作为近代的浪漫主义和现实主义与古典主义存在根本的不同:古典艺术偏重于类型、共性、普遍性、单纯性,而崇高艺术则偏重于个性、特殊性、本质性、复杂性。古典艺术是由一般找特殊,而近代艺术则是从特殊中显现一般。塑造个性典型是近代艺术人物性格的本质特征,浪漫主义的个性典型注重艺术家的主体、自我、内心,注重艺术家的自我个性;现实主义的个性典型偏重对象客体、人物形象及其外在行为,注重一种客观的个性典型。与古典的类型性典型相比,个性典型有其类型性典型无法比拟的优越性,内容比类型性典型更丰富、深广与复杂。

---

① 参见周来祥:《文艺美学》,北京:人民文学出版社2003年版,第204页。

(4)浪漫主义、现实主义艺术与真和善的关系。在与真和善的关系上,崇高艺术与古典艺术也是完全不一样的。崇高艺术把真与善、合目的性与和规律性分裂对立起来:浪漫主义以善为目的,突出的是合目的性、理性和善,认为历史的现实是变化的、易逝的,只有主观的理想才是最高的真和美;现实主义则强调合规律性、现实性和真。另外,浪漫主义偏重的善是以无目的的形式出现,主张同教化、功利区分开来,提倡"为艺术而艺术";而现实主义则主张有目的的"为人生"的艺术。于主体方面,浪漫主义具有近代主体感性实践的历史内涵,主体充满一种强烈的情感力量,产生一种强烈而深刻的情感鼓舞作用和精神感奋作用;"现实主义强调主体深沉的理性意蕴,它在逼真的活灵活现的感性人的生活画卷中,揭示现实的本质、时代的特征,及其历史的过去和未来的走向。"①

(5)近代审美范畴的分化。在周来祥看来,古代艺术属于大一统的和谐美,各种审美范畴没有分化出来,尽管存在悲剧与喜剧及丑的各种具体艺术形式和理论形态,但作为独立的审美范畴来说,则只有到近代,对立崇高的产生,各种审美因素才彻底分化和裂变,才形成各种独立的审美范畴。因此,他的悲剧与喜剧都称之为"典型的近代悲剧"与"典型的近代喜剧",以与古代的悲剧与喜剧相区别。同时,在悲剧与喜剧范畴的论述过程中,周来祥一般都加上"严格意义上的"字眼,以与传统的悲剧与喜剧观相区分。与其他学者从横向共时的角度来研究悲剧与喜剧观不同,周来祥认为悲剧与喜剧不是天生就存在的美学与艺术范畴,他从历时的角度、从与古典的悲剧与喜剧的对比上,阐述了严格意义上的近代悲剧与喜剧的产生。首先是悲剧的产生,当然,在这里周来祥同样是把中国古代原始的崇高艺术作为前艺术、作为一个艺术的历史背景来处理,把古希腊的悲剧看做是倾向于和谐的古典型悲剧。他指出古代奴隶社会与封建社会时期的古典的悲剧以壮美为基础,没有突破古典的和谐圈,是属于团圆的悲剧,结局都有一条大团圆的尾巴,是类型性的悲剧,严格地说,还不存在典型的悲剧范畴。他指出,只有到了近代,崇高中的美与丑在特定的历史时期,产生不可解决的冲突,结果美的事物遭到不可避免的挫折、失败与灭亡,才诞生了近代意义上的悲剧。与古典的类型性悲剧不同,近代意义上的悲剧,强调矛盾的对立与冲突,是个性的悲剧、性格的悲剧。

与此同时,作为与悲剧相对应的喜剧产生了,如果说,悲剧是丑压倒美,那么

---

①　周来祥:《文艺美学》,北京:人民文学出版社 2003 年版,第 224 页。

喜剧则是美压倒丑,在古代艺术中,丑很少进入美与艺术之中。因而周来祥指出,古代同样不存在严格意义上的喜剧范畴。他梳理了近代喜剧发展的根源,并做了总结:古典喜剧总体上属于古典和谐美艺术,近代喜剧中的丑是一种本质的有害的丑,因而近代喜剧大体上是严肃的、费劲的、辛辣的,只有到共产主义社会,产生新型的辩证和谐美时,丑才会完全为我们掌握。他还指出,在近代的悲剧与喜剧两种类型并不截然分开,往往相互融和,与现实主义和浪漫主义的结合也很密切。浪漫主义作为对理想的、崇高事物的追求,现实主义作为对丑恶现实的批评和揭露,同悲剧和喜剧在美学精神上有一致性。在追求和谐统一的基础上,悲剧与喜剧和现实主义与浪漫主义一样都是趋向和谐:悲剧在冲突中趋向和谐,喜剧在否定中肯定和谐。

总之,周来祥对于悲剧与喜剧艺术形态的认识,与前面论述的悲剧与喜剧的美学范畴认识一致,是从美与艺术的本质特征上划分与定义的。他把它们放在历史发展的过程中来认识,把它们与崇高和丑联系起来思考。这些都是周来祥对这一问题独到的见解。

3. 近代对立的崇高艺术(二):丑的现代主义艺术

(1)丑与丑的现代主义艺术。

周来祥提倡的和谐自由论美学思想,是一个宽泛的体系,并不排斥丑的存在。前面已经论述过,周来祥十分重视丑与荒诞范畴的存在,并把它们放在近代崇高的范畴之内。他在《文艺美学》著作中,列专章讲述了丑与丑的现代主义艺术。周来祥指出,近代艺术取代古典艺术的转折是"从古典艺术的排斥丑到吸收丑、重视丑,从丑服从美、衬托美,到美衬托丑、丑逐步取得主导地位。"[①]他用大量生动的事实列举了在西方对丑的重视的历史,并得出结论:与悲剧和喜剧范畴一样,尽管古代存在各种丑的艺术形式和理论形态,但作为一个独立的范畴来说,则是近代崇高产生之后的事情。也就是说,在严格意义上来说,他指出作为美学与艺术范畴的丑是一个近代范畴,它是近代社会、近代精神的产物。进入近代社会后,丑的地位日益突出,主要表现在:一是形式丑向内容丑、本质丑深化;二是形式丑与内容日益尖锐对立;三是人物需要用丑强调突出的地方明显增多。周来祥详细地阐述了丑与崇高的关系:崇高艺术中本身就包含有丑的因素,是由美到丑的过渡阶段,丑是在崇高中孕育、生长、蜕化而来,是对立的崇高极尽裂变

---

① 周来祥:《文艺美学》,北京:人民文学出版社 2003 年版,第 231 页。

之势,把对立推向极端的结果;但二者是两种不同的审美形态,崇高艺术虽增加尖锐而深刻的矛盾对立因素,但最终给我们的感受还是美的,还保留着和谐的因素,在痛感之后还能给我们以快感,丑的主体追求的则是不和谐,是痛感。"不是像崇高那样只是增加了对立的因素,而是把这种对立的因素推向了极端,使矛盾的两面各自达到极端,并以这一端反对、排斥、否定、摒除另一端。"①其结果是把崇高的和谐因素都排除掉了,因而给人的感觉就只剩下痛感、不协调感。

19世纪末,以丑为主的现代主义艺术逐步取代19世纪中叶占主导地位的崇高艺术,成为一个新的美学主潮。现代的丑的艺术是由崇高艺术承继和发展而来,但把崇高艺术中的对立因素极端化了。周来祥从历史发展的角度对现代主义艺术与崇高类型中的现实主义与浪漫主义艺术作了比较:"现代主义的艺术是根据丑的观念和模式,把构成现代艺术的各种元素不和谐地甚至反和谐地组合在一起。假若说崇高型的艺术,把主体与客体、再现与表现、理想与现实、情感与理智、思维与想象等构成艺术的元素对立起来,那么现代主义则把这种对立推到极端,达到相互否定、各执一极的顶点。"②也就是说,崇高艺术中虽有对立的因素,但并未相互否定,而是相互依存的,可以说,现实主义重再现、重客体,但并不否定主体,同样浪漫主义主义也不否定客观事实,只是各有侧重而已。而现代主义中的自然主义则否定主体,追求纯粹的客观,要求生物解剖式的艺术,出现了超级写实主义和照相写实主义;表现主义则反其道而行之,彻底抛弃客体,追求纯粹主体的表现,出现了具象表现主义和抽象表现主义。现代主义艺术无论在情感与感知、思维与想象等审美心理因素的构成上,还是在时空观念,以及内容与形式上都在现实主义和浪漫主义的基础上继续追求对立的绝对化。在现代主义艺术中,美已经不再作为主要的审美范畴,丑成了自然的形态。

(2)现代主义艺术的典型问题与艺术功能。

在典型问题上,古代艺术与近代对立的浪漫主义和现实主义艺术都要求艺术典型的塑造:古代艺术追求类型性的典型,浪漫主义艺术追求理想的个性典型、现实主义主张现实的个性典型。现代主义艺术则出现了非典型化现象:"一是人物、情节逐渐淡化,人物典型已逐步失去了过去的显赫地位,逐步失去其核心的位置……二是人物的个性与共性两个方面,也沿着浪漫主义和现实主义的

---

① 周来祥:《文艺美学》,北京:人民文学出版社2003年版,第243页。
② 同上书,第244页。

对立,继续向两极裂变。"①这即是说,表现主义从表现自我、情感与心理精神世界出发,将艺术中的人物抽象化、观念化,其结果是造成人物的非个性化、非具体化,使人物向心理化、观念化、精神化、哲理化发展;相反,自然主义集中注意感性的具体和现实的个人,反对任何概念化、典型化,认为支配人活动的不是社会的、历史的原因,不是社会实践决定着人的本质,而是生理学的、动物学的规律支配人的活动。所以,周来祥说:"表现主义追求情感、观念的表现,而牺牲了丰富的个性;自然主义则由标榜个性的真实,而丧失了深刻的理性本质。"②

在艺术功能上,现代主义艺术与浪漫主义和现实主义同样是完全不同的,是在它们的基础上继续分裂与对立而形成的结果。如果说浪漫主义"体现的是一种社会的理想、理性的激情;而表现主义侧重发泄的是一种个人的意欲、非理性的冲动,追求的是个性存在的命运、价值和意义。"③表现主义由于注重潜意识与本能的冲动,就不可能有浪漫主义斗志昂扬的精神。同样,自然主义虽然和现实主义一样强调真,但自然主义注重的是客观事物的真,把自然科学的方法应用于艺术,把艺术家等同于生物学家和生理学家,它的社会功能就不可避免地会削弱。

4. 近代对立的崇高艺术(三):荒诞的后现代主义艺术

周来祥不仅具备深厚的中国古代文化底蕴,而且对西方现代与后现代文化也颇有自己独到的见解。周来祥说的荒诞,是与崇高、丑相并列的近代美学范畴,与丑具有共同的美学属性,如果说"丑的对立已否定着事物矛盾的联系性和统一性,在本质上已有不合理性、不正常性,荒诞则进一步把这种不合理性、不正常性继续向两极发展。"④矛盾的悖论是荒诞的根本特征。前面已经提到,荒诞艺术是 20 世纪中叶以后,人们以荒诞的模式运用戏剧、小说等各种艺术形式处理各种题材的一种美学潮流。一方面,由于近代形而上学思维导致人文主义与科学主义两大思潮对峙发展:人文主义越来越注意人的本能、人的主观因素,排斥客观的现实;科学主义则越来越把事物量化,反对主观、人的主体因素,一个是客体失落,另一个是主体失落,二者片面极端的发展,其共同的倾向是反理性,是极端的对立、混乱和颠倒。另一方面,由于资本主义社会的矛盾极度激发,人的异化越来越严重,人们时刻处于焦虑、困惑、动荡不安的心态中,导致人的精神失

---

① 周来祥:《文艺美学》,北京:人民文学出版社 2003 年版,第 262 页。
② 同上书,第 264 页。
③ 同上书,第 265 页。
④ 同上书,第 267 页。

常、思维混乱,不少艺术家、哲学家成为精神病患者,以精神病患者的角度来观察不正常的社会和人生。在这种情形下,荒诞的艺术自然而然地产生了。

荒诞与后现代艺术是 20 世纪 50、60 年代以后的事情,在时间上是属于西方现代主义艺术,周来祥这里把它放在近代艺术里面,与崇高、丑、共同形成近代美学和艺术发展的三部曲。这种处理方法体现了周来祥对其和谐体系三段论式的超越,扩大了近代崇高的范围,使他的体系具备更大包容性。同时,周来祥还预测,美与艺术经历荒诞范畴之后,将走向新的辩证的统一。在他看来,荒诞的后现代艺术由丑的否定认识论中的统一性走到否定本体论的统一性,从而彻底粉碎了整体、中心、秩序、稳定、和谐等观念,从本体上把一切都推入混乱、颠倒的深渊;它进一步把丑的极端化推到极限,达到矛盾混乱、荒谬悖理的程度,在这种极度的分化与裂变之后,其最终的结果必然达到新的融合。他列举了大量后现代中蕴涵着和谐统一思想的例子:哈桑在《后现代主义问题》一文中的话语:"作为一种文学发展的模式,后现代主义可以同老一辈先锋派(立体主义、未来主义、达达主义、超现实主义等)区别开来;也可以同现代主义区别开来。既不像后者那样高傲和超然,也不像前者那样放荡和暴躁,后现代主义为艺术和社会提供了一种新的调和方式。"①这种调和的方式就是趋向和谐的表现。斯潘诺夫在强调后现代主义和现代主义的差别时,特别提出了历史性的概念:认为现代主义是静态的、共时的,而后现代主义则是动态的、历时的,这含着对分裂、共时、静态的否定,和向未来统一的发展;后现代主张消解一切,填平一切鸿沟,打破所有界限,甚至于消解主体与客体、理性与非理性、有序与无序、和谐与不和谐的界限,预示着将有一种新的和谐理想的到来。

总之,与现代主义相比,尽管现代主义在浪漫主义与现实主义的基础上,强调进一步的裂变与对立,现代主义的理想已把浪漫主义的社会理想变为个人价值和意义的追求,把现代主义对人的社会、历史的体验转化为感性生命的欲求和体验。但现代主义毕竟还有理想、有追求,还在寻找着人类的精神王国。而后现代拒绝了一切欲求,彻底抛弃深度观念,将一切描写平面化;用概念代替艺术,艺术成为无形的,完全丧失了时空;彻底摧毁了人物中心论,物代替人成了艺术的主角,否定了真与善。

总的来说,周来祥从历史的角度论述了崇高的三种类型的范畴,指出它们是

---

①　《现代主义文学研究》(上),北京:中国社会科学出版社 1989 年版,第 329 页。

近代社会形成的美学范畴,三者是一个前后联系,逐步深化的过程,到最后,荒诞的后现代艺术达到对立分裂的极端。同时,周来祥预测,物极必反,后现代极度的分裂与对立后,必然会形成新的和谐统一。并且,他指出这种新的和谐统一的理想在资本主义社会是不可能实现的,只有到了社会主义社会才会出现现代辩证统一的和谐美学与艺术。

5. 现代辩证和谐美与社会主义艺术

周来祥认为,新型的对立统一的和谐美的艺术应包括以下五个方面的意思:①首先是艺术思想内容的对立统一,即艺术中主观与客观、心与物、理想与现实、情感与理智的统一;②艺术形式各因素的对立统一,包括人、物等的外在感性形态和艺术媒介及其在时间空间上的组合,都要遵循形式美的规律;③在艺术内容和艺术形式之间也是一种对立统一的关系;④社会主义、共产主义社会中主体与客体、人与自然、个体与社会、自由与必然是对立统一的关系,只有这种关系才能形成艺术内容与形式的对立统一的和谐关系;⑤社会主义社会与共产主义社会人自身全面发展的和谐。他同时指出,现代辩证和谐的本质内涵与基础特征是建立在双方(或多方)利益根本一致并得到不断协调的基础上的,是协调、互补、合作的过程,现代辩证和谐论创造性地发展了古代素朴的和谐论。

在论述现代辩证和谐艺术时,周来祥引用马克思、恩格斯强调理想与现实、规律与目的、现状与未来因素的辩证结合来说明现代辩证和谐艺术。同时,他认为毛泽东同志《在延安文艺座谈会上的讲话》中"革命的政治内容和尽可能完美的艺术形式的统一"的原则,关于既追求对立又追求和谐统一的艺术理想,是马克思主义美学和无产阶级艺术发展的合乎逻辑的继承与发展。这些都符合时代的要求,也与历史发展状况一致。

在艺术典型问题上,周来祥把现代辩证和谐艺术与古代艺术、近代艺术相比较:古代艺术是类型典型;近代现实主义、浪漫主义艺术是个性典型,现代主义艺术是非典型,后现代主义艺术是反典型;现代辩证的和谐艺术创造的是个性与共性既深刻对立又高度统一的新型艺术典型。这种艺术典型既吸取了古代艺术重共性的方面,又有近代艺术要求个性的一面,把二者辩证地融合了起来。

在现代辩证和谐的艺术中,真与善由对立走向更高的统一,艺术的认识功能、教育与审美功能高度融和在一起。虽然古代艺术也强调真与善的结合,但这种结合是素朴的;在近代艺术中,把真与善完全对立起来了(后现代艺术把真与善完全否定了);只有在现代的辩证和谐艺术中,真与善才达到了高度的统一,才能把各种艺术功能融合起来。

　　与近代崇高艺术相比,现代辩证和谐艺术有着本质的不同:严格意义上的崇高是个近代的范畴,它随着资本主义社会的兴起而兴起,是对古典和谐的否定;现代辩证和谐则是对近代崇高的否定,这种否定是在社会主义实践和马克思主义辩证法的基础上一种积极的扬弃,保留和吸取了近代艺术中对立的因素,在本质对立的基础上,重新达到了辩证的和谐统一。也就是说,古典和谐美艺术经近代对立的崇高艺术后,达到了现代辩证的新型的和谐艺术,类似于黑格尔的"正、反、合"的模式。现代辩证和谐美艺术是建立在本质对立的基础上的更高的和谐统一的艺术:如果说,古典和谐美艺术是在矛盾中求和谐;对立崇高是在和谐统一中求矛盾对立;那么,现代辩证和谐是在对立统一中重新达到新的和谐统一,既要求对立更讲求统一。

　　对于三大美与艺术的论述,除了从历史的角度对之进行纵向阐述之外,周来祥还把它们和社会制度、社会关系、思维模式结合起来研究。他认为在古代奴隶社会与封建社会,近似于一个封闭的和谐的圆圈,经济上的自给自足、矛盾的趋向调和、素朴的辩证思维方式等决定了古典的美与艺术是以和谐为主的;近代资本主义社会,大工业生产打破了自给自足的经济模式,也造成了资产阶级与无产阶级的矛盾对立,社会斗争持续不断,近代形而上学的思维模式把一切都看成绝对对立,因而反映社会现实的美与艺术也必定是偏于对立与矛盾斗争;在我们的社会主义社会(共产主义社会的初级阶段),阶级性的对立斗争已经不存在了,人们采取自觉的辩证思维方式来观察事物和处理问题,既对事物进行分析,也对之综合处理。因而,现代的美和艺术是辩证和谐的。

　　总之,在纵向的动态研究过程中,周来祥从质、量原则对艺术的形态进行了划分,这种分类是一种逻辑的分类。二者既独立发展,同时又交叉运行,"在再现艺术中有古典美的艺术、现实主义的艺术,也有浪漫主义的艺术;在表现艺术中,也有古典美的艺术、浪漫主义艺术和现实主义艺术。"①周来祥对艺术的分类有自己独特的贡献:运用质、量原则对艺术进行分类,为艺术的分类提供了新的方法。虽说他的这种质、量原则有参考康德与黑格尔质、量分析方面的痕迹,但有其创新之处:他把艺术分为"古典和谐型艺术、近代对立崇高型艺术与现代辩证和谐型三大艺术",属于艺术分类上的独创;另外,他把现代自然科学方法引进美学、文艺学来作为新的研究方法,大大丰富了马克思主义的辩证思维方法,

---

　　① 周来祥:《文艺美学》,北京:人民文学出版社 2003 年版,第 134 页。

对后人从多方面来研究美学提供了借鉴。

当然,事物总是一分为二的,周来祥在把历史现象归纳为艺术形态的时候,把西方在时间上是现代的丑与荒诞同样划分在近代的美学范畴,有点阉割历史服从逻辑的感觉。同时,他为了说明古典主义艺术的和谐,而不得不把原始的崇高作为前艺术加以处理,对社会主义社会的艺术的纷繁复杂的情况简单地以辩证和谐一词加以概括等。所有这些,都表明了他的艺术形态的划分存在一定的历史局限性,这些局限在结语中将会详细阐述。除了注意周来祥艺术形态方面存在着局限之外,理解周来祥关于三大艺术的划分,我们还要注意以下几点:首先,同三大美相适应,从古典和谐艺术到近代崇高艺术再到现代辩证的和谐艺术,只是讲的各个历史时期的主流,并不是说,主流之中不存在其他种类的情况,近代崇高艺术之中有古典美艺术的存在,现代辩证和谐艺术中也有近代崇高艺术的存在;其次,关于近代对立的崇高艺术,许多人认为不是美的艺术了,周来祥也把它称之为广义的美的艺术,把它放在艺术发展的整个系统与过程之中,看做是从古典和谐艺术到近代辩证和谐艺术的一个历史中介与过渡环节;最后,周来祥指出了艺术的发展与社会的发展一样,不是一帆风顺的,从近代对立的崇高艺术到现代辩证的和谐艺术是要经过较长的过渡阶段,开始将是各种异彩纷呈的复杂局面,最后才会融会成为一种现代辩证和谐为主的新型艺术。

第四节　横向的静态研究——艺术构成与艺术活动自身的研究

文艺美学除了在纵向的历史发展过程中会形成自身的特征之外,在横向的方面更是有其可比的对象及内在构成与组合规律。这些同样是我们必须加以研究的对象。周来祥不仅从质、量原则阐述了文艺美学历时的发展过程,有自己独到的理解;而且在共时上,一方面,从艺术发展的各个阶段,比较了中西方文艺美学的不同形态和发展特色,另一方面,对艺术构成和艺术活动自身进行了系统的研究:包括艺术作品的审美构成、艺术创造的美学规律、艺术欣赏与艺术批评以及艺术的审美教育问题等。

一、艺术作品的构成

就艺术作品的构成来说,周来祥与其他美学家、艺术家一样,认为艺术作品包含内容与形式两个方面。"艺术内容是感性与理性,本质与现象,个别与一般,情感与理智,规律与目的,必然与自由直接统一的具体意识。"①艺术的内容与科学内容是不一样的:人与客观世界的对象性关系是在实践基础上产生的,在人化自然的过程中,人与对象世界逐渐生成了科学的认识和艺术的审美关系,科学以抽象的形式把握客观世界本质的理性内容,科学的对象是客观对象本身的内在联系和必然规律;艺术以情感观照的形式把握社会生活,是一种具体的审美意识,包含题材与主题、再现艺术中人物与情节、表现艺术中的情与景等元素,它的对象是人类主体社会生活自身。艺术的内容只有通过审美主体用特定的情感方式来把握,并在这种审美方式中定型化,即用特定的物质材料在特定的艺术样式中物化和定型化之后,才能真正构成现实的艺术内容。相同的对象、题材、内容,如果用不同的物质材料物化在不同的艺术体裁中,其作品的内容是不同的。从心理学、伦理实践和唯物史观看,艺术是理智与意志情感、合规律性与合目的性等的辩证结合。艺术内容的特点是:有限中包含着无限,一方面,它的内容是确定的,有一定的社会历史的目的;但另一方面,艺术的内容往往又是多意义的,古代东方的"诗无达诂"、"言有尽而意无穷"等观点,西方的"一千个读者就有一千个哈姆莱特"等都说明艺术的内容不是几个抽象概念就可以穷尽的。一部《红楼梦》,单是它的主题思想,中国学者就已经研究了好几百年,发掘了无数潜在的内涵,但远没有完成任务,作品的内容随着时代的发展还可能产生更多的主题思想,因此,还需要大家继续研究下去。科学作品和艺术作品一样都有其形式,但二者是不同的,在科学作品的形式中,它的语言是唤起相应的概念内容,其目的是让读者能够了解内容的含义,它的本身是没有含义的;而艺术作品的形式其本身就具备审美的意义,艺术语言不但能唤起相应的观念内容,自身就具备表情的含义。歌德说:"不同的诗的形式会产生奥妙的巨大效果"②艺术作品的形式包括内形式与外形式,内形式由人物、情节及其内在结构组成,内形式是主要是从反映论的角度见出的艺术反映形式,由人物、情节及其内在联系组成,内容决定形式,内形式一方面受制于主题观念,另一方面又制约着外形式的运用及其组合的形式;内形式是一种精神形式、艺术形式,其要成为供人观赏的客观对象,还必须使之物化和定型化。外形式包括艺术媒介与艺术媒介的组合规律:艺术媒介的美包括色彩、线条、形体、声音的美;艺术媒介的组合规律包括整齐一律、平衡对称、多样统一等。完美的艺术形式是指内外形式的总体之完美体现了艺

---

① 周来祥:《文艺美学》,北京:人民文学出版社 2003 年版,第 372 页。
② 爱克曼:《歌德谈话录》,朱光潜译,北京:人民文学出版社 1978 年版,第 29 页。

术的内容。与此同时,周来祥还细致地区分了再现艺术与表现艺术、古典和谐艺术与近代崇高艺术中的形式的不同。他认为,再现艺术偏重于客体感性对象的模拟,既有内形式,也有外形式,内形式比外形式重要;表现艺术偏于主体、心理,形式就是内容,外形式占重要地位;古典和谐艺术在再现艺术中强调表现,注重外形式的作用,遵循形式美的规律,在表现艺术中强调模拟、再现,强调内形式的作用,追求逼真、形似的原则;近代崇高艺术由于强调对立的因素,因而在内容与形式、内形式与外形式的关系中也是对立的。在近代浪漫主义与现实主义艺术中,形式美的规律被打破了;到现代派艺术的兴起,更是以反和谐的丑作为追求的理想,形式美的规律被彻底抛弃;后现代派艺术则走向了无形式。“现代社会主义艺术是一种对立的和谐统一的新型的美的艺术,它将扬弃崇高型艺术中的内容和形式、内形式和外形式对立的状态,在更高的马克思主义自觉的辩证法的基础上,把内容和形式、内形式与外形式有机地统一起来,使革命的思想内容和完美的艺术形式辩证地融合起来。”①最后,周来祥指出艺术作品的内容与形式是辩证统一的。首先,艺术作品的内容与形式具备相对性:二者相互联系、互为条件、不可分离,可以说,没有内容的形式与没有形式的内容都不存在。艺术作品的内容本身就包含着形式,别林斯基说:“艺术作品是具体思想在具体形式中的有机的表现”,“在一部艺术作品中,思想必须具体的和形式融合在一起,就是说,必须和它构成一体,消逝、消失在它里面,整个儿渗透在它里面。”②正是在这个意义上,周来祥指出,内容之为内容,即由于它包括有特定的形式在内。反过来,艺术的形式也包含着内容:形式不是外在的,先验的存在,而是特定的内容所使然。其次,艺术作品内容和形式具备统一性,这重要表现在内容决定形式,形式具备极大的能动性,二者是有机和谐的融合三个方面。

二、艺术创造的美学规律

艺术创造有其独特的规律与特点,与科学认识和伦理实践是不一样的,“艺术创造就在于它介于认识活动和意志目的活动,科学认识和伦理实践,有目的和无目的之间,是认识和心理、理智与情感、科学与伦理、有目的和无目的的直接统一。”③这里周来祥强调指出了艺术创造是以情感形象为主的,它为我们提供的

---

①　周来祥:《文艺美学》,北京:人民文学出版社 2003 年版,第 389 页。
②　转引自上书,第 390 页。
③　同上书,第 350—351 页。

是一种假定的想象的形象,而不是科学方面的逻辑概念,也不是伦理的实践目的。对于艺术,我们不能以实用的态度来对待它,"可远观而不可亵玩也",由此可以看出说艺术是无目的的。但人类的任何行为都是有目的的,艺术创作也不另外,尽管作者开始创作时可能没有考虑任何目的,只是凭着情感来创作,但作者作为社会中的一员,不可能抛开一切潜在功利目的,再说艺术作品一旦被读者所接受,就会对读者产生一定的政治、伦理等方面的影响,丰富和提高人们的精神生活,因而艺术又是有目的的。对于艺术形态,前面已经做了论述,周来祥有自己创造性的观点。在他看来,艺术创造也同样按照质、量原则来进行:"艺术创造可以按量与质的标准,分为两大不同的形态。以量的标准(是偏重于理智,还是偏重于意志情感),可分为再现艺术和表现艺术,以质的标准(是偏重于对立中的和谐,还是偏重于和谐中的对立),可分为古典主义艺术、浪漫主义艺术和现实主义艺术、革命现实主义和革命浪漫主义相结合的艺术。"①也就是说,再现艺术是偏重于理智的艺术,表现艺术是偏重于情感的艺术,其中的浪漫主义和现实主义艺术是属于崇高型的艺术,革命现实主义与革命浪漫主义相结合的艺术是现代辩证和谐的艺术。这种分类法把艺术从横向与纵向两个方面都做了概括,有利于对艺术的本质特征做详细的论述。随着社会形态的不断发展,艺术也在不同的历史形态中更替,艺术创造在各种历史形态中都有其独特的时代特点和规律。

在谈到艺术的本质特征时,周来祥就已指出,艺术是以情感为主的,在艺术的创造过程中,他更是突出强调了情感体验与艺术想象的作用。在他看来,想象是手段,形象的形成、主题的孕育主要是靠艺术想象来完成的;情感是艺术的生命,给艺术想象以动力,给艺术形象以生命。另外与其他艺术家不一样的是,他着重指出思索的作用,认为情感与想象都需要理性的控制、规范与指引。当然,他这里的思索不是像科学中那样的概念的抽象,而是渗透着情感体验,结合着形象想象的一种洞察、分辨、理解、探求。所有这些就要求艺术家具备与常人不同的特征:"他不但要有深刻的洞察力和丰富的想象力,还必须具备良好的艺术传达能力……艺术家只有和时代、人民相结合,只有具备先进的世界观,丰富的生活经验,和精湛的艺术技巧,才能发挥自己的艺术禀赋,才能创造出成功的伟大的艺术珍品。"②周来祥承认艺术天才的存在,但指出艺术天才和才能是后天社

---

①　周来祥:《文艺美学》,北京:人民文学出版社 2003 年版,第 355 页。

②　同上书,第 357 页。

会实践的产物,是社会历史的产物,这与柏拉图等认为天才是神受的观点不一样,有其历史进步意义。

　　在艺术的构思过程中,各种艺术有其自身的特点。首先,表现艺术与再现艺术是不一样的:在再现艺术中,艺术的主要目的是创造艺术的典型,由古典艺术的类型性典型到浪漫主义与现实主义的个性典型(在西方,中间经历现代主义的非典型与后现代主义的反典型),最后到达现代辩证和谐艺术的个性与共性相结合的艺术典型;在表现艺术中,以强调主体的情感为主,而以再现客观现实为辅。其次,在其历史形态中,古典主义艺术强调情与景、情与理统一的意境说;浪漫主义与现实主义则把表现与再现对立起来,浪漫主义强调情感,现实主义突出理智;革命现实主义和革命浪漫主义相结合的艺术则把各种对立的因素又和谐的统一起来了。

　　关于艺术传达,周来祥指出它是和艺术想象、艺术构思的辩证统一:"艺术想象所创造的典型形象,没有艺术传达使之定型和客观化,就没有具体的艺术作品。只有把主观的'心象',通过艺术传达,转化为客观的'物象',才能成为供人观照的客观的审美对象。"①艺术传达是一种实践性的活动,是一种形象转化为物质的过程。因此,周来祥特别强调艺术传达过程中艺术媒介的重要作用,认为物质材料由于其本身具有空间性和时间性、再现性和表现性,与人的感觉、知觉和思维有内在的联系,所以这些物质材料能够转化为艺术语言。同时在艺术传达过程中,他讲求形式美的规律,要求这些媒介能够按照形式美的规律组合成特定的形式。由于形式规律必须服从艺术想象、审美意识、艺术内容等方面的要求,因此在不同的艺术中,它的作用与形态是不一样的:"再现艺术偏重于对象、内容,形式规律是次要的,表现艺术偏重于心理、情感形式,它的内容即凝结在形式上,媒介及其组合规律的地位就特别重要……古典主义艺术以和谐美作为自己的理想,它严格的遵循着和谐的形式美的规律……浪漫主义和现实主义以对立崇高作为自己的理想,形式上强调不和谐,不稳定,要求包含形式丑的因素。现代派艺术进一步以反和谐为美(以丑为美),其形式上也一样是不规则和丑的。"②

　　总的来说,艺术想象与艺术传达是艺术创造的两个方面,是不可截然分开的:一个是艺术构思的阶段,另一个是艺术物化的阶段,在艺术传达的过程中,也

---

① 周来祥:《文艺美学》,北京:人民文学出版社2003年版,第362页。
② 同上书,第367页。

不可能停止艺术的想象活动。二者只有紧密地结合在一起,才能完成艺术创造的过程。

三、艺术欣赏与艺术批评

关于艺术欣赏与批评,周来祥在本质上把艺术欣赏理解为一种审美活动,并从三个方面进行了阐述:首先,从认识论看,艺术欣赏是一种感性与理性直接统一的直观认识,这种认识不借助抽象的概念,而是在生动直观的形象中来感受;其次,从伦理实践来看,艺术的本质具有一定的伦理目的,总要对社会发生一定的作用——无论是正面的还是负面的作用,但在艺术欣赏过程中,这种社会功利的作用不像善那样实在;从心理学的观点来说,艺术欣赏是处于科学认识与意志实践之中的情感领域,是以情感为中介的知觉、理解、想象的综合心理结构,是一种特殊的审美意识。总的来说,艺术欣赏与一般的审美是不一样的,艺术本身并不是现实,是一种想象的存在、精神的产品,要求欣赏者以审美的态度对待对象,以情感观照的审美方式去把握对象;艺术美比生活美更集中,它来源于生活,却更高于生活,是自然美和社会美、内容美与形式美的和谐统一,也是感知、理解、情感、想象四者更高层次的和谐统一。

就艺术欣赏的类型来说,周来祥根据艺术的类型来划分,同样有其独创性。他认为,依量的原则,艺术划分为偏于再现的艺术和偏于表现的艺术,相应艺术欣赏也有偏于直观的欣赏和偏于品味的欣赏;依质的原则,艺术划分为和谐统一的美的艺术和矛盾对立的崇高艺术,于是艺术欣赏也分为优美的欣赏和崇高的欣赏。

与此同时,周来祥还对四种类型的欣赏和四种类型的艺术进行了结合。直观的欣赏是对再现艺术的欣赏:由于偏于再现的艺术是注重客观、必然、内容的,所以在对它的欣赏过程中,必然偏于理智、认识和思维,以突出理性,以感知和理解的直接契合为特征。品味的欣赏是对表现艺术的欣赏:表现艺术偏于主体、理性、自由,形式也是偏于主观情感、心理的抒发和意境的创造。欣赏这种艺术,我们往往不能直接感知它的意蕴,只能慢慢地品味、反复咀嚼,才能不断从中发现其内涵。当然,直观的欣赏和品味的欣赏并不是绝对的,因为再现艺术中有表现、表现艺术中有再现,二者是相互结合的。所以,在直观的欣赏中必定有品味,同样,在品味的欣赏中一定有直观。就优美与崇高的艺术而言,优美的艺术是内容与形式、感性与理性、必然与自由的和谐统一。因此,对于优美的欣赏是四种心理因素的和谐统一,是不带痛感和不适感的,是自由的、舒适的。对于崇高艺术的欣赏则不一样,由于崇高艺术是内容与形式、主观与客观、感性与理性等在矛盾对立过程中产生的,尽管它也要求统一,但以对立为主。因此,我们在欣赏崇高的艺术时,不是一帆风顺的,在开始的时候,我们似乎感到震慑、压抑,甚至害怕,我们好像无法接受这种情况。接着,我们的想象和情感对它进行加工处理,我们在理性中把握这种对象,从而在心理上战胜了它,不再觉得它的可怕,于是产生自由感。因此,夹杂着恐怖、敬畏的痛感是欣赏崇高艺术的特点。除此之外,周来祥还谈了悲剧与喜剧的欣赏,他认为悲剧的欣赏本质上与崇高的欣赏一样,但相对来说,崇高具有更多的严肃性和斗争性,却没有悲剧中那种英雄人物的苦难、不幸与死亡,以及让人怜悯、同情的感情。朱光潜先生曾指出过二者的区别:"使悲剧感区别于其他形式崇高感的独特属性又是什么呢?就是怜悯的感情。""无论情节多么可怕的悲剧,其中总隐含着一点柔情,总有一点使我们动心的东西,使我们为结局的灾难感到惋惜的东西。这点东西就构成一般所说悲剧中的'怜悯'。广义的崇高感缺少的正是这种怜悯的感情。"[1]最后,周来祥根据艺术欣赏与艺术媒介的关系,把艺术的欣赏分为四类:以线条、色彩、形状为媒介的视觉艺术,它的欣赏不仅具有感性形象直接可视的具体性和明确性,且具有较强的理解性和认知性;以声音为媒介的听觉艺术,它的欣赏,理解、认知的因素相对减少,情感、意志的因素相对增强;以语言为媒介的想象艺术,它的欣赏是在想象再造的基础上,去进行感受;兼用了线形、色彩、声音和语言的媒介的综合艺术,它的欣赏达到了感知、体验、想象和理解均衡与和谐的统一,是我们时代最理想的艺术。

对于艺术欣赏与艺术创造的关系,周来祥指出它们是相互联系与影响的辩证发展的关系:二者是艺术整体活动的两个方面,遵循着生产与消费关系的一般规律。但艺术欣赏毕竟不同于艺术创造,二者除细微方面的不同之外,主要表现在:艺术创造必须进行艺术传达,"它经历的是由内容到形式,由内到外,由面到点(集中概括为感性的典型或意境),而艺术欣赏则反其道而行之,它要由形式而内容,由外而内,由点而面(由个别而本质一般,由有限、感性而无限、理性)。"[2]

周来祥的文艺美学同样重视艺术欣赏与艺术批评的关系,认为艺术欣赏是

①　朱光潜:《悲剧心理学》,载《朱光潜全集》第二卷,合肥:安徽教育出版社1987年版,第302页。

②　周来祥:《文艺美学》,北京:人民文学出版社2003年版,第409页。

艺术批评的基础,艺术欣赏的无限性,也给艺术批评带来无限性。同时,他也指出了二者的区别:艺术欣赏是感性的,艺术批评是理性的,因为艺术欣赏不以概念为中介,而以情感为主;而艺术批评则是以概念为中介的理性思维,基本上没有了感性直观的形象,已经上升为一种抽象的理论形态。对此,别林斯基曾说:"批评是哲学的意识,艺术是直接的意识。"①可以说,艺术欣赏是个性的、主观的、无功利目的的,而艺术批评则是共性的、相对客观的和带功利目的的。相对来说,艺术批评有其自身独有的特征:它是社会的,具备一定客观性与历史性的标准,批评介于创造与欣赏之间,是二者的中间环节,三者相互影响,相互促进。

四、艺术的审美教育

周来祥非常重视艺术的审美教育作用,他的许多作品与社会联系非常紧密,他的和谐美学思想也可以说是社会和谐的理论基础。周来祥在其美学文选中曾说:"美学是由社会、历史、文化、哲学综合的产物,最终这些因素又集中到人身上,也可以说是人的产物。人的社会、文化思维的现状不同,人的历史发展的不同,制约着美、审美、艺术的不同形态。在这个意义上说,正是感性与理性、主体与客体未彻底分化,尚处于素朴的低层次的和谐完满的古代人,创造了古代的素朴的和谐美与艺术;正是不断裂变、异化的资本主义社会的近代人,创造了崇高、丑和荒诞,创造了浪漫主义、现实主义、现代主义和后现代主义艺术;而未来的新型的辩证和谐美和社会主义艺术,则依赖于马克思所说的以'个人的全面发展'为基础的自由的现代人来完成。人一方面创造着美和艺术,另一方面又以自己创造的理想的美和艺术,陶铸、规范、生成和提升着自己,发展着自己。在这里我的美学正是以社会、历史、文化中的人为焦点,为关注中心的,是以促进人的不断发展、不断完善、日益达到至真至善至美的和谐自由境界为目的的。"②从文中可以看出,周来祥的和谐美学把美、审美、艺术放在理性科学和感性意志实践的关系中理解,他把美界定为和谐自由的审美关系,把审美和艺术界定为和谐自由的审美意识,是以情感为主的,把感知、想象、理智和谐组合的心理意识整体。可以说,和谐美学内在地规定着审美教育和艺术教育的本质特征。

对于审美教育,周来祥从以下几个方面阐述了其要点,他的独到之处是提出了"审丑教育",以及把艺术类型与艺术教育结合起来。

---

① 《别林斯基论文学》,上海:新文艺出版社1958年版,第255页。
② 《周来祥美学文选》(上),桂林:广西师范大学出版社1998年版,第13—14页。

　　首先,周来祥指出审美教育和艺术教育是以感知为前提,以情感为中心、为特征,靠情感的力量去吸引观众的教育。其中"寓教于乐"指的是一种整体的、丰富的动态开放的教育。他从美与艺术的几大类型出发,认为在审美教育、艺术教育中,平衡、和谐是理想、是目的,矛盾对立、裂变主要作为中介、过程而存在。在此基础上,他提出了"审丑教育":认为丑与荒诞、现代与后现代艺术,在对现代和后现代社会的认识,在对资本统治下异化、裂变的近代人的分析,在对人们审美心理结构的调整和重建,都具有不可替代的作用。

　　其次,周来祥把艺术类型与艺术教育结合起来:"从量的观点看,现实的美分为社会美和自然美,社会美偏重于内容,偏重于社会的善,偏重于人与社会的关系;自然美偏重于形式,偏重于自然的真,偏重于人与自然的联系。与美的形态相对应,艺术中也出现了模仿再现艺术和抒情表现艺术,再现艺术偏重于在个别的感性现实中,描绘人与人错综复杂的社会关系;表现艺术偏重于在自然的形式中(表现艺术描绘自然,只是把自然作为情感形式),展现人们细微深刻、丰富多彩的心灵世界。因此社会美和再现艺术在协调人与人的关系,促进人与社会和谐发展中有更大的作用;而自然美和表现艺术,在平衡人的内心世界,促进人与自然和谐共处方面有独特的审美功能。"①从质的方面来说,素朴的古典和谐美艺术,现实主义、浪漫主义、现代主义和后现代主义艺术,以及社会主义艺术等艺术形式在不同程度上都达到了审美教育的目的。古典主义艺术作为我们优良的传统,我们可以以它为范本,从中受到教育。同时,我们能继承扬弃它们,创造出更优美的艺术作品;近代对立崇高以及与之相对应的现实主义、浪漫主义、现代主义、后现代主义把审丑提高到与审美并列的地位,甚至于有过之,同样有其教育意义。由于近代审美心理结构建立在主体性和对立性的基础上,与当时社会实际情况相适应,而当时的资本主义社会,由于经济的极大发展,人的地位反而愈来愈低下,物排挤人的现象成了普遍的现象,人是痛苦、烦恼、孤独、无奈等复杂情感的复合体,"这种对立的激荡的多元的近代审美心理结构,对于冲破传统的根深蒂固封闭的和谐心理,对于重建现代包含着对立和冲突的辩证和谐的审美心理结构,具有重要的价值和迫切的现实意义。"②周来祥在这里指出,由于我们国家自改革开放以来,受外来的影响,人们的心理也产生了许多疾患,有必要对青少年一代进行审丑与审荒诞的教育,以便提高他们的心理承受能力,更好

---

① 周来祥:《文艺美学》,北京:人民文学出版社2003年版,第425页。
② 同上书,第426页。

地建设社会主义。

　　总之,周来祥在思维上突破了实体性思维和对象性思维,把文艺美学的研究放在科学理性认识和感性伦理、生存实践之间作关系性的系统研究。在对文艺美学的研究过程中,周来祥形成了他独特的体系与理论特点。(1)在学科定位上,他认为文艺美学将哲学的、社会学的、心理学的视角和方法综合起来,力图多视角、全方位地展现艺术的审美本质和美学规律;指出它是哲学美学、艺术哲学的一个新发展,是整个美学学科的一个构成部分,在学术范围和学科性质上属于美学学科。同时,它又吸收和融合了文艺心理学、文艺社会学的视角和方法,也可成为彼此互动互补的文艺学的并列学科之一。(2)他指出,文艺美学在理性的科学认识和感性的伦理实践之间的艺术本质的审美规定上,弘扬和发展了古今中外的美学思想和艺术理论。(3)周来祥把艺术审美本质界定为审美关系的典型形态,界定为理性科学认识和感性伦理实践之间的第三种审美意识,界定为以情感为中介的感知、表象、想象、情感、理解有机统一的心理结构整体。(4)和以往的学者把美和艺术分开的观点不同,他把美与艺术、美的形态和艺术的形态紧密地联系在一起。(5)周来祥在文艺美学研究过程中,既注重对美和艺术抽象的总体把握,又对艺术作品的审美构成作了具体探索,把抽象思考的艺术总体和具体分析的艺术作品辩证地结合起来。(6)在方法论上,他以辩证思维为统帅的多元综合一体化的方法,形成了一个纵横结合的网络式圆圈形的逻辑框架。可以说,他的《文艺美学》一书在马克思主义辩证思维的基础上,结合了黑格尔的抽象思维和现代自然科学方法,把纵与横、动与静、历时与共时高度结合起来,使之既包括美和艺术由古代到现代的历史嬗变的多彩画卷,又包括横向的艺术创造、艺术作品、艺术接受的静态解析,是目前比较全面、丰富、完整的文艺美学著作。

第四章　和谐自由论东西方美学思想解读

在东西方美学研究中,周来祥的成就是卓越的:先后主编或合著了数部大型的专著,对东西方美学思想进行了系统的阐述与比较。在中国美学方面,周来祥一是对中华审美文化做了从先秦到20世纪的归纳总结,二是采取主导思潮的研究范式对中国美学史进行了概括;在西方美学方面,他同样采取主导思潮的研究范式,把它划分为古代、近代、现代三个部分进行了系统的研究;在中西方美学思想的比较研究方面,他做了开拓性的尝试。总之,周来祥对东西方美学思想做了深入细致的研究,从多方面丰富、发展了他的美是和谐自由的理论体系。

第一节　中国美学研究

周来祥具备深厚的中国古典文化功底,独撰《论中国古典美学》一书,主编了《中国美学主潮》、《东方审美文化研究》(1)、《东方审美文化研究》(2—3),主编并写了《中华审美文化通史》(六卷本)。对于中华文化的美学传统,周来祥非常重视,在《论中国古典美学》的序言中就说:"我觉得要建立中国化的马克思主义的美学体系,就不能离开祖国美学传统这个基地。中国古典美学是一座巨大的宝库,这里有哲人们的美论,更有文人墨客关于诗文、绘画、书法、音乐、舞蹈、小说、戏曲、建筑、园林等审美经验的概括,形式生动多样,内容深妙精微,在世界美学思想史上具有重要地位。"[①]他认为中国与古希腊是世界古代美学的两大高峰,古希腊是奴隶制时期的代表,后者是封建制时期的代表,在封建制时期,中国的文化与美学是独一无二的。

一、中华审美文化研究

在中华审美文化方面,周来祥做了大量的工作,是较早重视中国和东方审美

---

①　周来祥:《论中国古典美学》,济南:齐鲁书社1987年版,第1页。

文化研究的学人之一。他主编并参编的《中华审美文化通史》(六卷本),"以期系统研究和弘扬了中国传统文化的和谐精神、近现代文化现象中的一切审美因素,全面把握我国审美文化的本质、特点及其发生、发展、嬗变、兴替的美学规律,以期从它的过去、现在预测它的未来。"①此套丛书从先秦开始,一直写到 20 世纪的审美文化,对各个时期审美文化的概况做了详细的论述。

(1)在秦汉卷中,周来祥对中华审美文化的概念、对象、范围和方法以及它的基本特征做了与以往学者不同的阐述。首先,他对审美文化的概念和范围做了新的界定:审美文化"应包括一切体现了人类审美理想、审美观念、审美趣味,从而具有审美性质,可供人们审美观照、情感体验及审美体悟,并可使人们从中得到一种审美愉快的文化"②。其核心是文化中体现的和谐理想、和谐理念与和谐情趣,特别是和谐的价值取向。其次,他指出了审美文化的四大特征:一是它必须体现出人类在特定时期所追求的审美理想、审美观念、审美趣味,具有一种自由的审美意识;二是在偏于理性的文化中,它具有一种感性精神;三是在这种文化的心理因素和心理结构中,它具有浓重的情感、想象乃至幻想的因素,具有更多的意象特征;四是这种文化的载体具有审美的特质,它们的组合体现出特定的形式美的规律,使文化的精神内涵与文化的载体、形式和谐地统一在一起。他还概括出中华审美文化的基本特征以中和为主:儒、道、佛(禅)互补,三教合流;文、史、哲交融,感性与理性统一;泛审美化,伦理性与审美性的融合。再次,他界定了审美文化的研究范围:一是历代重要的美学家、美学著作的美学思想;二是各种类型的文学艺术现象;三是人类生产、生活等物质性文化中包含审美因素的文化;四是人类社会生活的节庆文化、风尚习俗文化中的审美情趣;五是富有审美性的典章制度和伦理政治文化等其他人类文化。总之,周来祥指出,审美文化应该是人类文化总体中体现审美理想、审美情趣,具有审美性质的部分,是对各种文化现象中审美因素的统称。然后,他在方法论上有所更新:在此书中,他采取逻辑与历史相统一的方法,并吸取历史上传统的方法,特别是现当代出现的多种多样的有益方法:如人类学的方法、现象学的方法、结构主义的方法,系统网络的方法,并努力在马克思主义辩证思维的统领下,把它们整合为多元综合的一体化的方法。最后,周来祥指出"中和"是中华审美文化的根本精神和优良传统,分析了中西审美文化上的不同特点:古代中国的哲学和美学是偏于以主体为基

---

① 周来祥:《三论美是和谐》,济南:山东大学出版社 2007 年版,第 530 页。
② 周来祥主编:《中华审美文化通史》(秦汉卷),合肥:安徽教育出版社 2006 年版,第 4 页。

点的主客体统一,讲求美善结合:"古代中国人从人、主体和社会出发,以人类社会为本,它必然内在地要求把美与善结合起来,所以中国古代的哲学是偏于伦理的哲学、政治的哲学、人生的哲学,中国的文化也是偏于伦理性的和审美性相统一的文化……中国文化讲对立而不强调对抗,它强调'和实生物',认为天时不如地利,地利不如人和,和则万事兴,和则两利,斗则两伤,'和'是事物发展的动力。"①而古代西方是偏于客体的,讲求美真统一:西方自毕达哥拉斯开始,就强调以宇宙自然为本,要求把美与对客观世界认识的真统一起来,其哲学思想是偏于认识与逻辑的,其文化是偏于自然与科学的;与中国的和相反,西方认为斗争是事物发展的动力,不斗争事物就不能发展。

(2)在魏晋南北朝卷中,他概述了魏晋南北朝时期审美文化的基本特征:由于"人"的自觉——魏晋以来人的价值和目标不再体现在社会性的外在方面,而是体现在蕴涵于个体性的内在感受和体验上,从而导致此时期审美文化的总体特征是由"自发"转向"自觉":"就是在总体水平和一般趋向上,'美'的意识从主'善'型理性价值体系中的觉醒、分化和独立,就是审美文化之主体性、自律性、超越性的真正实现,一句话,就是审美文化真正找到自性,回归自身;而这,正是魏晋南北朝审美文化所表现出来的有别于其他时代的总特征、总趋向。"②产生这种情况的原因主要是由于"人"的自觉:在魏晋南北朝时期,士人们关注的重心逐渐由外在的客观事物以及体现在社会性的事功业绩、荣华富贵、名分地位等外在的价值和目标转为人格、生命、情感、心灵等"自我"领域中来。前者关键追求的是自我、人格的超越,体现一种人格本体理念,后者重点向往的是精神、心灵的自由,贯穿一种精神本体哲学。总之,此时期的审美文化从先秦两汉时期依附于伦理意识、认知意识、道德意识、事功意识的审美文化中独立出来,具备艺术性、审美性;"美"的意识从主"善"型理性价值体系中的觉醒、分化和独立,就是审美文化之主体性、自律性、超越性的真正实现。

他把魏晋南北朝时期的审美文化归纳为以下十大特征:①个性(自我、内敛)化观念:此时期审美文化主要以个体存在、自我欲求、生命意义为主要追求,个人是否满足、快乐、自由作为最高准则。②人格美风度:偏重自然、本真个体人之美,个体的人格风度成为人之美的主要内容。③表情论思潮:此时的审美文化

---

① 周来祥主编:《中华审美文化通史》(秦汉卷),合肥:安徽教育出版社 2006 年版,第 17 页。
② 周来祥主编:《中华审美文化通史》(魏晋南北朝卷),合肥:安徽教育出版社 2006 年版,第 15 页。

表现为一种个体的生存感受、自然欲求和生命体验。④畅神(写意)论美学:主要指此时期的绘画随着从人物画发展到山水画,其美学逐渐走向重视"传神"、"畅神"一脉,书法则有写意之论。⑤自然美的凸显:此时期的士人们流连山水,追求主体精神的无限自由,形成了与作为社会美、道德美、人格美相对应的自然美。⑥艺术美创新:此时的艺术美出现了陶渊明为代表的田园诗和顾恺之为代表的人物画,以自然美为代表,出现了谢灵运所代表的山水诗和宗炳所代表的山水画。⑦形式美意识:形式美意识本质上是一种情感、心理的意味,形式美意识的崛起,标志着美从善中游离与独立。⑧虚幻化叙事:"它的出现,从文体说,体现了小说的想象虚构性质、自由创造特征;而从内容说,则是以超现实的叙事形式表述了人们的现实感受和生活理想……它与该时代整个审美文化的内敛化、主观化、心理化、玄虚化(非现实化)、形式化等趣味息息相通,一脉相承。"①⑨感性化风尚:魏晋南北朝时期的主情化的审美倾向,在发展的过程中发生了变化,在绘画与书法方面出现了畅神论、写意论,在文学艺术上则出现了情欲化、感性化的审美倾向,表现了当时社会对伦理原则的背叛及对情感解放、人性自由的渴望。⑩中和美原则:尽管此时期的审美文化由外在转向内心,但审美文化内部各种矛盾并没有走向极端,而是由对立走向了综合的趋势,主要是儒、释、道三家的综合,自然与名教、外物与内心等的大综合以及南北朝互有差异的总体文化的大综合。可以说,在整个魏晋南北朝时期,审美文化尽管出现了种种新的变化,但从来没有脱离"中和"这一最高的审美原则。

与此同时,周来祥和仪平策从纵向、历时的角度把魏晋南北朝审美文化的发展分为了三个阶段:第一阶段是建安至西晋时期,这个时期的审美文化的特点是汉代中后期以来的各种矛盾更加强烈地体现在审美文化中,"感性的、生命的个体在这一社会社会现实环境中作出了'自我超越'的人生价值选择。"②即由外而内,由名教而自然的变化成为一种时代的主潮。第二阶段是东晋至南宋齐时期,它的审美文化的特点是个人与社会、情感与伦理的内在矛盾逐渐让位于人与自然、心神与物象之间的和谐关系。可用"心灵感荡"四个字概括,具体"体现为以心灵本体论为语境的'物我两忘'、'内外俱一'的古代基本审美模式大致完成;突出的表意化、畅神化、唯美化、形式化色彩;魏晋之际那种壮美的人格风度

---

① 周来祥主编:《中华审美文化通史》(魏晋南北朝卷),合肥:安徽教育出版社2006年版,第18页。

② 同上书,第19页。

进一步转化为一种优美的神意趣味。阴柔化的审美倾向成为主流。"①第三阶段是南宋梁陈与北朝时期,其审美特点是审美文化在继续其主流的同时,有着一种自我反思、批判与重构的历史要求,蕴涵着一种更高层面的折中与调和趋势。最后,周来祥概括出魏晋南北朝审美文化的总体特点:由汉代中后期的个人与社会、情感与伦理、"名教"与"自然"之间的矛盾,在审美文化上一步步走向个体的自由与反思,酝酿着一种更高层面的折中、通融与调和的内在趋势。这种趋势和他的美学原理中美学范畴从壮美到优美的转化相适应,进一步从审美文化上深化了他的和谐自由论美学体系。

(3)在隋唐卷中,周来祥和韩德信概括了隋唐五代时期审美理想的特征:隋唐五代前期是以北方的社会心理为融合的主导,反映在审美文化上以壮美为主,表现为阳刚之美;后期则以南方的社会心理为融合中的主要方面,以优美为主,表现为阴柔之美。隋唐是一个儒、道、释三家相互斗争、相互吸收、共同构成中国古代艺术精神的时代,"简言之,中唐以前,审美文化以儒家的积极入世为主要表现形式,体现积极进取、奋发向上的时代精神,审美特征上注重对阳刚之美的追求,艺术形式上更注重对客观现实的描写,强调对运动、骨力等因素的表现;中唐以后,特别是晚唐以降,佛教成为影响审美理想发展与审美文化形成的主要意识形式,内心的情感体验成为审美文化的主要问题。于是,审美文化更多的是强调对个人主观情感的抒发,注重对阴柔之美的表现,表现形式呈现为含蓄、神韵的现实态势。"②此时的壮美是对两汉壮美的否定之否定的过程,此时的优美也增加了新的内涵,即注重外在的淡泊而走入内心的宁静。社会发展的趋势使优美日益成为美学与艺术创造的主流,具体表现在以下三个方面的特征:第一,和谐在此时期达到了理想的境地,构成艺术的各种因素更为均衡、协调、有序地结合在一起,具体表现为表现与再现、理想与现实、理智与情感、内容与形式、时间与空间、认知功能、伦理功能与审美功能等的统一;第二,随着历史的发展,中国古代社会由盛而衰,审美理想也由中唐前期的壮美向后期的优美过渡;第三,意境的范畴已经形成,由"前期的重再现、重客观、重神形,转移到了后期的重表现、重主观、重意韵"③。总之,受古典和谐美理想的制约,隋唐五代审美文化现实地体现着主观与客观、再现与表现、理想与现实、情感与理智、内容与形式、时

---

① 周来祥主编:《中华审美文化通史》(魏晋南北朝卷),合肥:安徽教育出版社2006年版,第10页。
② 周来祥主编:《中华审美文化通史》(隋唐卷),合肥:安徽教育出版社2006年版,第20页。
③ 周来祥:《中国美学主潮》,济南:山东大学出版社1992年版,第273页。

间与空间以及认知功能与审美功能和谐统一的艺术总特征。当然,这种和谐统一是一个内在因素不断量变的过程,是一种复杂的和谐统一,在其大和谐的前提下,进一步体现为由客观向主观、再现向表现、理智向情感的转化过程。最后,周来祥和韩德信客观历史地指出了隋唐审美文化的历史地位与现实意义:隋唐审美文化是整个世界文明史中的重要组成部分,既是对前期审美文化的总结,更是后期审美文化发展的指路灯。隋唐时代诗意的人生态度与审美的人生境界、高贵典雅与世俗情感并重的特点对现代被技术理性破坏了的现实世界有着重要的借鉴价值,是医治现代社会精神危机的一剂良方。

(4)对于宋元审美文化,周来祥和傅合远指出,宋元时期的审美文化,除由于政治、经济、阶级结构的变化的原因之外,更主要的是哲学思想上禅宗思想的进一步发展与理学的成熟与完善。就禅宗而言,那种以心为本,将"心"作为本体范畴,不依靠外物的过渡而直接表现主体由客观外在返回主体内心的过程,消除了主体向外寻求的阶段:主体通过自身的直觉、顿悟就可以达到此岸世界与彼岸世界的直接统一。禅宗的这种思想与封建士大夫厌倦对外在世界的求索,对儒家伦理事功思想的淡薄,和对内在精神的追求与向往相类似。正是由于禅宗在宋元时期的兴行,使宋元时期的审美文化有着浓厚的禅宗意识,可以说,此时期审美文化由外而内、表现化为主的历史特质,很大程度上借助了禅宗思想的强大推动力。除了禅宗之外,理学不仅对指导现实生活中人们的伦理实践发挥着作用,也对宋元审美文化产生了重要的影响:理学克服了儒家、道家、释家不能共存的局面,形成了一种外儒内佛、二者互补的理论思想,并把前期儒家的"天"演变为"理"和"心",高扬主体的自由精神,完成了主客体的和谐统一。与此同时,理学还将传统儒家的以伦理实践为主转向了以主体的理智省思为主。由于这些方面的影响,宋元时期的审美文化,最为突出的历史特点是表现出鲜明而深刻的历史转型。"唐型文化相对开放、外倾,注重建功立业,强调'外王',任侠使气,色调热烈,气派宏大,繁丽丰腴;而宋型文化,则相对内向、自省,强调人格精神,注重'内圣',书卷风流,崇尚淡雅脱俗,小巧精致,阴柔澄定。"①因此,就宋元审美文化的性质来说,它实现了由古典壮美向优美的转化,即宋元时期的审美文化,主体主要不是通过外向的追求来实现同对象的拥抱与合一,而是在心灵的内省、直觉的感性中达到物我两忘、意境相融、形神统一、情理结合,亦即在对象的

---

① 周来祥主编:《中华审美文化通史》(宋元卷),合肥:安徽教育出版社 2006 年版,第 4 页。

超越中达到同对象的统一。由于此时的审美范畴以优美为主,故审美和艺术的重心是表情写意的,是"画中有诗",也就是再现统一于表现,形统一于神。于是,审美和艺术不再为对象的感性特征所局限,而是自由地超越它们,于它们的具体有限性之外寻求无限的韵味。

在此书中,作者从宋元审美文化的历史背景、宋元时期美学思想特征、宋元时期的艺术表现与审美文化、宋元社会生活中的审美风尚与审美文化等方面进行了阐述:明确提出壮美与优美两大形态,指出它们既是相对的逻辑范畴,又是发展的历史范畴。中唐以前,以阳刚为主的壮美占主导地位;而中唐以后,特别是宋元至明中叶时期,随着社会的变革,审美理想和文化发生了巨大而深刻的历史转型,以优美理想以及由此规定的偏于写意缘情的表现倾向,获得全面发展和确立。在这里,周来祥进一步从历时的角度对美学范畴进行了阐述,使逻辑范畴与历史范畴达到了统一。

(5)关于明清审美文化,周来祥把明清审美文化的范围定位于从明代中期一直到民国初年,也就是明万历年前后到公元 1919 年左右。这段时间跨越了中国古代和近代两种社会形态,是从封建社会向半封建半殖民地社会过渡,在美学历史上是古典审美形态向近代审美形态的过渡时期,也就是由古典的和谐美向近代的崇高美的过渡时期。

由于明清文化"一个突出的表现是矛盾对立意识的强化,反映在美学思想上,就是对崇高美理想的追求和崇高美形态的独立;另一个突出的表现是对传统的发展和反思,在美学思想中,就是对古典和谐美的总结和极端化表现。"[1]周来祥在明清的反叛思潮中总结出美学从古典和谐美向近代崇高美的过渡,古典和谐美艺术向近代崇高型艺术转型的特点。他对近代崇高艺术的论述:浪漫主义与现实主义、艺术中情感的强调、个性典型的塑造、丑的因素以及世俗化审美情趣的出现等内容都由明清文化中提炼与总结出来。周来祥与其弟子周纪文女士对明清的审美文化做了一个全面的总结:认为明清的审美文化是一个反思与探索、总结与发展的阶段,是近代美学的建立与承上启下的环节。明清时期,随着主体、个性、理性等概念的独立发展,随着各组成因素的不断分化和完善,崇高范畴得以确立;同时,在一定程度上使崇高美以及丑的因素的发展为新型的现代辩证美学作好了准备。总之,明清是近代崇高丰富和确立的时期,近代崇高美理论

---

[1] 周来祥、周纪文:《中华审美文化通史》(明清卷),合肥:安徽教育出版社 2006 年版,第6 页。

的完成,使得明清审美文化既处于承上启下的历史地位,也与古代审美文化和现代审美文化处于并肩的地位。

(6)关于20世纪的审美文化,周来祥和刘宁"以各个时期特定的文化心理结构的形成为背景,将20世纪中国的审美文化按照文化的三个层面分为美学和艺术思想、具体的艺术创作、现实生活中的文化现象三个层面,按照审美理想的发展变化分为四个历史阶段,以审美理想的表现形态为核心,以主体性的发展为内在脉络,多条线索相互交织、相互影响,力求多方位、多角度地展示这一个世纪审美文化的特征"①。他们把此时期的审美文化分为以下四个阶段,并概述了各个时期审美文化的基本特征:第一阶段是指19世纪末20世纪初到五四新文化运动前后,是审美理想从古典和谐美向近代崇高美过渡的时期。在中国古代,由于封建伦理规范的压制,主体性受到限制,审美关系是一种相对封闭、静止、稳固的审美理想,古典美学和艺术创作的最高目标是协调统一的和谐;近代主体性的觉醒冲击了古典和谐的审美理想,王国维、梁启超、鲁迅等都在理论上宣布了古典和谐美理想的终结。第二阶段是五四前后到新中国成立,是崇高美理想的发展阶段,这个时期,浪漫主义艺术和现实主义艺术各持一端,使古典艺术中理想与现实、表现与再现、情感与理智、形式与内容、时间与空间相融合的艺术特征出现了分裂:"浪漫主义艺术表现出理想化、再现化、情感化、偏重虚构与想象、追求形式的精巧与华丽等艺术特征。与之相反的是,现实主义艺术关注人生、再现真实,注重对客观现实的感性认知和理智分析,注重典型环境中典型人物的塑造,注重细节的真实,从另外一个侧面弥补了浪漫主义艺术创作的不足。"②第三个阶段,新中国成立到"文革"结束,这一时期的审美理想出现了从崇高向古典的塌陷:解放之初,广大人民群众与艺术家热情高涨,充满自信与自豪,此时期毛泽东提出的"革命浪漫主义与革命现实主义相结合"的艺术创作精神体现了这个时代的要求,这种理想与现实、表现与再现、内容与形式、时间与空间、情感与理智等的再度结合,预示了审美理想新的发展趋势。但这种趋势在"文革"时期,却出现了向古典和谐美的回归。第四阶段,"文革"结束到20世纪末21世纪初,是审美理想的多元发展期。此时期,由于意识形态领域的相对宽松、主体的丰富与完整而形成了审美的多元化:首先是20世纪80年代前后,艺术作

___

① 周来祥、周纪文:《中华审美文化通史》(二十世纪卷),合肥:安徽教育出版社2006年版,第4页。
② 同上书,第5—6页。

品的审美风格和艺术特征开始趋向多元化;其次是20世纪80年代中后期,西方艺术为中国带来了新的活力,丑与荒诞开始成为新的审美范畴,使人们的审美领域不断扩大;再次是20世纪80年代末90年代初开始兴起的大众文化,它是大众传媒、商业发展等各种因素综合作用的产物:它"以极端化的形态表现内在的融合趋势,在现实化、再现化、个性化、时间性、历史性中展现出理想、表现、类型、空间、现在性的存在和多种因素相互融合的趋势。其审美理想与审美趣味既不同于古典和谐美,也不同于近现代艺术的崇高美(包括崇高、丑、荒诞),而是表现出多种审美趋向在对立、扩张中的融合。"[1]

　　总之,周来祥在中华审美文化方面阐述了自己独到的见解:抓住各时代审美文化的总范畴与主导思想,采取逻辑与历史相统一的方法,对从秦汉到20世纪的中华审美文化进行了总体的把握;对审美文化的概念以及研究对象、范围、方法,进行了重新的界定。他在抽象的概述中,加以各种具体生动的例证,把思维的理性与艺术的感性有机地结合起来,完成了六卷本的大部头著作——《中华审美文化通史》,为中华审美文化留下了宝贵的财富。

二、中国美学史研究

　　在中国美学史研究方面,周来祥显示出自己的特点:就是采取主导思潮的研究范式,"抓住了占主导地位的审美理想和艺术思潮的变化脉络,并以它带动其他次要范畴的运动和发展,从而把各个时代的主潮突现出来,而在突出主潮的同时也尽可能地把时代的风貌展示出来了。"[2]周来祥认为,美学史首先是一部历史,其次是有着理论体系支撑的、有自己特色的、逻辑与历史相统一的历史。

　　在《论中国古典美学》一书中,周来祥运用辩证逻辑的科学方法,对灿烂辉煌的中国古典美学进行了宏观的考察,深入揭示了中国古典美学的性质、特点及独特的发展规律。本书最突出的特征是对中国古典美学的宏观考察,对其性质的总体认识。书中体现了周来祥在研究方法和体系结构上所表现出的开创精神:认为中国的古代美学、古代文论是古典主义的;美与崇高不是自古就有的,古代是和谐美的艺术,崇高和崇高型艺术则是近代的产物。周来祥比较了古代和谐美艺术和近代崇高型艺术,古典主义美学和近代浪漫主义、现实主义美学的本

　　① 周来祥、周纪文:《中华审美文化通史》(二十世纪卷),合肥:安徽教育出版社2006年版,第7页。
　　② 周来祥:《周来祥美学文选》(下),桂林:广西师范大学出版社1998年版,第1311页。

质差别,以便具体地认识中国古典美学的历史规定性。他在做了纵向的论述之后,又把中国古典美学与西方古典美学做横向的比较,强调西方偏于感性形式的和谐、偏于再现的美学、偏重美与真的结合,而中国则着重于情感内容的和谐、偏于表现的美学、偏重美与善的结合。最后为了更确切地描述中国古典美学的发展,他结合历史背景与史实,把古典美学分为三个历史阶段:从先秦到中唐,主要是偏于壮美的理想与写实的倾向;从晚唐到明中叶,美的理想由壮美转向优美,写意重于写实;明中叶以降,是近代崇高的萌芽。

其后的《中国美学主潮》是在《论中国古典美学》的基础上的纵深发展。邢煦寰于《中国美学总范畴的宏观历史把握——评周来祥主编〈中国美学主潮〉》一文中评论说:他"抓住每个时代美学的总范畴和审美理想,作为历史发展的主要线索,着力揭示这一总范畴和审美理想的产生、发展、裂变、兴替的历史轨迹,使人有高屋建瓴、统摄全局之感,产生一种学术上弥补不足的满足感……中国美学的发展既有着自身独特的道路和特色,又遵循着人类美学发展的共同规律,在独特的民族美学发展历程中,集中地体现了人类美学发展的共同规律;在呈现的人类美学发展的共同规律中,鲜明地体现了中国民族美学的特色。这是《中国美学主潮》所着力地科学地揭示的中国美学发展的基本规律和特色,也是这部书的主要着力点和主要贡献所在。"①可以说,周来祥的《中国美学主潮》一书是我国美学史研究中的一个新的收获和拓进,值得国内外美学研究者重视。

《中国美学主潮》共分为七章,是从古代美学经过近代美学,向现代美学发展的比较完整的美学通史研究。周来祥按照历史的朝代,从先秦两汉一直写到中国近现代美学,对中国美学各时期的主流美学思想做了系统的、史论结合的总结,达到了逻辑与历史的统一。

在先秦美学中,周来祥认为先秦两汉的美学理想推崇壮美而又侧重再现,即寓壮美理想于写实再现之中,注重人与外部世界的和谐。他把此时期的和谐美学理想演变的行程分为三个阶段:和谐美的诞生,伦理化美学和自然派美学。周来祥把基于巫术交感心理提出的"神人以和"的命题作为古典和谐美思想的最初表述:"通过对天地自然秩序的模拟而从本质上决定了音乐的和谐,并相应地要求与歌唱、舞蹈的形式协调一致;着力于塑造审美主体宽厚温和的人格心理,这是后来道德教化的前身,最终落实在神与人的和谐共处上,这是巫术形态的古

---

① 邢煦寰:《中国美学总范畴的宏观历史把握——评周来祥主编〈中国美学主潮〉》,《文学遗产》1994 年第 1 期。

乐所特有的功利要求。"①从这里可以看出,中国古代的美学最先就讲求和谐。其后,美学一直沿着和谐的思想发展,巫术形态的"神人以和"经《周易》的理论加工而上升为"天人合一"的哲学观:和谐美的理想或侧重于人与社会的和谐统一,或侧重于人与自然的和谐统一,产生了以儒家为代表的伦理化美学与以道家为代表的自然派美学。周代产生了侧重人与社会和谐统一的伦理学美学观的雏形,对"和"与"同"已经有了自觉的区分。周来祥指出,周代的和谐美理想包含以下基本要求:"其一,明确地强调将'德'视为乐的表现对象,并从形式规律上对以音乐为代表的创作经验做了初步总结;其二,肯定审美体验具有生理愉悦和启发心志的双重功用,核心落实到主体道德情操的培养上;其三,由此而实现的个人与社会的和谐统一乃是它的功利要求。"②具体而言,首先是孔子集前人的成果而开创了儒家美学,把审美作为道德完善的重要途径,提出了"尽善尽美"的审美理想。其后公孙尼子的《乐记》详尽系统地发挥了周代和谐美的理论,并赋予"和"更多的含义:"和"体现了道德与情感相统一的角度规定了乐的本质;体现了道德内容与音乐形式的和谐;审美心理诸因素的和谐统一;表现了乐与礼的相辅相成等。如果说孔子把审美看成从自然的、感性的人提升为社会的、道德的人的重要途径,将审美引向伦理道德的话,那么孟子则高扬主体人格的审美价值,认为道德修养本身就具备审美价值,最终实现了美学与伦理学的统一。他鼓吹性善论,认为人普遍有追求道德自我完善的要求,他把审美对象从自然与艺术扩展到人格修养,提出了著名的"浩然之气"说:突出了严肃、刚正、大度的特点,属于壮美的审美范畴。另外,孟子也不否认自然美的存在,只是把人格修养看做美的最高境界。

　　儒家美学的建立,遭到了以墨子和道家学派的责难与否定。首先是墨子从下层劳动者的实际利益出发,指责儒家"繁饰礼乐以淫人,久丧伪哀以谩亲"(《墨子·非儒下》),提倡"非乐",主张取消审美活动。其后老子指出礼制社会并不完美,认为:"大道废,有仁义。智慧出,有大伪。"(《老子·十八章》)。老子反对追逐美感享乐,否认社会伦理规范,反对孔子文质统一、尽善尽美的美学思想。他认为人类只有挣脱文明的枷锁,回归自然,才能实现天下太平,主张人与自然的和谐统一,开创了道家美学。道家美学发展到庄子,真正实现了人与自然的和谐统一。他把美看成是道的一种自然属性,赋予美以超人间的本体意义,

---

① 周来祥主编:《中国美学主潮》,济南:山东大学出版社 1992 年版,第 4 页。
② 同上书,第 5 页。

认为凡是合乎道的就是合乎美的。他与老子一样,反对追逐五官快感的满足,推崇至乐、天乐,追求自然率真的审美理想,提倡无限之美。

先秦美学发展到荀子,从另一角度强调了美学的社会功利性:他一方面肯定审美享乐的普遍性,另一方面又要求这种满足必须限制在社会礼仪所规定的范围内。荀子主张"性恶论",与孔子、孟子从性善论的角度出发,把追求道德的完善看成是人的内在要求不同,他认为人性是恶的,需要接受后天的道德教育而克服人先天的不足。他的美学思想到其弟子韩非那里,把重视外在功利发展到极端,否定了礼乐的功用,把艺术与实践功利对立起来,否定艺术审美的存在。

先秦的《吕氏春秋》对以前的美学进行了清理与总结,提出了"适"的范畴,与"和"的范畴大致无二。

汉朝在审美方面,发展了先秦以来偏重于写实、再现的审美倾向,产生了气魄宏大的壮美理想。首先是汉高祖等统治阶级与淮南王刘安及其编纂《淮南子》的门客们对故国文化的留恋:无论是以具体可感的形式还是上升到哲学的思考,都体现了他们重温楚国悲凉的美学思想。《淮南子》尚真,受道家的影响,推崇至乐,主张"以内乐外",将审美的和谐建立在人与自然的和谐统一的基础之上。在艺术理论上,《淮南子》基于当时的创作实践而提出了"形"、"神"的重要范畴。其后,随着汉帝国的全面振兴,思乡的悲凉之美被扬弃,产生了气魄宏大的壮美理想。汉武帝时期,儒学得到了进一步的发展,采取了董仲舒等人的"罢黜百家,独尊儒术"的观点,董仲舒把先秦以来的儒家思想和阴阳五行学说结合起来创立了"天人感应"(即认为天具有人的意志与情感,能够赏善罚恶;人也具有天的某些自然本性,天与人形成一个紧密的和谐整体)、"君权神授"的神学目的论体系。他视天地为人的楷模,极力推崇天地之美,但在董仲舒那里,对天地之美的感受,变成了道德的比附和说教,自然本身抽象为伦理道德的一种符号。其后儒家美学观再次复兴,扬雄继承了孔子的尽善尽美的原则,把善置于美的形式之上,指出美就是善的充实内容的外在表现,伦理道德是美的根本、美的根源。他虚构了一个"玄"作为派生万物的本源,从中引出社会伦理观念。与扬雄相承续,王充提倡"真美",是在虚妄盛行的情况下对儒家美学思想的一种实践。他与扬雄都批评了艺术界浮夸不实的文风,但在矫正弊端的同时,又暴露了忽视艺术特性的严重不足。

入世的儒家理论产生了入世的艺术精神和美学理论,新的审美理想发展了先秦以来偏重于写实、再现的审美倾向。可以说,推崇壮美而又侧重再现,是汉代美学思想的基本特征,汉代艺术鼎盛时期的代表是汉大赋予汉画像石刻及书法等。

汉末的《毛诗序》浓缩了儒家美学思想的基本观点：极大地强调了诗歌与政治的联系，强调诗歌的伦理教化作用。它的出现一方面标志着儒家美学理想重新得到巩固，另一方面它的对功利的过度追求，对情感的压抑，也极大限制了审美意识内在的自由本质，这就使美学走向了重内在的魏晋南北朝时期。

在魏晋南北朝时期，周来祥指出它"结束了中国美学在先秦两汉漫长而艰难的酝酿与哺育过程，使之终于从社会政治伦理思想的系统和襁褓中站立起来，开始用理性的目光、自省的意识来寻找和建构属于自己的独特世界。"①美开始同真与善分离，回归自身。艺术家和美学家首次提出了一系列影响深远的美学范畴、概念和学说。中国美学在这时期，由先秦两汉的偏于再现，推崇壮美的理想，转化为偏于主体、偏于心理与表现的审美理想。他们通过诸多对立的范畴，如气与志、情与理、形与神、意与境等讨论，为中国美学独有体系与风貌奠定了基础，以后的美学思想基本上可以在这个时期找到它的萌芽。此时期的美学思想，成为先秦两汉美学到唐宋时期美学的过渡时期，是中国美学自中唐以后转向以优美为主的审美理想和偏于写意、抒情、表现的时代思潮的开创期。

概括地说，在玄学理性思潮和中国化了的佛教哲学观念的影响下，魏晋南北朝时期的审美意识和艺术理想扬弃了先秦两汉强调"中和"、"中庸"的特征，不再特别强调追求一种外向的，强调人统一于对象的和谐，而是开始突出主体的地位，关注对个性情感和价值的普遍性追求。具体而言，汉代的各种艺术都是对于自然外物的感性真实的模拟再现，是主体对于外在自然与社会群体的推崇，人倾向于物的和谐，表现出的审美理想是积极、高昂的。周来祥把这种壮美称之为感性——实践性的外在壮美。而在魏晋南北朝时期，自王弼的"以无为本"说，到嵇康的"有主于中，以内乐外"的观点，都把主体对于客体的能动关系内在化、心理化、个性化了，人与对象之间的关系趋向一种自由的美的关系。"总之，魏晋玄学之人格——理性本体论的建立，是古代思想史和美学史上的一大发展。它推动和导致了古典审美理想从以外向和谐（人统一于对象）为主转化为以内在和谐（对象统一于人）为尚；从外向实践性追求转向内在智慧性自守。其审美形态从外在感性世界的'巍'而'大'转化为内在理性人格的'刚'而'贞'。"②可以说，玄学肯定了人的个体自由，认为人只有充分实现自己，才会达到自由境，实

---

① 周来祥主编：《中国美学主潮》，济南：山东大学出版社1992年版，第119页。
② 同上书，第123页。

现"人的自觉"。大乘佛学把哲学的思辨对象从"人"为主转移到以"心"为主，消除了物我差异，达到了主客交融一体的地步。这种思想表现在美学上就是自然美的产生、山水艺术的兴起。所有这些，都显示出了"艺术从重人格、重形象、重阳刚之美逐渐转向重心理、重神意、重阴柔之美……无论是具体的美、艺术还是文艺学美学，都由于佛学合理内核的输入而呈现出在心对物、情对理的超越中又达到心物两忘、情景交融的发展图景。"①

从以上分析可以看出，美学发展到魏晋南北朝时期已由人与外在的和谐转向人与自身内在的和谐，但此时的内在化还处于开创阶段，还没有达到完全以内在为主的优美阶段，只是一个过渡阶段而已。原因是，其后偏于外向的儒学又抬起头来，与佛学、道家既相互对立斗争，又相互融合，这就不可能形成完全偏于个人与内心的优美的美学范畴了，而是偏于个体的审美思潮同偏于客观、社会、伦理的儒家美学相互对立，审美意识走向两大思潮的综合、协调与平衡，走向一种更高层次上的统一趋势。至此，"古典美学仿佛走了一个小圆圈，又回到秦汉的始点上，但在实质上又是一种螺旋式的上升，它将挟带从先秦到魏晋南北朝各种审美倾向，各种主体、客体的，伦理、心理的，感性、理性的，必然、自由的因素于自身整体结构中，从而推动中国美学走进盛唐时期真正和谐、成熟的古典美王国。"②

美学思潮发展到唐代，表现为审美理想的发展与嬗变，它分为了前后两个时期：以中唐为界，前期继续发展中国古代社会所追求的壮美理想；后期则转变为优美的形态，艺术趣味也由前期的重再现转移到后期的重表现。在中唐前期，主要的审美主潮虽然仍是以偏于壮美为主，但已经与两汉时期的壮美不完全一样了。因为在经历了魏晋南北朝的重主观、情韵与阴柔的审美倾向之后，这种审美理想已经渗入到唐代的审美理想之中了，此时的审美是壮美与优美向着更高阶段的统一与综合，是在更高的层次上将壮美理想重新推向高潮。这一时期，承刘勰以"和"为主导灵魂，以儒家美学为理论重心，以综合儒、道、释三家的内在精神为目标所建立起来的美学体系，"初唐四杰"和陈子昂等一方面扬弃了两晋、南朝以来所滋生的优美趣味和"缘情"倾向，同时在形式上向着两汉总体上以阳刚为美、以疾妄求真为主的美学传统复归。浩大的气势、丰满的音响、辉煌的旋律、刚健的力度等糅合在一起，构成了史无前例的"盛唐之音"。应当说，唐代前

---

① 周来祥主编:《中国美学主潮》,济南:山东大学出版社 1992 年版,第 125 页。
② 同上书,第 127 页。

期的美学是在壮美与优美、外向与内心、写实与缘情、再现与表现的多重综合中，是更高层面的向秦汉传统的复归。唐代中期，是中国古典美学的内在结构发生嬗变与转变的时期，在盛唐时期，古典的壮美理想已经发生得很充分、完满，进入中唐时期，由于社会矛盾的激发，先前那种热情逐渐淡化，对外在事物的探索与开拓的精神也转向于对人自身内在精神世界的感受与体验，艺术以社会为主的态度也为个人的情致所取代；文化上，南北文化的融合。这一壮美理想以及由它所规定的写实倾向，发生了一种多元裂变。"它或者将壮美理想所体现的巨大审美价值剥离掉、排斥掉，而把其中包含的伦理性、认知性内容片面强化到急功近利和以真为贵的极点；或者尽力回避艺术的社会价值和思想意义，而把注意力集中在艺术自身的特征上；或者渲染和夸张壮美理想中包含的对立矛盾因素，使之发展为一种貌似崇高，实际上是壮美蜕变形式的谲诡奇异、险怪荒寒的境界；或者淡化和消除审美理想中的矛盾因素，使之向一种淡泊宁静、和谐自然、清雅婉丽的优美之境而转化。"①所有这些，使中国古代前期的壮美理想达到一个新的高峰——同汉代相比，这种壮美理想内在地包含更多的柔婉成分与主体意味，同时也更为完善与成熟。中唐以后，审美文化追求主体表情化越来越明显，主要是由于禅宗的"心性论"的影响，佛学由外向性的思辨推理回归内向性的直觉顿悟，审美理想形态也随之偏向于宁静、和婉、娇小、阴柔，艺术趣味也以表现、抒情和写意为主了。如果说，盛唐时期的壮美是在和谐统一的整体之内包含着某种对立、冲突的因素，给人在直观上以动荡、巨大、严肃、豪放等不和谐形式，但不感到痛苦，同样给人以自由、愉快的感受的话，那么晚唐时期的审美趣味则以优美为主，这种审美趣味强调矛盾双方的相互依存、均衡与和谐，是在心灵的内省、直觉的感悟中达到物我两忘的境界，给人以一种单纯的、平和的愉悦和享受。与双重旋律的盛唐之音和三部合唱的中唐之音不同，晚唐则重新趋向于一种新的统一，走向更为细腻的心灵感受和更为含蓄的情感体验。

　　总之，正如周来祥所说的："整个唐代美学思潮完成了两个历史性的回归，即前期向秦、汉的回归和后期向六朝的回归，但这两历史性的回归，都不是简单的重复，而是螺旋式的上升。前者扬弃了秦、汉的感性质朴而增添了美的润泽，后者扬弃了六朝的形式雕琢而充实了内在韵味。从更为宏观的角度来看，在上述两个历史回归之间，唐代审美理想又完成了一个更为深刻的历史性转折，这就

---

① 周来祥主编：《中国美学主潮》，济南：山东大学出版社 1992 年版，第 316 页。

是从中国封建社会前期所偏重的壮美理想转向了后期所崇向的优美理想,从前期偏重于再现的倾向转向了后期偏于表现的趣味,从而对唐代以后的美学思潮和艺术实践产生了极为深远的影响。"①

宋元至明中叶,由于统治阶级采取对内专制集权、对外保守妥协,造成社会一方面比以往更重视伦理道德,另一方面更加强烈地表现出对个体命运、人性情感、自由精神的关注和追求,形成了这个时期艺术与美学的复杂性。当然,主流不是伦理道德的复兴,而是个体情感的满足和表现。"无论是在诗文词曲,还是书画雕塑中,以前那种汉唐式的博大气象、粗豪风貌和广阔胸怀几乎都不见了,取而代之的是幽静闲雅、纤柔细腻、狭小单纯、微妙新巧的意境。古典审美理想终于实现了它从以壮美为主向以阴柔为胜的历史性转化……同时,伴随着审美理想由刚而柔的嬗变,中国古典艺术也终于实现了从偏于形似、写实和再现向偏于神韵、写意和表现的历史性转折。"②周来祥在这里,特别强调了文人士大夫的美学和艺术,认为他们是宋元至明中叶时期美学和艺术的主流,他们将外在事功渴求同内心心理满足统一于一身;将修、齐、治、平的政治实践抱负及儒家思想与以心为宗、以悟为则的禅宗思想及超脱世俗的佛家道家精神集于一身。他们疏远和逃避传统的、在动荡中求均衡的阳刚之美,喜爱那宽和娴静、温婉纤媚的阴柔之美。"将目光从外部的客观世界(自然、社会)逐渐聚缩和回返到内在的主体世界(精神、情感)中来;虽然仍不忘怀外部现实,但却是在以内为本、以内御外的格局中去追求内与外、主与客的合一。"③

周来祥还从哲学上阐述了此时期形成优美的美学思潮的原因。首先,他继续强调了禅宗的作用,禅宗使主体通过内向直觉顿悟,就可以达到人与佛、心与物、此岸与彼岸在自我内心中的直接统一的思想,在哲学意识上消除了主体与客体的矛盾,形成了主观领域的绝对自由的关系,由外在客观世界向内在主观世界转移。其次,周来祥突出了宋明理学对儒学的改造:本来宋明理学的目的是复兴儒学,巩固统治阶级政权的,但到后来,在其发展的过程中,一步步地融入了主体的自主精神,将儒学的"天"演变为"理"和"心",高扬了主体的自由精神,完成了主、客体在消除对立基础上的和谐统一;在审美意识上,扬弃了外在的客观形象,转向内在的神韵,追求物我两忘、意象统一的"自然","逃避的是给人的心灵

①　周来祥主编:《中国美学主潮》,济南:山东大学出版社1992年版,第373页。
②　同上书,第380页。
③　同上书,第386页。

以某种撼动和激荡的壮美气度,向往的则是在物我两忘、主客浑然中给人以娴静之感、安适之乐的优美境界。"①总之,"宋明理学在思维指向上由外而内,由物而心的转化,同这一历史阶段美学和艺术普遍地将审美触须深深通向人的内心,去捕捉情感与精神体验的写意表现思潮互相呼应。"②周来祥指出,越到后来,这种表现内心的感觉越强烈,至明中叶,在近代民主意识的激励下,这种写意的主流便转化为近代浪漫主义的美学思潮。

明中叶以后,在哲学上,陆王心学取代程朱理学,客观唯心主义向主观唯心主义过渡,浪漫主义美学终于形成。他们对古典美学及其理论进行批判与攻击,使一直以来处于和谐统一的主体与客体、情感与理智、伦理与心理、个人与社会、现实与理想之间开始出现裂痕,从而走向分裂与对立,为美学思潮从古典和谐美向近代崇高做好了准备。周来祥指出了中国浪漫主义思潮与西方浪漫主义的不同:它既是在对古典和谐美的否定中确定,同时也是在古典美学上的近代发展。可以说,中国的近代浪漫主义与中国的古典主义美学有着很深的血缘关系,发展不是很充分的,在近代的崇高对立中,还保留古典的和谐统一,很容易返回到古典世界中去。西方的浪漫主义是对古代和谐美学的彻底否定与决裂,因此,西方的近代崇高是完全独立的,也是发展很充分的。纵观明清美学总的逻辑进程,周来祥把它大致分为以下三个阶段:"首先是由李贽、汤显祖和公安派提出一系列富于主体意识,个性意识的美学思想,构成了近代美学的浪漫主义先声;其次是由王夫之、叶燮、石涛以富于思辨色彩的理论体系对古典美学作出了历史总结;再次是美学理论在各个部门艺术内向近代崇高的多向展开,包括李渔的戏剧美学,袁枚的诗文美学,郑燮的绘画美学,以及从李贽、叶昼、金圣叹到脂砚斋等人的小说美学,构成了古典主义、浪漫主义和批判现实主义多元并列、相互递进的复杂局面,它们分别属于美学史演进的不同逻辑层次,最终都指向近代美学并为近代美学的确立提供理论准备。"③当然,我们知道,就算是明清最为成熟的小说美学,也无法与西方近代崇高相比。因为它基本上很大程度上还停留在古典主义的圈子里,许多时候还讲求古典主义所要求的和谐统一,始终没有达到西方近代崇高那种偏颇、极端的程度,它必然要合乎规律地为更高的环节所扬弃与取代。

---

① 周来祥主编:《中国美学主潮》,济南:山东大学出版社1992年版,第392页。
② 同上书,第393页。
③ 同上书,第536页。

　　明代中叶萌发的近代因素,以王国维为标志,得以明确的理论概念显现出来。在他之前,发展的近代因素与古代因素是交织在一起的。在这个已经是20世纪以来的美学史时期,要对它进行理论研究有一定难度,因为各种错综复杂的思想理论现象时时在周围发生,许多变幻的理论形式和深奥的思想内容使人感到困惑。周来祥采取对历史的深远思考可以依据对现实的真切的感受,抽象的理论概括与具体生动的艺术创造,在对生活的感受方面应该是一致的,理论研究应该在概括抽象形式中包蕴对现实的真实而具体的感受的观点,力求做到把这种对现实的感受推进到深层,求得与历史真实的一致。也就是他说的:"在本质的深度上把历史和现实结合起来,使之成为以历史形态呈现出来的现实生活,或者是贯穿着现实感受和诗意的历史过程。"①

　　在中国20世纪美学发展中,周来祥着重谈了以下几个问题,对此时期的美学思想提出了自己新颖的见解。

　　首先,他明确指出20世纪中国美学发展的历史性质是近代性质的历史过程。在这个时期,古代素朴和谐美的理想被从新的审美意识中升华而来的、以矛盾对立冲突为特征的崇高美理想所取代。"崇高美理想在宏观的整体性和最高的统摄点上,以其对立分裂的结构特性决定性地影响了中国20世纪美学思想的发展进程。"②这种情况具体表现为主观论和客观论的对立:客观论强调美的本质和形态的客观性,注重社会美,美感的理智因素和认识功能及艺术上的现实主义等问题;主观论关注美感的直觉性和能动性,突出情感和想象在艺术中的作用、强调主观表现和浪漫主义的特色。当然,尽管对崇高的关注和追踪已经成为20世纪中国美学的主题,但是古代和谐美学并没有就此消失,古代美学持久的延续性和强大的渗透力使之在20世纪美学中仍然有着重要的位置。中国的现代美学是一个三大美学的交织:既有古典的和谐美,也有近代对立的崇高美,还有现代辩证的和谐美。

　　周来祥在这里对中国美学的20世纪近代崇高与现代辩证和谐为主导的美学从理论上做了区分:"20世纪中国近代美学作为近代崇高美形态和崇高美意识的记录和概括,它以发展模式和理论命题上的矛盾对立为特征,而现代美学作为近代美学的承接则以容纳了矛盾对立的辩证和谐为主导。"③因此,他认为,20

---

①　周来祥主编:《中国美学主潮》,济南:山东大学出版社1992年版,第682页。
②　同上书,第682页。
③　同上书,第684页。

世纪现代美学范畴标志着美学在矛盾对立之后的更高层次的统一。它对中国美学思想具有重大意义:作为时代理想的美使崇高在其矛盾对立中强调了相互影响与制约的作用,个体与社会、主观与客观等一系列范畴于对立中趋向密切的融合。

　　针对目前现代美学的复杂情况,我们应该明确区分好古典和谐美学与现代辩证和谐美学的不同,不能把古典和谐对近代崇高的制约,看成是崇高中现代因素的增加;也不能把近代崇高因素对古代和谐的否定,看做是对现代辩证和谐的背离。同时,我们也应该清楚,近代崇高时期虽然包含有辩证和谐的因素,但近代对立的崇高是不能逾越的,只有通过近代对立的崇高,我们现代社会的辩证和谐才能得到充分的发展,否则只是古代素朴和谐的复归而已。

　　其次,周来祥以审美理想的演变论证美学思想的发展,并没有忽视或否定社会历史的客观进程对社会意识形态的最终决定作用。在周来祥看来:"审美理想通过对审美意识的概括,在一个新的层次上体现了社会历史变动对审美意识的决定和制约意义。"[1]具体地说,他指出古代和谐美向近代崇高美的发展,反映了中国社会以高度发展的社会生产力为基础的新型社会形态对封建社会以小农经济为基础的社会形态的否定和取代;近代崇高美理想取代古典和谐美理想则反映着中国近代社会历史的客观进程;现代辩证和谐则反映着社会主义社会过渡到共产主义社会的历史过程。与此相对应,各个时代人的思想和意识也不一样:在古代,人与社会的客观关系处于素朴的和谐统一之中;到了近代,古代那种以宗法血缘关系为核心的社会形态开始瓦解,个体意识开始增强,"人与神"、"灵与肉"的矛盾开始产生;在社会主义社会,这种对立的矛盾又在更高的层次上趋向于和谐统一。

　　最后,周来祥还谈了审美理想形成和发展的美学上的前提条件,进一步体现了他的审美关系说:"主体方面的审美意识是人与现实建立审美关系的主观条件。反映着某一时期社会历史发展的审美意识决定着这一时期审美关系的历史特点,而这样的审美关系也反过来制约着审美主体和客体的发展变化。审美理想作为审美意识的最高形态,就是在人与现实的审美关系中产生的。"[2]古代的审美关系与理智关系和意志实践关系相比,更接近于艺术伦理关系;近代审美关系由对理智与意志的依附转化为强调相对独立,在更高的水平上融合了真与善。在这里,周来祥还提出了一个"类审美关系或意志化审美关系"的概念:"审美关

---

① 周来祥主编:《中国美学主潮》,济南:山东大学出版社1992年版,第685页。

② 同上书,第688页。

系向意志实践的偏颇一旦超出界限,便导致一种介于审美关系和意志伦理关系之间的特殊关系的出现,这种关系具有两重性,在现象上,它仍然具有审美功能……但在本质上,它却是实践伦理关系的附属物。"①类审美关系在理论和形态上分化为实践的主观论和阐释的客观论两个理论体系,对中国现代美学思想以影响,也给现代美学研究增加困难和兴趣。

概括地说,《中国美学主潮》一书从以下几个方面阐述了中国美学的基本特色,突出了周来祥在中国美学史上的贡献。

首先,本书有一个总体的设计与构架,用发展的马克思主义整理丰富的中国古代审美文化遗产,对我国的美学思想和审美文化的性质、特征和发生、发展、嬗变、兴替的历史过程,做了一个整体的勾勒,准确地、宏观历史地概括和把握了中国近现代美学和当代美学发展的历史、现状和未来走向,给人以总领群伦、深得要领之感。

其次,对中西美学除了做总体的概述之外,周来祥在本书中还比较了它们的相异之处。简单地说,他指出东西方美学思想都有着共同的美学规律,都是"由古典的和谐美,经近代对立的崇高,向更高更新的辩证和谐美发展。"②但这一发展在东西方不一样:一方面,西方近代艺术发展很成熟,沿着科学主义和人本主义两条线索相互对立发展,一条从现实主义经自然主义向超级写实主义、照相写实主义发展;另一条从浪漫主义经具象表现主义向抽象表现主义发展。美学的范畴也很具体,由崇高到丑再到荒诞。而中国美学除在封建社会中的古典和谐美学能够与古希腊相媲美之外,中国的近代艺术发展很不充分:三大美学相互杂糅,既有古典的和谐美,更有近代意义的崇高,还有马克思主义之后萌芽的现代辩证和谐意识。另一方面,"如果说西方美学是从古希腊开始的偏于重客体、重模仿的客观美学到康德以后转向偏于重主体重抒情的表现美学;那么中国美学则是从偏于重主体、重抒情和重表现的美学到明中叶以后、特别是'五四'以后转向偏于重客体、重再现的美学;而现在和将来的历史走向,则是这二者在更充分的分化和发展之后的殊途同归,即达到一个再现与表现的更高的综合阶段。"③

① 周来祥主编:《中国美学主潮》,济南:山东大学出版社 1992 年版,第 689 页。
② 同上书,第 2 页。
③ 邢煦寰:《中国美学总范畴的宏观历史把握——评周来祥主编〈中国美学主潮〉》,《文学遗产》1994 年第 1 期。

　　再次,《中国美学主潮》吸取了以往写中国美学思想史和写中国审美意识史的不足,周来祥紧紧抓住各时代美学的总范畴与主导思想,对表现这主导思想的理论资料和审美创造都详细阐述,用大量生动的例子来说明主导思想,并把二者结合起来,避免了美学史哲学化、思想史化的局限。在总的构思上,他以总范畴与主导思想为主,带动各次要范畴,揭示二者的相互影响,相互推动。

　　最后,在研究和叙述方法上,周来祥于本书中鲜明而又内在地体现了历史和逻辑相统一的方法:在历史的长河中,展开着逻辑,通过中国美学家及其著作的不断兴起和更替的进程,揭示美学发展的规律,其中的每一位美学家都把他摆在合适的位置,在历史与逻辑错位时,依据逻辑的观点来安排。

　　可以肯定地说,《中国美学主潮》是当代美学史论坛上的一部自成体系,自有开拓、自创高格、自有其独特的艺术价值的美学史专著。尽管某些方面存在一定的不足与局限,但《中国美学主潮》的贡献仍十分突出:"应该说它是继《中国美学史》和《中国美学史大纲》之后的又一部中国美学史力作,是一部因在中国美学总范畴的宏观历史把握上作出了突出贡献而与前两部美学史名著相比各具特色的美学史杰作。"[1]

第二节　西方美学研究

　　对于西方美学研究,周来祥同中国美学史研究一样建立了一个理论体系,形成了一套属于自己体系的美学范畴,在美本质的大前提下,通过范畴的展开形成了美学历史的总貌。他主编了长达 1000 多页的《西方美学主潮》,从古希腊一直写到 20 世纪的最新思潮,这样一部纵贯历史,横跨年代的美学史,在当时可谓首创。此书同样体现了周来祥研究范式的创新:采取主导思潮的研究范式,运用辩证思维的方法,从古代和谐到后现代荒诞,从古典美的希腊雕塑到荒诞的后现代艺术,对西方美学史勾勒了一个大致的轮廓,成为古代美学向近代美学发展的一部最完整的西方美学通史。周来祥在此书中,照样以古典和谐美、近代崇高、辩证和谐美的历史维度为主线,把历史上的美学理论资料和艺术创作实践紧密结合起来,相互印证、相互补充,特别突出了西方近代崇高的多元性特点,比较了东西方美学发展的共同规律和不同之点。

---

[1]　邢煦寰:《中国美学总范畴的宏观历史把握——评周来祥主编〈中国美学主潮〉》,《文学遗产》1994 年第 1 期。

一、西方古代美学研究

《西方美学主潮》分上、中、下三部,上部论述了西方古代美学主潮。周来祥与其弟子袁鼎生教授在历史中展开逻辑,通过大量的古代历史资料,总结出西方古代和谐的特征:由于强调对立与分离的统一,强调不和而和,与中国古代的和谐形成鲜明的对比,与西方近代对立的崇高也有本质的不同,这样纵横交错,从而概括出西方古代美学主潮的理论特色。

前面已经提到,"和谐是人和自然、主体与客体、理性与感性、自由和必然、实践活动的合目的性和客观世界的规律性的统一。"①和谐是"和而不同"、包含对立与差异的,没有对立与差异,就不存在和谐。美学以哲学为基础,是哲学的一个分支,西方古代的哲学酝酿了西方古代的美学,西方古代的自然哲学,为西方古代和谐的形成与发展提供了基础和条件。在这里,周来祥通过中西方哲学思维的不同来阐述西方古代美学偏于对抗、分离的特点,在古代和谐美的大前提下抓住了西方不同于中国的主导思潮。

首先,西方哲学的重分析、分解的特点,决定了西方的古代和谐美学与中国古代和谐美学相比来说,是重分离、对立的。因为"中国古代的哲人混沌而又直观地把握整体,虽强调一分为二,看到了事物的阴阳、形神等相对的方面,但偏于概略、模糊,分解分析不够,且分而不离……正是这种主体与客体、感性与理性的分而不开、分而不离,作为中国古代混沌的辩证哲学的特点,强化了对世界把握的完备性与完整性,但却从根本上限制了人们分析世界的深入与明确。"②所以中国古代的和谐美学是含混的统一、直观的整体。同时,周来祥又把西方古代和谐美学思想与西方近代做纵向的对比:认为尽管西方古代和谐美学与中国古代和谐美学相比,有过多的分裂与对立,但相对于西方近代来说,西方古代的哲学与美学则偏于和;而西方近代由于资本主义社会高度分化,彻底走向分裂与对立的局面,特别是到后现代时期,更是走向了对立与分裂的极端。

其次,周来祥指出,西方哲学偏于斗争性与对抗性的特点,在西方形成了强化对立的美学与艺术。他指出尽管古代也不乏娴静优雅的趣味,但主要的是偏于对立、斗争的和谐;而中国古代偏于矛盾的同一性,在这种哲学思想下形成的美学思想主要以和为主,更少矛盾双方的对立与分离,更多强调的是双方的

---

① 周来祥:《论美是和谐》,贵阳:贵州人民出版社 1984 年版,第 73 页。
② 周来祥主编:《西方美学主潮》,桂林:广西师范大学出版社 1997 年版,第 5 页。

统一。

再次,西方哲学偏于矛盾对立转化的特点,也决定了西方古代和谐与中国古代和谐的差异,与西方近代崇高的矛盾处于对立状态的不同。古代西方通过矛盾冲突,打破旧的平衡,建立新的平衡,在矛盾运动的过程中螺旋式发展;而中国古代则追求矛盾运动的原地回旋,注意矛盾整体的静态平衡性。当然,尽管中西相比较,西方古代哲学文化偏于矛盾对立,但与西方近代相比,则是显得统一的:"一方面,西方古代的冲突与对立,是在素朴的辩证统一与动态和谐的圈内发生的,是辩证统一与动态和谐所许可的,所能承受的。另一方面,它是造就辩证统一与动态和谐的。"①在古代西方的哲学中,对立冲突是趋向于产生和的,相对于近代来说,西方古代的对立与冲突并没有充分展开,没有造成与和谐不同的审美理想,所有的冲突都只是和谐的生成基点、要素与媒介;而西方近代崇高范畴,强调对立的极端,冲破了和谐的范围,成为独立的审美范畴。

从这三个方面,周来祥指出,在强调中西方哲学基础不一样的同时,就决定了中西古代和谐的模式的不一样:西方是偏于动态的壮美的和谐模式,近代的崇高从和谐一步步走向不和谐;中国是偏于静态的和谐模式,中国的近代美学发展很不充分,和谐的范畴始终存在。因此,"概括起来,就审美理想而言,中国古代是和,西方古代偏于不和而和,西方近代偏于和而不和,逻辑分野十分鲜明。对于中国古代的和来说,西方古代是和中伴有不和,但偏重于和,根本是和,宗旨是和,最终实现的是和、高级形态的和。相对于西方近代的不和来说,它更是和的。"②

周来祥不但从美学发展的社会背景、哲学基础论证了贯穿整个西方古代的和谐理想与中国古代和谐理想的差异,与西方近代崇高的不同。同时,他对自古希腊以来,和谐美学各学派与大师的和谐观点进行了概括,从而达到了逻辑与历史的统一,理论与现实的结合:首先是毕达哥拉斯学派和赫拉克利特共同构成了西方古代美学主潮的第一个环节——神的物化,包括物的和谐和神与物的和谐两个模式。古希腊和谐的美学思想是伴随着自然哲学的产生而出现的,美学属于自然哲学系统。哲学家关注的是自然的和谐,即物的和谐、物与物的和谐、物的总体——宇宙的和谐。毕达哥拉斯学派认为万物由数生发,一定的数量关系造就了宇宙的秩序,形成了自然的和谐。他们认为:"数是万物的本体,其派生

---

① 周来祥主编:《西方美学主潮》,桂林:广西师范大学出版社 1997 年版,第 9—10 页。

② 同上书,第 13 页。

万物的过程层次分明,十分有序。由数的元素——有限与无限结合而成的'一元',是万物的始基,是造就一切的'形式',它派生出不定的二元,即质料,从一元与二元中派生出既是形式又是质料的各种具体数目,从数目中次第产生点、线、面,又从平面中产生立体,立体产生水、火、气、土四元素。四元素结合而成万物,组成球形的和谐世界。"①阐明了世界的总体和谐是由数派生出来的原理,在西方第一次回答了美的本源问题。如果说毕达哥拉斯倡导的是优美的和谐、静态的和谐,那么赫拉克利特则崇尚壮美的和谐、动态的和谐,后者是对前者的继承与发展:赫拉克利特首先关注的是宇宙的生成与统一,并借以勾勒宇宙的整体和谐之美。这种平衡与和谐不是作为运动的结果以静止的形态出现的,而是伴随着运动或者说作为运动的一种形式而存在的,是一种动态的平衡。它和静态平衡的不同之处在于,它不是在运动相对静止时产生的,而是正在运动当中构成的,运动一经停止甚或无序,这种平衡即刻打破而不复存在。赫拉克利特的动态和谐是一种壮美形态的和谐,宇宙总体的动态平衡是绝对的平衡与相对的平衡、永恒的平衡与瞬间的平衡的统一,深含辩证法的精髓,有着深刻的审美蕴含和较高的哲理品位。赫拉克利特指出,逻各斯作为动态和谐的规律,首先造就的是宇宙的、万物的、人的"内在和谐",然后造就宇宙的、万物的、人的整体和谐,造就人与社会、自然万物、宇宙整体的和谐。他认为对立于和谐特别是辩证和谐具有多重含义:对立是和谐的前提,和谐是对立的结晶;对立造成多种多样的和谐,而各种和谐的形成又确证了对立的重要性,二者是相辅相成的。矛盾对立构成的多种动态和谐,一方面强有力地说明了对立是和谐的前提与基础,另一方面又对对立统一这一动态和谐的最为一般的本质规定性作了多角度的、全方位的开拓,确证了动态和谐是相当普遍、丰富的审美形式。赫拉克利特把毕达哥拉斯的静态和谐说发展为动态和谐说,完善了古希腊和谐理论的整体模式,为和谐的审美意识在以后的发展提供了一个更为完整的理论前提。在第一个环节,由于自然哲学的理论基础,规范了建立其上的和谐理想的主要内容。就毕达哥拉斯而言,神通过数的中介,造就了此岸世界的和谐;在赫拉克利特那里,神在物中,导致宇宙和谐,他们共同完成了西方古代美学主潮的第一个和谐系统——神的物化。由于他们二人的功绩,使得西方古代的和谐思想不同于中国古代的和谐思想:中国古代的和谐偏于统一,西方古代的和谐偏于对立;中国古代审美理想偏于人的

---

① 周来祥主编:《西方美学主潮》,桂林:广西师范大学出版社1997年版,第35页。

和谐和人物和谐,西方古代偏于物的和谐与物神和谐。

第二个环节是从德谟克利特通过主体把握客体,确立的人与物和的模式。德谟克利特把哲学和美学的研究重心历史地转向人类自身,创立了小宇宙理论。德谟克利特指出:"宇宙万物都由原子组成,都在虚空中运动,都凭原子的结合而产生,均因原子的离散而死亡,从而形成了充分的同一性,增强了宇宙统一的力度。而事物由于原子组合排列的次序、方式的千差万别,形成了各不相同的形态风貌,产生了充分的丰富性、多样性、差异性、特殊性、个别性,和充分的同一性一起,构成了宇宙气象万千的多样统一大和谐。"①因此,他认为,美的事物虽然内部结构不同,外部形态各异,但其原子的排列组合却是有序的,有着一定的数的比例,有着适宜的数量关系,这种内部结构的和谐,也带来了外部形态的和谐。论证了大宇宙的和谐之后,德谟克利特又论证了小宇宙与大宇宙的和谐:人的生命整体以及各种成分都是凭借原子的结合、运动、功能产生的,人像大宇宙一样,基于原子的运动,形成了无限丰富的多样统一的和谐性,成为相当整一的审美对象。可以说,人依靠由高级原子有机构成的灵魂,摆脱了对大宇宙动、植物般的依附性、受动性,形成了自身的独立性、系统性与主动性,并在跟大宇宙的认知、实践、审美关系中,构成了以自身为中心的和谐,即物统一于人的和谐,这是一种高扬主体精神的壮美和谐。这种和谐统一于灵魂。德谟克利特主张主体应以宁静的心态面对大宇宙,实现二者的协调统一,要求以空灵淡泊的审美心境容纳宇宙,达到相互融化,浑然统一。要达到这种境界,他认为有四条途径:一是精致的灵魂原子的运动,自然带来心灵的宁静;二是通过灵魂来自律,节制享乐,平定心境;三是通过教育使主体求美向善,背丑避恶;四是通过审美,促成心灵的安静。总之,德谟克利特强调"大宇宙统一于原子,小宇宙统一于灵魂,灵魂统一于真,构成了宇宙、人、灵魂的层层和谐之美,具有丰富的理论意义。西方古代以真为善为美,也就是以遵循与符合规律为善为美,构成的是一种理性的美学,不同于中国古代以善为真为美,即以遵循与符合某种伦理规范为真为美,构成的是一种伦理美学。"②德谟克利特对"小宇宙"的重视,突出了人在美和审美的领域及美的创造领域的主导性,全面地论述了自然向人生成、自然统一于人的新的物人和谐,构成了主体把握客体的壮美理想。由于西方古代这种人物相和的理想强调了主体的能动性,就造成了与中国古代不一样的和谐美学思想:西方古代主客是

---

① 周来祥主编:《西方美学主潮》,桂林:广西师范大学出版社1997年版,第68—69页。
② 同上书,第72页。

二分的,是异质同构,中国古代则是主体消融于客体,是同质同构;西方古代偏于壮美,中国古代偏于优美;西方古代以人为中心,中国则以物为中心。

第三个环节是苏格拉底让小宇宙跟彼岸的神灵世界联系,确立了神人相和的理论模式。苏格拉底的美学思想主要体现于神以人为中心为目的的创造宇宙的和谐:苏格拉底认为宇宙是为人服务的,神是为了人才创造出宇宙,创造出宇宙的和谐。可以说,宇宙整一地为人之功能的实现,不仅实现了宇宙的善,而且实现了人的欲求、神的意志,从而构成了人与宇宙的整体和谐,宇宙与神的总体和谐,人与神以宇宙为中介的和谐。苏格拉底把人的和谐推向和谐理论体系的核心和发展的前端,完成了西方美学史上和谐理论的第一次大综合。他在继德谟克利特之后,"把美和审美的重心从自然拉到人间,建立了网状的、立体的、综合形态的人生大和谐理想。这确实是人的美学、为人的美学、为人的实践服务的美学,是一种目的性和社会功利性很强的美学。"①总的来说,苏格拉底的人物相和理想,内含两种活力极强的模式:一是以人为中心为目的的人神之和,二是以神为主导为旨归的人神之和。奠定了其后的西方古代美学主潮的人神以和。

第四个环节是柏拉图以人的神化为主的此岸世界的彼岸化,其中人的神化为主要层次。他认为,艺术与现实模仿理式,是此岸世界向彼岸世界的非理想形态,艺术应该以通神为中介,构造与理式世界相互协调的理想王国,以便使此岸世界尽可能地靠近彼岸世界,形成神人同构的和谐。柏拉图首先构造了一个以神为主的静态和谐模式,他认为那是一个以真为基础的真善美同一的和谐体,是永恒不变的超平衡、超稳态的和谐体,是一个等级分明、井然有序的统一体。对于现实生活中的人与神的沟通与和谐,他认为是在审美欣赏和审美创造中实现的,通神常伴随着灵感的出现,常伴随着十分欣喜、愉悦、激动的情感。在他看来,通神的方式主要有三种:逐级审美而通神、回忆通神、神灵附体的通神。"在这三种神人相通的和谐形式中,前两种强调了人追求理性与神性的主动性,不泛神提升人的意味,但主要强调的是人走向神,走向神境的趋势;后一种虽也含有对神的向往与趋求,但主要突出的是神提升、优化、同化人(诗人、欣赏者)的主动性。两种主动性,都基于理式、神、彼岸世界的强大吸引力,都统一于将人导向神境,都统一于使人皈依神,使人神化,都统一于使此岸世界皈依彼岸世界,使此岸世界彼岸化,都统一于人神统一、此岸世界与彼岸世界统一的宇宙和谐理

---

① 周来祥主编:《西方美学主潮》,桂林:广西师范大学出版社 1997 年版,第 87 页。

想。"①柏拉图的三种神人相通的和谐形式,集中解决了构建宇宙新和谐的途径问题:使人神化。

第五个环节是亚里士多德以神的人化为主的彼岸世界的此岸化。"对宇宙的总体性思考,构成了亚里士多德和谐理想的逻辑起点和理论基础;对构成宇宙和谐的机制——'形式'的整一性特征的概括、生发,构成了他和谐理想的逻辑发展;对整一性在美的创造与欣赏过程中的创造性实现所形成的主客体统一的揭示,构成了他和谐理想的逻辑终点。"②具体而言,首先,亚里士多德认为,形式范塑质料造就了宇宙的和谐:"纯形式"范塑了宇宙万物,范塑了宇宙的历史过程,造就了宇宙横向的整体和谐,形成了宇宙纵向的总体和谐。亚里士多德指出,物质的形式与质料的统一所造成的动态和谐包含三个和谐层次:质料与形式因的统一,形式潜含于质料之中,属于事物低级阶段的和谐;质料与动力因的统一,是较高阶段的和谐;形式在不断范塑质料的过程中,形式达到彻底外现,完全统一质料,是事物高级阶段的和谐。亚里士多德对事物从形式对质料的范塑,揭示了事物预定的本质在其运动与发展过程中逐渐获得相应的外形,最后达到本质与外观整体的完整实现。其次,亚里士多德提出,整一是美的本质与和谐的规律。可以说,对质料与形式的研究,形成了他关于宇宙统一于形式的和谐理想,对形式特性的研究,则使他发现了形式和谐的总体要求——整一,以及生成与强化整一的条件:秩序、匀称、明确等。他认为,整一是形式的完备特性,是事物对自身本质的充分占有;时间形态的整一由形式完备运动的秩序性、匀称性、明确性构成;空间形态的整一是实现了的形式外部形态的和谐;整一是主客体统一的和谐尺度与规律;整一是物、神、人统一的和谐尺度。再次,亚里士多德论述了美感的整一及艺术的整一与和谐:他把整一的和谐规律贯穿到美学研究的各个层次,形成了普遍的规范力,在美感领域里,一方面他认为审美心理结构是和谐与整一的,感知觉、公共感觉、想象、记忆、回忆、理性,达到了高度的整一与和谐。一句话,整一的心理结构凝冻着神人和谐的理想。另一方面,他探求了美感结构的和谐,建构了比较完备的审美心理和谐说。在这里,他提出了"自我意识"的和谐,他认为"自我意识"就是审美主体在审美对象身上发觉与认识自己,即在客观对象身上直观自身,从客体中看出主体的趣味、理性、道德、智慧、才能。他所说的"自我意识"大致有三种情形:一是审美主体从自己所选择的审美对象

①　周来祥主编:《西方美学主潮》,桂林:广西师范大学出版社1997年版,第111—112页。
②　同上书,第122页。

上,发现了自己相应的审美趣味与审美理想;二是主体在审美过程中意识到了自己对客体的把握,意识到了自己对审美对象的再创造,意识到了自己认知性、创造性的实现,意识到了自己审美欣赏能力和审美创造能力的不一样;三是主体"动作"在客体身上之实现,使主体在客体身上发现了自己对象化了的本质和本质力量,发现了与自己相同相似的本质、本质力量,发现了自己的愿望、理想的物化或物态化,客体仿佛成了自身,对客体的欣赏就成了自我欣赏。在论述了"自我意识"强化主客体和谐的基础上,亚里士多德又论述了它产生的快感,以及这种快感的美感性质和整一性、和谐性。此外,亚里士多德还论证了美感的个体性与社会性相统一的性质:达到了个体与社会、有限与无限的统一,形成了更为丰盈、广博、深邃的和谐、整一的体系。关于艺术的整一与和谐,亚里士多德一方面认为艺术创造主体在模仿客体的基础上达到主客体的统一;另一方面,指出艺术创造了高于自然的整一:要求艺术家在"心之理性"的引导下,透彻地把握事物的本质与规律,进一步发挥主观能动性与创造性,按照艺术表现与创造的特殊要求,争取做到通过个体性去体现普遍性,通过偶然性去表现必然性,通过可能性去体现现实性,凝聚现实的样子形成理想的样子。

　　亚里士多德的和谐理想体系除建构了代表整个时代的审美理想外,还体现在以下几个大的方面:一是使美学理论与艺术中的和谐理想,更加协调地有机地结合,成为高度整一的时代的和谐主潮,是在柏拉图的基础上所作的更高程度的结合;二是从辩证的角度,对和谐理想的本质规定作了更深刻、全面、具体的研究,提高了它在社会生活各个方面的指导力与规范力,增强了它的科学性与普遍适用性;三是使美学的重心由对一般的社会生活研究转到对艺术的研究,既建构了系统的艺术和谐理论,又使得和谐理想在艺术中得到了更高程度的发展。①

　　总之,对于古希腊的和谐思想,周来祥及其弟子袁鼎生指出,古希腊和谐主要以壮美为主,表现形式为艺术。为此,周来祥对古希腊的艺术趣味和美学中的和谐趣味进行了相对应的阐述。他们认为,古希腊的审美意识以艺术和理论著作为载体,两者托载的审美意识相互促成,协同发展,蔚然而成整体形态的美学主潮;古希腊神话中的审美意识孕育、启迪了古希腊理论著作中的审美意识,古希腊艺术有着由物神统一走向人神统一的理想,和美学著作中和谐趣味的变化有着逻辑而非历史的同构性。古希腊艺术中人处在神人以和的中心地位,古希

---

① 参见周来祥主编:《西方美学主潮》,桂林:广西师范大学出版社1997年版,第163页。

腊艺术由强调人与神统一来体现和谐与壮美,发展为人与神在矛盾中趋向统一来体现和谐与壮美,这和理论著作均大致形成了动态历时的同构性。具体来说,古希腊崇尚酒神艺术的壮美趣味,但也不排斥日神艺术的秀美趣味,在艺术理想的发展中,同时存在二者相互融合的情形,但总的趋势是偏于酒神艺术的审美意识。

西方古罗马时期的美学思想,是承继古希腊美学主潮而来的,主要的和谐理想是人的神化——和谐的第六个环节,包括皇权的神化向心灵的神化嬗变的运动态势。在此时期,主客体初步开始分化,外向性壮美式开始朝内向性壮美式和谐转型,"完全神明化的心灵,和太一达到了同构统一,这是人的神化的必然结果,这是人神以和的理想终极,是古罗马美学的逻辑终结,这是和谐主潮推进到古罗马后涌出的最高浪尖。"①在古罗马的审美领域,前期形成了以被神化的皇帝、皇权为中介,实现了人神以和的理想。这种理想包含两个层次,一是皇帝似神,达到了人的神化,寄托了人们把人提升为神的人神以和的愿望;二是人们通过对神化的皇帝、皇权的敬仰与崇拜,达到与神的相通相和。这时的神人以和,完全是以神为中心的,一则是人完全神化了,完全实现了神的目的;二是普通民众发自内心的对皇帝与神的顶礼膜拜,在情感、意志、理想方面完全趋向了神,达到了内在的和谐统一。古罗马后期,"美学主潮由皇帝皇权的神化构成的人神以和嬗变为由心灵的神化构成的人神以和。"②这种情况出现的原因除了因皇帝完全神化导致人神同构,使理论的发展到了最高阶段,从而必然嬗变的内部原因外,还同样有着社会文化总条件的外部制约。它既有着特定的社会历史原因和宗教文化背景,又受整个西方古代美学发展的总趋势、总规律所制约,是为整个古希腊罗马以来的美学主潮整体地走向中世纪的大转型、大嬗变所必需的。

这里周来祥与袁鼎生主要就西塞罗的高贵、贺拉斯的合式、郎吉弩斯的崇高、普洛丁的太一等阐述了人与神和的范式。

高贵是西方古代美学主潮进入古罗马后形成的起点性范畴,西塞罗从自己的艺术经验出发,总结了艺术家创造高贵对象的条件与规律,提出了创造高贵艺术、培养高贵情趣、弘扬高贵精神的口号。他进而高扬了高贵趣味的壮美特征:高贵是一种与娇柔之美相对的壮美,有着庄严、伟大、高尚、光耀的壮美特质。它于壮美中包含着丰富的和谐趣味:高贵体现了民族凝聚、社会统一、神人统一的

---

① 周来祥主编:《西方美学主潮》,桂林:广西师范大学出版社 1997 年版,第 210 页。
② 同上书,第 216 页。

和谐理想,特别是人神以和的理想。

合式是贺拉斯提出的和谐理想,于多重和谐中包含着壮美的意义。他主张艺术要有高贵的特征,要合高贵的审美理想之式。合式是高贵的补充和发展,"合式说主要通过对艺术的多重和谐要求、和谐理想的界说,以补充高贵概念对和谐的理论阐述之不足,进而发展了高贵的审美理想的。"①具体地说,它界定了艺术自身的和谐,艺术与时代要求的和谐,艺术与欣赏者的和谐,艺术与表现对象的和谐,艺术家主体与客体的和谐,并强调艺术家主体是造就诸种和谐的机制。在罗马艺术家和美学家看来,最高层次的高贵,是神化了的皇权与皇帝,高贵与合式在最根本的意义上成了人的神化的展示,成了人与神和的宣言,成了和谐主潮的主要成分。

郎吉弩斯的崇高有两个层次:一是心灵的崇高;二是表现心灵崇高的文学的崇高,包括"庄严伟大的思想"、"强烈而激动的情感"、"运用藻饰的技术"、"高雅的措辞"、"整个结构的堂皇卓越"五个部分,二者统一构成了完备的审美理想和完整的理论体系。随着壮美理想的转型,他使人的神化重点转向了心灵层次,形成了精神模态的神人以和,使艺术由重再现转向重表现,成为伟大心灵的回声。可以说,他完成了旧模式向新模式的转变,构建了一种内向性和谐理想,倡导了一种在再现与表现统一中更重表现的艺术趣味,促成了一种新的一元艺术。总之,他从"崇高"的心灵出发,从低到高论证了内向性壮美理想的两个层次,将二者和谐统一起来,构成十分协调的整体,体现出整个理论结构的严整性,体现出理论体系内在逻辑的有序性;首次把壮美理想规定为比较具体的对象:"崇高"心灵以及创造性表现这种心灵的艺术形象;完成了壮美理想的向内转,开启了另一种远离客观世界的壮美理想,走出了人的神化的新阶段——心灵的神化的第一步,在人心似神的基础上构建了新的人神以和理想。

郎吉弩斯以后,"壮美理想继续向内转,心的神化持续进行,至普洛丁,蔚然而成高潮,成终结之势,显嬗变之象。"②普洛丁是在宇宙神化的总体和谐与壮美中阐述心与神和及内向性壮美的。在他看来,心的神化是呈双向进行与实现的。首先是太一神化人心:普洛丁的太一被规定为精神实体,他认为,太一就是神,以最高理式的形态存在,整一是它的根本特性,它的功能就是流溢一切,神化人心就是它在流溢中神化宇宙总体的一个环节。太一凭借众多中介把理式及其整一

---

① 周来祥主编:《西方美学主潮》,桂林:广西师范大学出版社 1997 年版,第 229 页。

② 同上书,第 275 页。

的光辉投射到精神世界、艺术世界、物质世界,神化与美化了整个宇宙,形成了整个宇宙与神的和谐,与太一和谐的理想。在普洛丁看来,宇宙的一切都是按照理式的模式与整一的要求范塑的,神的本质与特性对象化到一切事物中,宇宙凝聚为一个形象——神,从而达到了整一;宇宙神化的次第发生,表现了太一流溢理式的整一性,太一逻辑地流溢出由心智、灵魂两个级次构成的精神世界,流溢出由心灵"赋予形式的艺术",及"按照艺术自己的性质和形象来造就的""外在艺术"这两个级次构成的艺术世界①,流溢出由人、人造物、自然物三个级次构成的物质世界,三大层次、七个级次构成的整个流溢过程,非常符合"秩序性、匀称性、明确性"的整一要求,显示了宇宙神化过程的高度和谐性,显示了宇宙在神化中生成的高度和谐性。其次是人心趋向太一,心灵凭借审美超越回归太一,步步深入地展示了内向壮美境界,层层递进地构筑了心神以和的理想。心灵回归太一的审美过程,是心灵不断神化与美化的过程,是不断与高级的神化对象达到审美同构实现心神以和的过程。

普洛丁承郎吉驽斯及之前的柏拉图、亚里士多德等,形成了完备的心与神和的理想与内向性壮美追求,并凭此总结了古希腊罗马美学,开启了中世纪美学,形成第七个环节——圣三位一体。此时的和谐趋向崇高,可以说圣三位一体的和谐形式,是中世纪美学主潮的发端、展开与终结。它从各个方面终结了西方古代和谐美学主潮,上帝展开三面位格,创造与完善了宇宙,包容了以往美学史上各种审美理想。①圣三位一体蕴含了和谐主潮的各历史环节。作为西方古代美学历史与逻辑的终结点,圣三位一体蕴含了诸种主要的和谐模式。中世纪美学把宇宙的总体和谐描述为上帝自身的和谐:上帝在圣父、圣子位格的展开中,创造了宇宙万物与人,实现了神的物化与神的人化两种和谐模态;在性灵位格的展开中,使万物与人向上帝回归,实现了物的神化与人的神化。和谐的主潮在以前也出现过总结性的环节,圣三位一体既包括了它们,又超越了它们,成为整个西方美学史上最大的和谐范畴。②圣三位一体的主体——人神以和走向了极致:与古希腊罗马同类审美理想相比,中世纪的人神以和在以心为主的心身俱备性、人神双向主动性、实践性、信仰性、群众性、系统性、完美性等方面见长。中世纪的美学描述了神人以和的三种境界:主体通过审美达到跟神的统一;主体在修行中达到与上帝的契合;人死后,灵魂升入天堂,与上帝同在。可以说,作为圣三位

---

① 转引自周来祥主编:《西方美学主潮》,桂林:广西师范大学出版社 1997 年版,第 290 页。

一体主体部分的人神以和,从质与量两个方面实现了对历史的超越性、创造性终结。③圣三位一体具备开放性与渗透性。圣三位一体不仅包孕了所有的和谐模式、和谐概念,而且这些模式和概念还是开放的,质的规定性不断走向丰富、深刻与具体。具体体现在:圣三位一体把相关的概念纳入自己的体系,并将和谐规范渗透其中,将其同化,不断扩大自己的体系;圣三位一体的审美理想在规范艺术创造时,将所统摄的诸种具体的和谐要求广泛地渗透到对象上。相对于古希腊罗马和谐理论而言,圣三位一体不是一种简单的重复,而是一种发展与超越。④圣三位一体与走向极致的壮美追求的同构性。中世纪把圣父、圣子、圣灵看成是同一个上帝,而不是三位独立的神,在高度整一中,集合与凝聚了壮美,成为更加辉煌的理想。作为西方美学史上壮美特征达到极致境界的上帝,与圣三位一体的和谐理想模态是完全同一的,在美学主潮的整一性方面实现了对以往历史的终结。⑤圣三位一体的运行态势与艺术发展序列的动态对应。随着历史的发展,圣三位一体信仰的情态、理性的情态、信仰与理性统一的情态,其和谐次第走向丰富与深刻,与其次第对应的美学家是圣·奥古斯丁、阿奎那;与圣三位一体有机运动的三种情态耦合对应的艺术形式是拜占庭式建筑、罗马式建筑和哥特式建筑。

总之,周来祥在西方古代美学主潮中,采取历时与共时相结合的角度,抓住主潮特色,带动次要范畴的特点,与中国古代及西方近代相比较,概括出西方古代和谐美学的各个时期的异同。从以上分析可以看出,西方古代和谐美学的理想经历了诸多环节,它们有机贯连,共同组成和谐自由美学体系的西方古代美学主潮思想。随着资本主义社会的来临,古代美学理想中的对立冲突因素进一步裂变,从而促使西方近代崇高美学主潮的到来。

二、西方近代美学研究

在对西方近代美学主潮的研究过程中,周来祥抓住这个时期的审美理想与主要范畴——崇高来展开论述,近代广义的崇高在西方美学史上发展得最充分、也最完整。自文艺复兴到 20 世纪初是西方近代历史时期,这个时期的美学思想,上承中世纪的美学思想,下接 20 世纪现代美学思想。在这个时期,美学才正式成为一门独立的学科,崇高是这一时代的主要审美理想,崇高型艺术是近代艺术的总体特征。

周来祥与其弟子纵向比较了近代的崇高美与古代的和谐美在本质上的不同:古代的和谐美着重主体与客体等构成美的各要素的和谐统一,尽管其中不乏冲突与对立,但这种冲突与对立在和谐范围之内,其总体是和谐统一的;而近代崇高则强调构成美的要素之间的绝对对立,特别是现代主义艺术中的丑与后现代主义艺术中的荒诞,在它们之中已经找不到能够统一双方的痕迹。这里我们应该注意周来祥关于范畴的使用,在前面已经阐述过,他把崇高分为广义与狭义两种:广义的崇高既包括近代的崇高,也涵盖现代的丑与后现代的荒诞;狭义的崇高就是他说的:"所谓近代对立的崇高,就是在构成美的各种元素所形成的和谐统一的有机体中,突出强调发展其对立、斗争的方面。在这个美的有机体内,主体与客体、人与自然、个体与社会、感性与理性等各种因素都处于严肃对立、尖锐冲突、激烈动荡之中,而且越来越向分裂、对立、两极化发展。这种由对立斗争的审美关系(总体上应该是和谐自由的)所决定的系统、总体属性,就是近代倾向于对立的崇高范畴。"①本书的中部论述的就是这种狭义的崇高美学主潮。

在这里,周来祥明确了范畴的历史性,指出崇高是由美走向丑与荒诞的过渡环节。对于近代崇高,他同样是在与古代和谐对比、在社会背景与哲学基础上论述了它的产生与发展过程。近代崇高的对立斗争,最先从解放主体开始,也就是文艺复兴时期的人文主义思想所提倡的个性解放的思想。整个中世纪是神学的时代,一切艺术与美学都以神为中心,人性受到了极大的压抑。但社会总是在进步,人类总是需要发展,这就必须先获得人性的解放。在文艺复兴时期,文艺学家、美学家以反抗中世纪神学为目的,创造了许多传世之作,诞生了像达·芬奇、拉菲尔、米开朗基罗等一大批艺术大师。在文艺复兴运动中,最突出的特点是反对教会,推崇科学,文艺复兴时期的艺术家认为人应该去观察现实,去理解对象,去剖析世界,而一切的视角皆为人的视角。因而提倡个性自由,推崇理性至上,追求人性的全面发展成为此时期文化艺术的特点。哲学与美学在这一时期的共同特点是从神性向人性的转化,高扬人性成为反对神学的武器,成为行动的标准。此时的审美理想在范畴上尽管有了激烈的冲突与斗争,但严格地说,文艺复兴运动虽然是近代史的开端,但这时的美学思想还不是真正的近代思想,因为近代美学思想是抽象的哲学美学,而文艺复兴时期的美学只是感性的美学;近代美学的审美理想是崇高美,而文艺复兴时期的审美理想仍然是古典和谐美。它的总的思想还是归于统一,所以仍属于古典和谐美的范畴,是古典和谐美思想的最后辉煌时期。文艺复兴运动末期,人文主义理想开始出现危机,除了美好,人们

---

① 周来祥主编:《西方美学主潮》,桂林:广西师范大学出版社 1997 年版,第 436 页。

又发现了人类丑恶的一面,而这些单靠善是无力改变的,利益驱动之下,人可以变得无耻与残酷,理想的破灭使人陷入了悲观主义的深渊。于是美学与艺术转入 17—18 世纪的大陆理性派与英国经验派。

17—18 世纪,由于近代科学的突破性进展,哲学从本体论转向认识论,人们采取的是形而上学的思维方式。同时,大陆理性派与英国经验派的出现,对立与冲突更加激烈。理性派强调理性,认为美学以理性为基础,有一个恒定的标准,否定感性经验的重要性。先是笛卡尔的"我思故我在"告诉人们:人的本性在于思维,没有思维就没有人,因为没有思维的人与动物没有什么本质的区别,欲念、快乐和痛苦等都是建立在思维的基础之上,只有思维是人的特权,是人区别于动物的标志。他的观点已经表明,从文艺复兴以来,人的观念已经从感性向理性升华。笛卡尔在建立一个理性的大厦,他视理性高于一切,人依据理性而存在,理性是衡量人的尺度,是他的哲学主题。在美学思想上,他同样认为感性是不可靠的,只有理性是衡量一切的尺度。他承认美是相对的,但也有其绝对的标准,认为如果没有理性的基础,感性的相对美是没有意义的,美与愉快是建立在均衡、适中之上的和谐美。像笛卡尔一样,斯宾诺莎也认为美在整体,个别、有限的事物是没有客观实在性的。他和笛卡尔不同的是,认为有限的事物不能独立存在。同时,斯宾诺莎认为善即是美,提出了"人生圆满境界",希望建立一个统一的最高人生圆满境界。如果说笛卡尔承认神、物质、精神三个实体,斯宾诺莎只承认一个实体——神,那么莱布尼兹则相信有无数个实体,他将这些实体称为"单子"。"他认为万事万物都由单子组成,在每一个可靠的立足点上都由一个现实的单子占着,并且只有一个,单子是真正的实体,或者也可以称单子为一个灵魂,每一个单子各有一个灵魂,许多单子会形成一个等级体统。"[1]莱布尼兹认为,一个单子的变化同另一个单子的变化有着"前定的和谐",相邻单子间存在着无数个中介单子,从而形成连续的系列。在美学上,莱布尼兹提出了"天赋观念"和"事实真理",认为前者是先天进驻到人的心灵中的,后者则是后天认识到的,并把认识区分为朦胧的认识和明晰的认识,指出朦胧的认识存在于美与艺术之中,明晰的认识则存在于哲学之中。沃尔夫的哲学观是莱布尼兹的哲学观的延续,"他将莱布尼兹的'单子'命名为'原子',莱布尼兹认为单子间不能有因果关系,一个单子的变化与另一个单子的变化之间存在一种'前定的和谐';沃尔夫则认

---

① 周来祥主编:《西方美学主潮》,桂林:广西师范大学出版社 1997 年版,第 506 页。

为原子间可以相互联系,虽然也不存在物理影响,但可以协调一致,有机统一。"①这仍然是莱布尼兹的"前定的和谐",但沃尔夫又向前迈进了一步,他承认一切存在着的事物都有一定的目的。莱布尼兹认为美在于杂多统一的完满和谐,沃尔夫也认为美在于一件事物的完善,事物正是凭借完善来引起人们的快感。从笛卡尔经斯宾诺莎到莱布尼兹与沃尔夫,大陆理性派虽然坚持理性至上原则,但也看到了感性存在的可能。到了鲍姆嘉通,尽管对理性主义的理论进行了总结和继承,但已经把美与感性认识结合起来了。他把美学定义为"美学(美学艺术的理论、低级知识的理论、用美的方式思维的理论、类比推理的艺术)是研究感性认识的科学。"②从这个定义可以看出,一方面,他认为美是特殊的逻辑学,即类理性;另一方面,美学与感性认识、感性表现有关,是关于美和艺术的哲学。在鲍姆嘉通之前,完满即理性,理性即完满,个性是不具备完满性的;整体是完满、均衡、和谐的美,个别是不完满、否定的。鲍姆嘉通为个性在完满的理想中找到了位置,他认为感性一样有完满性,也就是"诗意"。总之,理性派发展到鲍姆嘉通出现了新的发展,已经认识到美学所具有的感性认识特质,以理性来定义非理性,主体性、个体性等近代因素在他的理论中已经有突出的地位。他创立了美学这门学科,并试图调和理性派与经验派的观点,虽然没有找到结合点,却给康德以启示。

英国经验派是与大陆理性派17世纪在欧洲同时兴起的两大思想潮流,经验派以社会学说、认识论和人与自然的关系为中心观点,以感性经验为基础,一方面反对理性派,另一方面发展自己的学说。经验派认为只有感性经验是最重要的,美学的标准存在于人的感觉经验之中。这一派的主要代表人物有培根、霍布斯、洛克、夏夫兹博里、哈奇生与休谟。

培根哲学的全部基础是实用性,是借助科学的力量去征服自然,人的力量来自知识,而知识来自于经验。他认为美一样是感觉经验的产物。与培根相比,霍布斯主张美应该与真和善相结合,真、善、美统一才是一种理想的美。他也主张思想要来源于感觉,同时坚持诗歌的创造要符合自然的规律,不能虚构自然界不可能存在的东西。洛克同样认为人类的全部知识来源于经验,根本就不存在天生的观念或天赋的原则。他提出了著名的"白板说":"把人的心灵比作是一块白板,画在白板上的知识来源于经验,途径有两个:一类属于外界事物作用于感

① 周来祥主编:《西方美学主潮》,桂林:广西师范大学出版社1997年版,第510页。
② 《朱光潜全集》第6卷,合肥:安徽教育出版社1991年版,第539页。

官所引起的,如色彩、声音、气味等;另一类是由心灵的反省得来的,如思维、怀疑等。后者是前者的基础,并表现出综合能力和理解能力。从这些感觉经验得来的知识,又可分为两类,一类是简单观念……另一类是复杂观念……洛克认为美是一种复杂观念。"①英国经验派发展到夏夫兹博里与哈奇生发生了转变,他们二人从前面三人的对美的分析走出来,更多关注心理机制的问题,对美的本质从心理学的角度提出了新的观点。夏夫兹博里认为"道德感首先来自纯粹的感觉,并不具有理性,而是根据个人的好恶而行的,在后天的发展中,教育与社会实践逐渐变成了其中理性的一部分,因而,他认为在伦理领域内人们天生具有一种判断行为价值的能力,他把它称为'道德感'或'是非心'"②当然,夏夫兹博里虽然承认人具有先天的观念,但他不像理性派那样把一切归之于先天的理性观念,而是把一切建立在感性经验上。他认为美感同道德感一样是人的"内在的感官",他看到了美感的特殊本质所在,从心灵和理性的角度出发,认为美感的感受不同于外在感官所获得的表象,而是一种"内在的东西"。同样,哈奇生将人的感官分为内在的和外在的,外在的感官接受简单的观念,也就是人的五官;内在的感官则接受一些较复杂的观念,内在的感官又可分为六类,其中包括道德感和美感。他一样看到了美感可以"立刻就在我们心中唤起美的观念",当然,哈奇生对美感的表述也只能感到与快感不同,比快感带来的愉快要强大得多,但却无法作出本质的区别。

总的来说,大陆理性派与英国经验派在思维上采取的是机械对立,把自由与必然、心灵与肉体、理智与感情、群体与个体、主体与客体的对立双方的一方加以极端的发展,从各自的哲学观点出发,形成自己的体系。17—18世纪可以说是德国古典美学的前期阶段,是康德美学的准备阶段,是真正近代美学思想的开端。

德国古典美学时期,是崇高美学主潮的高峰时期:自康德开始,经歌德、席勒、费希特、谢林,一直到黑格尔形成了完善而强大的德国古典哲学与美学思想。周来祥在理论概括的基础上,时刻不忘从具体历史现象出发来阐述他的美学史观点。他认为,在美学史的研究过程中,逻辑只有在历史中浓缩、在历史中总结理论知识才不会让美学史变成思想史的附庸。他从庞大的德国古典美学思想体系中概括出了西方近代崇高的主潮线索。

首先,在康德美学中近代崇高范畴得到严格的规定:如果美是建立在对象的

---

① 周来祥主编:《西方美学主潮》,桂林:广西师范大学出版社1997年版,第525页。

② 同上书,第529页。

形式上,那么崇高则是在对象的无形式中发现,美是有限的,崇高是无限的。"因此美好像被认为是一个不确定的悟性概念,崇高却是一个理性概念的表现。于是在前者愉快是和质结合着的,在后者却是和量结合着。并且后者的愉快就它的样式来说也是和前者不同的:前者(美)直接在自身携带着一种促进生命的感觉,并且因此能够结合着一种活跃的游戏的想象力的魅力刺激;而后者(崇高的情绪)是一种仅能间接产生的愉快;那就是这样的,它经历着一个瞬间的生命力的阻滞,而立刻又继之以生命力的因而更加强烈的喷射,崇高的感觉产生了。它的感动不是游戏,而好像是想象力活动中的严肃,所以,崇高同媚人的魅力不能和合,而且心情不只是被吸引着,同时又不断地反复地被拒绝着。对于崇高的愉快不只是含着积极的快乐,更多的是惊叹或崇敬,这就可称做消极的快乐。"①同时,康德认为,"真的崇高不能含在任何感性的形式里,而只涉及理性的观念,虽然不可能有和它们恰正适合的表现形式,而正由于这种能被感性表现出的不适合性,那些理性里的观念能被引动起来而召唤到情感的面前。"②这就是说,崇高是与理性相关的,崇高不在自然事物之中,而存在于人的观念里。与此同时,康德还把崇高进行了分类:有数学的崇高与力学的崇高两种,于前者他说:"崇高是一切和它较量的东西都是比它小的东西。"③当然,这种大并非无限量的大,审美中存在着一个最大限度的量,康德称之为审美地估量大的最饱和的尺度。对于自然界中力学的崇高,康德认为:"假使自然应被我们评判为崇高,那么,它就必须作为激起恐惧的对象被表现着。(虽然不是反过来每个激起恐惧的对象在我们审美的判断里被看做崇高)因为在没有概念的审美的判断里,这对于诸障碍的优越性只能按抵抗的大小来判定。"④比如,"高耸而下垂威胁着人的断崖,天边层层堆叠的乌云里面挟着闪电与雷鸣,火山在狂暴肆虐之中,飓风带着它摧毁了的荒墟,无边无界的海洋,怒涛狂啸着,一个洪流的高瀑,诸如此类的景象"⑤都会被看做是崇高的对象。当然康德所说的崇高是来自主体内心的,他认为自然界的万事万物虽然令我们感到恐惧,但只有唤起我们内心的理性观念,从理性上把握它,我们才会认为它是崇高。另外,如果外在客观已经恐惧到威胁我

---

① 康德:《判断力批判》,载《宗白华全集》第4卷,安徽教育出版社1994年版,第290页。
② 同上书,第290—291页。
③ 同上书,第295页。
④ 同上书,第305页。
⑤ 同上书,第306页。

们的人身安全,我们也就不可能悠闲自得地来审美,内心无法用理性观念来战胜客观对象时,对象对我们来说就不是崇高的了。比如,我们站在远处观望火山爆发,在确定我们自身是安全的时候,我们会为此种自然事物的壮观景象所震慑,此时心中涌起一种对大自然神奇力量的赞美,同时胸中也激荡着人类能够战胜大自然的那种豪情;反之,如果火山爆发出人意料之外,突然波及我们安全范围之内,这时我们关注的就是我们自身的安全,而不会考虑此景是否具有崇高之美了。因此,康德一再强调崇高是来自主体内心的,是夹杂着痛感的快感,是间接的、复杂的、运动的快感。总之,在康德那里,"从美向崇高过渡仍然是康德哲学中从感性的人向理性的人的过渡,从自然的人向社会的人过渡,从自然向理性过渡,最终归到道德、善那里去。"①

其次,歌德与席勒补充和改造了康德美学思想的抽象性与主观性,把实在的内容带进了美学:"将艺术创作纳入思想规律,把艺术的内容引入到美学思想中,将康德的抽象美学思想与艺术创作和艺术欣赏结合起来,在艺术中完成感性与理性的统一,并体现出崇高的艺术本质特点。"②其中,席勒特别区分了古代艺术与近代艺术在本质上的对立,即区分了美与崇高的不同。他在《论素朴的诗与感伤的诗》一书中,明确地把素朴的诗归属于古代的和谐范畴;把感伤的诗划入对立的近代。席勒认为,古希腊人与外在自然处于一种素朴的关系之中,"就他们对客体的喜爱而言,他们似乎在由于自己本身而存在的东西与由于艺术的意志而存在的东西之间,并没有作出区别。比较起来,自然似乎更使他们的理解力和求知欲感兴趣,而不是更使他们的道德感兴趣。"③在古希腊人,他们是自然地感受的,他们与自然的关系是纯粹的关系,人与自然很少有感伤的情怀;而我们现代人对自然则带有一种感伤的情怀,现代诗人在写作时也会不由自主地表现自我,读者在他们的作品中可以发现作者的存在。总的来说,古代诗人要描绘的是单纯和自然世界,描绘与他们息息相关的一切事物;近代诗人创造的是独特而崇高的对象,通过描述自身周围的文化来达到其目的。"一个仅仅为了眼睛创造的作品,只有在有限中找到自己的完美;一个为了想象力创造的作品,可以通过无限达到自己的完美。"④席勒对崇高也下了自己的定义,他说:"在有客体

---

①　周来祥主编:《西方美学主潮》,桂林:广西师范大学出版社1997年版,第631页。

②　同上书,第638页。

③　[德]席勒:《秀美与尊严》,张玉能译,北京:文化艺术出版社1996年版,第271页。

④　同上书,第287页。

的表象时,我们的感性本性感到自己的限制,而理性本性却感到自己的优越,感觉到自己摆脱任何限制的自由,这时我们把客体叫做崇高的。"①同时他也指出了美与崇高的区别:美始终是快乐的、自由的,崇高则是激动不安的、压抑的,需要纵身一跃,才能达到自由的境界。由于崇高以理性为主,所以席勒认为,崇高为我们找到了走出感性世界的出口。

最后,黑格尔建立了博大精深的德国古典美学的逻辑体系。到他为止,德国古典美学达到高峰,也使崇高美理想走向成熟。在美的方面,黑格尔认为美是理念的感性显现,仍然是德国古典美学的美是自由说的观点,本质是感性与理性、自然与人、认识与实践的统一。在崇高方面,由于黑格尔的主要对象是艺术,他把艺术分为三类:象征型艺术、古典型艺术与浪漫型艺术。其中的浪漫型艺术就是对近代艺术的总结,随着古典型艺术的解体,取而代之的浪漫型艺术以内在主体性为其艺术原则。在浪漫型艺术中,人们找不到古典型艺术所代表的那种理想的美,并且现实的缺点都表现出来,它并不回避丑的因素,追求一种复杂的、喜悦与痛苦相互渗透的感情。当然,黑格尔的浪漫型艺术并不是我们现在所说的浪漫主义艺术,而是包含浪漫主义与现实主义两种艺术于其中,这从他对浪漫型艺术做过的分类中可以看出:"在浪漫型艺术里有两个世界。一个是本身完满的精神世界,即自己与自己和解的心灵,这种心灵使生、死和复活的直线的复演变成真正的不断地回原到自己的循环的复演,变成精神的不死鸟式的生活。另一个是单纯的外在世界,它由于脱离了和精神的紧密结合就变成一种完全经验性的现实,对它的形象,灵魂是漠不关心的。"②

黑格尔作为德国古典美学的集大成者,不仅对艺术进行了纵向的分类,而且还横向阐述了近代艺术中丑、崇高、悲剧与喜剧等近代美学范畴。丑这个近代美学范畴在黑格尔的美学中,没有系统地被阐述,但他认为丑是歪曲的、畸形的、有缺点的,是对不正确的特征的描写,丑作为美的对立面而存在。在他的浪漫型艺术中,丑是时常存在的,他说:"尽管冲突破裂的情形不一定都表现得那么突出,结果总不免是丑,至少是不美。"③在黑格尔的艺术美学中,崇高被归于象征型艺术类型。周来祥指出黑格尔的这种划分只是形式上的划分,事实上,在黑格尔那里,崇高属于近代艺术。崇高使人感到自己的有限与上帝的无限之间的不可逾

---

①　[德]席勒:《秀美与尊严》,张玉能译,北京:文化艺术出版社1996年版,第179页。
②　黑格尔:《美学》第2卷,北京:商务印书馆1979年版,第286页。
③　黑格尔:《美学》第1卷,北京:商务印书馆1996年版,第203页。

越性,正像康德的感性形式与理性内容之间的不和谐一样。悲剧在黑格尔的眼中,有古典的悲剧和近代的悲剧:古代的悲剧在冲突中完成统一;近代的悲剧中,个体与主观性是其灵魂,这类悲剧形成了主观与客观的分裂对立,造成了美的解体,属于近代艺术范畴。这里与周来祥的悲剧是一个近代范畴有区别,但就其发展的情况而言,又没有本质的不同,周来祥把悲剧看成是一个近代范畴,和黑格尔的近代悲剧是一个意义。喜剧在黑格尔看来是古典艺术解体时的产物,"喜剧的出发点是可以使悲剧荡然无存的那种绝对的和解,是不为外物所动的绝对的自信和快活。"①

在通过德国古典美学归纳出崇高的基本特征之后,周来祥又对崇高的两种形态:浪漫主义与现实主义进行了独到的阐述。在传统的理论中,浪漫主义与现实主义被当做一种创作方法,学者们认为它们是从古至今的两大文艺思潮。周来祥则将它们规定为一种历史范畴,而不是一种创作方法,它们是近代崇高艺术中的两种流派。这种分类比较符合资本主义社会现实,也与形而上学思维方式相一致,符合美学发展的历史规律。我们看外国文学的发展线索就知道,先有浪漫主义艺术,到19世纪30年代,现实主义艺术才开始取代浪漫主义艺术成为主流。于是,周来祥指出,近代崇高型艺术的基本特征就是在主体性日益成为主导原则的基础上,把客观再现与主观表现、对象与自我分裂对立起来。这种对立因素包括理想与现实之间的对立、情感与理智之间的对立、思维与想象之间的对立、天才与勤奋之间的对立及时空之间的对立等。浪漫主义艺术与现实主义艺术正是近代崇高型艺术元素对立双方各自片面发展的结果,它们有着各自的艺术原则与特征。

美学经历了崇高之后,开始向丑的王国挺进。资本主义社会物质财富的极度发达和精神文明的极度贫乏、理性主义与科学至上的观点使人类愈来愈缺乏精神信仰。所有这一切,促使美学家考虑如何为感性生命寻找出路,为人类个体主体寻回自由。此时的美学深受哲学的影响,哲学上出现了科学思潮和人文思潮的分流,美学上也出现了实证主义美学、生命美学等。实证主义美学家把美学研究局限于经验范围内;而叔本华与尼采的生命美学试图以非理性因素来解决人类理性无法解决的问题。艺术上继续沿着浪漫主义与现实主义的方向发展,出现了表现主义与自然主义的现代派艺术。周来祥把现代主义艺术与崇高型艺

---

① 鲍桑葵:《美学史》,北京:商务印书馆1995年版,第463页。

术相比较,强调现代艺术是在崇高艺术的进一步裂变与分化的结果:"概括地说,现代主义的艺术是根据丑的观念和模式,把构成现代艺术的各种元素不和谐地甚至反和谐地组合在一起。假若说崇高型的艺术,把主体与客体、再现与表现、理想与现实、情感与理智、思维与想象等构成艺术的元素对立起来,那么现代主义则把这种对立推向极端,达到相互否定、各执一极的顶点。"①同样,周来祥把自然主义与表现主义也看做是历史的范畴,是在现实主义与浪漫主义进一步在对立的基础上发展起来的:"自然主义走到否定主体、理想、想象,追求纯粹客体、再现、现实、认知的极致;而表现主义则彻底抛弃客体、再现、现实、认知的因素,而追求纯粹主体、表现的极致。"②于是"自然主义与表现主义作为现实主义和浪漫主义的极端发展,将自近代崇高型艺术以来的对立因素推向绝对化、极端化,现代派艺术成了美学的叛逆,丑的艺术理想和艺术原则在这一时期开始渐渐形成,并逐步形成势力,代替最终走向和谐的崇高型艺术,审丑成了一个世纪的话题。"③其结果是导致西方美学走向 20 世纪以丑与荒诞为主的美学主潮。

三、西方 20 世纪美学研究

把丑与现代艺术、荒诞与后现代艺术结合起来,也是周来祥的一大贡献,他的近代崇高艺术经由狭义的崇高发展后,浪漫主义与现实主义中主观与客观等因素继续分裂对立,达到极端,于是形成了以丑为主的现代艺术和以荒诞为主的后现代艺术。《西方美学主潮》的下部论述了西方 20 世纪美学主潮。这个时期的美学,是"从高扬单一的、非理性的自我主体的现代主义美学,最终走向了否定主体性的原则并使人与客体处于一种非对立的、无中心的、弥散的差异状态的后现代主义美学的历史。"④其中现代主义使美学的历史进入审丑时代,而后现代主义则使美学进入荒诞时代,整个 20 世纪的美学走向了美的反面。

(1)丑与荒诞产生的社会历史背景。丑与荒诞的产生与西方资本主义社会、哲学、人之走向否定方面有深刻的关系。前面已经提到,19 世纪的资本主义社会理性与科学合谋,使理性成为工具理性,在征服自然的同时,通过对社会和

---

① 周来祥:《古代的美·近代的美·现代的美》,长春:东北大学出版社 1996 年版,第 187 页;转引自周来祥主编:《西方美学主潮》,桂林:广西师范大学出版社 1997 年版,第 763 页。
② 同上。
③ 周来祥主编:《西方美学主潮》,桂林:广西师范大学出版社 1997 年版,第 770 页。
④ 同上书,第 773—774 页。

人进行大规模的组织生产,结果是自然被肢解、人异化为工具,人与社会的发展都走向了实际需要的否定方面。进入 20 世纪,垄断资本主义对工具理性越发依赖,对自然的破坏与对人的压抑达到了无以复加的地步。特别是人类经历两次世界大战之后,西方资本主义社会进入后工业时代,人的日常生活处处渗透着商品的制约,人变成了消费者,失去了自我与本性,成了"单面的人"(即丧失了自由与反思的人,只知道按所谓社会的合理化方式进行生活的人)。同时,人的文化也被商品生产的规律所控制,产生了文化工业。总体来说,人的普遍异化与压抑,使人虽然在物质上得到了满足,却越来越丧失了自身的精神和自然的家园。于是,首先哲学开始走向非理性化,把人的非理性的东西看成是人唯一拥有的东西;后来,法兰克福学派又反对非理性的主体中心地位。这时,美学与艺术开始向后现代转化。在整个后现代时期,留下只是"去中心"、"反理性"、主体不存在、历史感消失等特性,存在的只是对任何事物的消解与解构。

在这样的背景下,丑与荒诞产生了:首先是 1853 年罗森克兰茨《丑的美学》的发表,开始对丑正面讨论,把丑看成是美的否定;其次是叔本华和尼采的美学思想中丑的因素极浓。整个 20 世纪的美学和艺术发展,它的总的特征就是走向美的否定发展,以形式的方式对人的否定方面——它的非理性、潜意识、虚无、荒诞加以表现,它的前期是丑,而后期则是丑的极端发展——荒诞。丑作为审美是非理性的、不可表现的内蕴以非自然的形式或反理性的形式所达成的表现;荒诞是非理性审美主体在无任何确定的主体性内蕴的情况下所进行的审美构成或呈现活动。①

(2)丑与荒诞的产生及发展概况:其一,丑与现代主义,丑的发展与现代主义美学紧密相连,建立在非理性主体的基础之上。在这种确立非理性主体对美和艺术的本源地位的同时,现代主义美学流派把原来作为主体表现的客观世界的地位完全否定了,这种非理性主体成了美与艺术唯一的本源,进而使无对象的审美成为可能,美和艺术成了非理性主体的独白与表现。"非理性主体在否定客观对象世界之后,不可能采用任何自然形式来进行对象化表现,只能打碎自然进行表现,或者在对象的审美的情况下,根据自己神秘的内在力量去构成一种非自然的、抽象的形式。"②因而,现代主义美学与艺术最终走向了美与艺术的否定方面,其非理性主体的表现非理性内容与无规则形式都是丑的。

---

① 周来祥主编:《西方美学主潮》,桂林:广西师范大学出版社 1997 年版,第 790 页。
② 同上书,第 793 页。

　　周来祥与牛宏宝在《西方美学主潮》一书中分上、下两个部分对西方现代主义美学的形成与发展进行了详细的阐述。他们指出现代主义美学开始于表现主义,在表现主义中,艺术和审美第一次获得了自身的生命,主体自我成为艺术的源泉,也成为美的源泉。如果说,主观性在浪漫主义那里表现为脆弱、伤感、孤独的话,从叔本华开始,这种漂浮不定的主观性向实体方面转化,即转化为意志。在尼采那里,则表现为生命意志。尼采说:"世界就是:一种巨大无匹的力量,无始无终;一个升腾泛滥的力量海洋,永远在流转易形,永远在回流,无穷岁月的回流,以各种形态潮汐相间,从最简单的涌向最复杂的,从最静的、最硬的、最冷的涌向最烫的、最野的、最自相矛盾的,然后再从最丰富的回到最简单的,从矛盾的纠缠回到单一的愉悦,在这种万化不一、千古不移的状态中肯定自己,祝福自己是永远必定回来的东西,是一种不知满足、不知厌倦、不知疲劳的迁化——也就是我的这个永远在自我创造、永远在自我摧毁的酒仙世界。"①对于这样的一个世界,我们是不能凭借理性来把握的,只能依靠直觉,以整个生命去把握对象,并与对象在感性生命中达成统一。可以说,非理性主义的表现主义揭示了生命活动的生动本质,展示了生命冲动的丰盈、充沛和无限的创造力,生命活动处于一种与理性活动完全不同的形态,它抵制了一切理性的控制和约束。当然,这里的表现主义是指广义上的,包含了所有具有表现主义美学思想的理论流派和其他创作流派:包括移情论美学、精神分析美学、柏格森的生命哲学、克罗齐和科林伍德的美学以及当时的各种美学流派。

　　表现主义美学在 20 世纪最初的表现是移情论美学,美学中的移情论是 20世纪对审美作出的一种最普遍的总结。它使用经验观察的心理学方法,把美和艺术放在主体感情外射这样一种带有生机论特点的心理机制上,它不仅自身是表现主义的,而且为表现主义美学建立和提供了心理学基础。审美移情论最杰出的代表人物是立普斯,他认为审美的移情作用一方面是主观的反应,即向周围的客观现实灌注生命的活动;另一方面在于对象的形式方面。审美移情的达成是主观生命和对象形式的完全的融合。因此他说:"在对美的对象进行审美的观照之中,我感到精力旺盛,活泼,轻松自由或自豪。但是我感到这些,并不是面对着对象或和对象对立,而是自己就在对象里面。……这种活动的感觉也不是我的欣赏的对象,……它不是对象的(客观的),即不是和我对立的一种东西。

---

① 尼采:《权力意志》,北京:商务印书馆 1993 年版,第 700 页。

正如我感到活动并不是对着对象而是就在对象里面,我感到欣赏,也不是对着我的活动,而是就在我的活动里面。"①移情是生命的一种基本的直观活动,立普斯的移情论侧重的更是人的内模仿作用。不管是立普斯还是谷鲁斯、巴希等,他们都认为美不是客观的,而是主观的,只存在于观照的心灵中,存在于心灵与对象发生共鸣的时候。其后沃林格的《抽象与移情》把移情活动看做是古典主义艺术和审美经验的核心,他对艺术和审美中抽象原则的奠定,被移情论更大胆、更直接地举起了现代主义表现主义的旗帜。沃林格完成的由移情向抽象的转移,不仅是对古典主义残余的最后摆脱,也是对浪漫主义的突破,从而建立了一个与丑关联的真正现代的美学概念。

精神分析美学是20世纪以弗洛伊德为代表的将精神分析心理学扩展到美学与艺术领域的结果。精神分析美学的最核心点在于压抑与升华的矛盾对立,而被压抑的无意识以寻求快乐为目的的里比多能量的释放和满足,则是艺术审美的源泉和中心。"也就是说,艺术家把他的情结投射到艺术作品中去,而观赏者则把他的情结投射到他所观赏的东西中去,因此,艺术作品所表现的是它的创作者无意识活动的结果,至于观赏,则是在作者、读者自己的身上引起一种类似的潜意识活动。"②精神分析美学中的"升华"、"投射",与表现主义美学的核心概念表现之间没有原则上的区别。精神分析美学把丑的、畸形的等作为审美和艺术的内在方面,从审美和艺术创作的动力机制上确定了下来,真正将丑与美从本体的意识上联系起来。这个学派的主要代表人物是弗洛伊德和荣格。弗洛伊德认为:人的历史就是被压抑的历史,文明压制了人的社会生存、生物生存及本能结构。他的本能概念主要是性本能,具备三个特性:首先,它的来源是人的内部,不受外界影响;其次,它比较难以控制;最后,它有广泛的适应性,可以多变地改变其对象,而在本质上不发生变化。他把艺术和审美的达成奠基于性本能的冲动和满足之上,美感即是性快感或者性快感的延伸而已。他把里比多作为内在的动力:"这种涓涓不绝的性本能,拥有一个明显的特色,便是它受阻时(阻力总是很大的),能转移其目标而无损其强度,因而为'文化'带来了巨大的能源。'文化'发展的能量,诚然绝大部分来自性亢奋中所谓的错乱成分。"③在这里,

---

①　转引自周来祥主编:《西方美学主潮》,桂林:广西师范大学出版社1997年版,第812—813页。

②　周来祥主编:《西方美学主潮》,桂林:广西师范大学出版社1997年版,第837页。

③　弗洛伊德:《爱情心理学》,北京:作家出版社1986年版,第170—171页。

弗洛伊德讲了快乐原则和现实原则以及升华的概念,他认为本能的里比多的目的就是寻求满足的快感,但这种快感必须遵循现实原则和文化的规约,这样寻求直接满足的本能冲动就被压抑了。但按照能量守恒的原理,这种能量照样存在,可以发生转移而通过其他方式给予满足,以达到升华的目的。"所以性的冲动乃能放弃从前的部分冲动的满足或生殖的满足的目的,而采取一种新的目的——这个新的目的虽在发生上和第一个目的互相关联,但不再被称为性的,在性质上称之为社会的。这个历程,叫做升华作用,因为有这个作用,我们才能将社会的目的提高到性的(或绝对利己的)目的之上。"①因此,弗氏认为艺术与美学是性本能的升华。于是,从移情论的主观性到沃林格的艺术意志和抽象原则,再到弗洛伊德的无意识,艺术或审美的本质方面越来越具体,越来越趋于非理性方面,一步步地走向了丑的范畴。

　　荣格对"集体无意识"的论述是对弗洛伊德"个体无意识"的最有力的批判和补充,荣格认为一个人的道德方面和不道德方面都可以在无意识领域找到根基,意识都是由无意识领域里发出来的。他的无意识包括两方面的内容,一方面是所谓"阈下知觉"的东西,另一方面则包含人类祖先从其生活中积累起来的丰富的知识。在弗洛伊德那里,无意识是与个体相关联的,来自于对本能冲动的压抑,而荣格认为每个人的无意识相当丰富,不容易被人理解,但那里有着支配着人的生活的人类的历史经验,这些作为类的共同经验,形成一种集体无意识。他把艺术的发生归之于被激活的集体无意识原型,把审美的普遍可传达性也归到集体无意识及其原型的名下。

　　总的说来,精神分析美学在美学史上第一次将美和艺术建立在人类的无意识领域之上,使得美和艺术完全归于非理性的范围,从而完成了审美范畴由崇高向丑的转化。

　　表现主义美学之"表现"所依赖的内在原则是直觉,在直觉中,分裂的人在某种程度上是以一个整体出现的,直觉是作为分析理性和工业社会对人的分割的反题而被提出和宣扬的。克罗齐把直觉看成是一切精神活动的源头和基础,在美学与艺术中,他提出了直觉即表现、表现即艺术的观点。他把审美和艺术置于每个人的心灵之中,并作为人类心灵活动的基本事实给予确定。在克罗齐那里,直觉就是心灵给物质赋形,或者把外在的东西纳入心灵的形式之中。当直觉

---

① 转引自周来祥主编:《西方美学主潮》,桂林:广西师范大学出版社1997年版,第851页。

被看做是一种心灵内部赋予事物以心灵的形式,那么直觉就是表现。因此,克罗齐说:"每一个直觉或表象同时也是表现。没有在表现中对象化了的东西就还不是直觉或表象,就还只是感受和自然的事实。心灵只有借造作、赋形、表现才能直觉。若把直觉与表现分开,就永没有办法把它们再联合起来。"①这里,克罗齐把表现看做是直觉本身在其内部的展开,不受其他非直觉因素的干扰。之后,他进一步推断出表现即艺术的论断。他说:"我们已经坦白地把直觉的(即表现的)知识和审美的(即艺术的)事实看成统一,用艺术作品做直觉的知识的实例,把直觉的特性都赋予艺术作品,也把艺术作品的特性都赋予直觉。"②于是,克罗齐就建立了一个无对象世界存在的心灵综合作用的审美,这种审美就是一种抒情主义,是一种纳西瑟斯式的美,因而是一种丑——"不成功的表现"。

对把直觉作为审美和艺术的内在的、唯一的原则加以论述除克罗齐外,还有生命哲学的代表人物柏格森及科林伍德。柏格森认为只有直觉有洞察一切并准确地描述它们的能力,直觉大大地优越于科学的理性。他为艺术中的意识流提供了"人的心灵是一个毫不间断的、永不停息的意识的川流"——认为我们的心灵或者意识就是这样一种变动不居而又互相渗透的各种色调的源源不断的长流,并揭示了这一事实的目的在于维护和保持生命的自由,以免受理性的解剖和宰割。人类的一切活动都是由生命冲动所促成,我们通过直接的、最接近的经验体会到这种生命的冲动存在于我们自身中,通过同情或"直觉"体会到它在别人身上的存在。在柏格森看来,人的生命自我就被分割成两份:即基本的自我和空间化的自我。基本的自我就是那未被理智切割,未被投射到在空间中,从而保持着自身绵延的整一性和不可分割的自我;空间化的自我就是被理性或科学分割的自我,它被投射到空间中被并排置列,从而获得彼此外在性。但是,"这种被折射了的,因而被切成片段的自我远较符合一般的社会需要,尤其符合语言的需要;意识倾向于它,反而把基本的自我逐渐忘记干净。"③因此,我们不是为了我们自己而生活,而是为了外界而生活,要恢复人的自由,并自由地动作,重新拥有基本的自我,就要恢复对于自己的掌握,必须回到纯粹的绵延之中。

对于柏格森,李斯托威尔做了总结:他的审美直觉是"一种与正常的知觉并

---

①　转引自周来祥主编:《西方美学主潮》,桂林:广西师范大学出版社 1997 年版,第 901—902 页。

②　同上。

③　柏格森:《时间与自由意志》,北京:商务印书馆 1958 年版,第 87 页。

存于人身上的能力,就是一种同情。借助于这种独一无二的同情,艺术家把他自己放到客观对象的内部了。的确,艺术的目的就是要把我们人格中各种积极的力量催入睡眠状态。这样,就可以把我们带入到一种完全驯服的状态。在这种状态中,我们对艺术所表现的感情发生同情。至于自然,不论它在什么时候略微表露了人的感情或心情,我们都会对它发生同情。任何感情,在这种方式下,都可以变成审美的感情。此外,并没有什么特殊的关于美的感情。"①柏格森把艺术的创造和作为观赏的审美经验都看做是一种直觉活动,就是作为在纯粹时间中绵延的生命对自身或对另一个同样处于绵延中的生命的直接领悟。他通过把审美直觉看做艺术生命的时间形式,从审美的内在方面把审美直觉确定下来了,完成了审美的有空间化向时间化的转化和突破。

科林伍德在想象与表现同一,以及一切表现活动都是语言、表现与情感的关系等方面与克罗齐的思想一致。他的《艺术原理》的中心思想就是片面地强调艺术的表现特征而根本否认艺术的再现特征。但是他把克罗齐直觉中包含的意思转换到"审美情感"与"想象"两个概念上。他认为审美情感是保证艺术表现是表现而不是宣泄的向导,保证了艺术表现的自足和自明,表现是否与情感相联系,就是确定表现之真伪的标志。同时,科氏把艺术定义为总体想象经验,审美情感的表现必须在想象活动中完成,审美活动是思维在意识形式中将感觉经验转化为想象的活动。

于是,到20世纪,直觉或者想象便被当做审美和艺术的真正源头和原则。"这是一种真正的主观原则。但是这种主观原则,不仅摆脱了外部世界的约束而独立自足,而且在精神,也就是在心灵内部,它也是自足独立的,即不依赖于理性赐予什么正确的道路,也不需要道德的支持,它自身就可以独立支撑起属于自己的那片辉煌的天空。在这个独立自足的原则中,一切旧美学的分裂、对立和二元论的东西,被内在地统一为一个整体了。这里不仅不存在主体与客体、感性与理性、自由与必然的分裂,也不存在内容与形式的二元论争论,直觉即形式,也是内容。"②也就是说,在艺术中一切都是表现,艺术真正成了人的创造,客体的世界第一次被彻底抛弃了。当艺术只考虑表现,以及由表现而达成真时,古典的主客体的和谐之美及近代的作为丑与美之间对立的过渡和解决的崇高,就被丑所代替,形成审美的非道德化。现代美学的丑不仅是内容上的,而且也是形式上

---

① 转引自周来祥主编:《西方美学主潮》,桂林:广西师范大学出版社1997年版,第890页。
② 同上书,第920页。

的：它的内容来自于无意识、非理性领域，它的形式是变形的，因为它要表现的是一种不可表现的东西，只能借助于别的形式来表现这纯粹直观的东西，变形、扭曲和抽象就成为必然。

美和艺术走向独立自足，是人与客观世界分离、疏远及人的发展走向主体自由创造阶段的必然结果。随着现代主义美学的继续发展和瑞士语言学家索绪尔的结构主义语言学的出现，20 世纪形式主义美学思想把艺术与现实生活之间的联系的任何纽带都斩断了，确立了艺术永远是独立于生活的极端的结论。可以说，在形式主义美学那里，它们的形式不仅仅是构成的，而且，文学与艺术都只是形式。他们认为，艺术内容不仅不能脱离形式结构的普遍规律而独立存在，并且艺术的内容就是形式。正如俄国形式主义者日尔蒙斯基说："简言之，如果说形式成分意味着审美成分，那么艺术中的所有内容事实上也都成为形式的现象。"①就形式主义而言，它的形式的创造与表现主义已经有很大的不同了，表现主义形式的创造总是由创作主体来独立进行的，形式的创造与自我表现紧密地结合起来了；而形式主义美学的形式一旦被创造出来之后，它本身就是一个独立的整体，与现实的、自然的形式完全割裂开来，与创造者再无任何关系，关联的只是艺术符号系统内部的组织规律。这样，作品的意义就既不能从对生活的反映中获得，也不能从作者的表现中获得，它只能在其内部组合中获得，也就是说，在形式主义美学中，艺术作品的价值只能来自这种形式意味。

其后的符号学美学把形式主义美学开始建立独立自主的艺术运动推到了完全成熟的境界。以卡西尔和朗格为代表的符号学以探讨符号形式的本体论起源为宗旨，并为所有的符号形式建立认识论的基础。卡西尔认为，人是作为符号形式的创造者生动地存在着、活动着，人最根本的能力是创造符号形式，并通过这符号形式与世界建立各种各样的关系。可以说，卡西尔和朗格为代表的符号学把表现主义美学思潮和形式主义美学思潮从符号学的角度进行了创造性的结合，认为美感只是从抽象的形式的观照中获得，审美不与自然的客体相关，而是来自于主观的构形能力或符号化的冲动力以及对这种构形结构本身的观照。

概而言之，现代主义美学的对不可表现之物的表现和建立无对象世界的审美的艺术——抽象艺术使整个艺术趋向于一个抽象的世界，一个由纯粹形式构成的世界。但由于这种形式不是针对客观世界，而是对不可表现之物的表现，因

---

①　转引自周来祥主编：《西方美学主潮》，桂林：广西师范大学出版社 1997 年版，第 960 页。

而它只能是一种非自然的形式,是一种非形式,也就是审美中的丑。这种非形式中,尽管有时也给人以和谐的感觉,但这种和谐与古典的和谐是完全不同的,它往往给人以不安、孤独、紧张的感觉,对于被孤立、仅仅以感性生命为支撑的个体来说,靠的是一种独白的方式建立一种抽象的形式来实现和肯定自身。这时主体就相当于一种局外人,尽管没有理性的约束,确实解放了,自由了,但这样的主体是孤独不安的,由于不能与客体进行对话,因而也是残缺不全的,他的孤独、不安、焦虑成了这非自然形式的真正意味,这种主体,其获得的意味必定是丑的。这样,"当孤立无援的主体在其抽象形式中体现出自身的残缺不全和它的赤裸裸存在的'坏'的无限性时,他达成的审美形态是丑的;而当他自觉地意识到这种'坏的无限性',以及价值和意义无法把握时,他便进入荒诞的状态。"①

其二,荒诞与后现代主义,我们已经了解到,整个现代主义美学和艺术运动是一场否定、毁灭客体而依赖、肯定主体的运动。这种主体无论是一个脱离了对象世界支持的单一主体,它依凭的是我之所感,它的基础不是其理性,而是其内在的生命冲动。到20世纪中期,随着现代主义非理性主体的片面夸大,暴露了自身的全部弱点——残缺不全与孤独无援。人的整个存在及他与世界的全部关系都成根本上变成可疑的了,人失去了所有的支撑点,所有与理性的知识与信仰都崩溃了,留下的只是处于绝望和孤独之中的自我。这种孤独的自我是由于资本主义在20世纪的发展,技术统治和商业合流的产物,人作为主体变成了商业流通中的一个环节,为了抵制资本主义物质生活腐蚀化的反抗,就产生了这种孤独的自我。在20世纪上半叶这种主体还凭借生命力冲动活动着,把潜意识、非理性、直觉作为最基本的内蕴,到20世纪中期,这种主体感到自身力竭的时候到来。这种缺乏本体论依托的主体,就必须寻找新的根基,于是现象学的"回到事物本身去"的观点产生了。胡塞尔作为现象学的代表人物认为,为了达到对本质的洞察,必须进行现象的还原——就是必须把全部自然世界排除掉,得到纯粹自我或纯粹意识的绝对领域。但是这种作为根基的纯粹自我或纯粹意识是一种比所谓无意识更难把握的东西,因而也更进一步地暴露了人作为主体的无助、孤独和荒诞。由于人类无法回避与改善这种情况,于是这种处于绝望和孤独中的主体就成为唯一可以把握和依赖的了。到了海德格尔,这种孤独的自我表现为人的某种空虚的、没有任何内容的,而且是终极的、无条件的中心。"是以这样

————————

① 周来祥主编:《西方美学主潮》,桂林:广西师范大学出版社1997年版,第1061页。

一种情绪为根本特征的,即它乃是无由庇护的东西的情绪,是对世界感到无名恐惧的陌生和迷惘的情绪,同时,又是感到自己的存在的绝对有限和受限制的情绪,是被抛入一种不可理解的荒谬的现实之中,听凭死亡、罪以及作为一切表面的感情和情绪的基础的根本情绪——不安——摆布的情绪。在这种无限孤独和被支撑着人并赋予人以意义的一切世界秩序所遗弃的体验中,留给人的只有绝望或隐退到自己存在的最内在的终极,即实在之中。”①在这里,海德格尔让人面对存在的荒诞,并在这荒诞中体验自身的本质。紧接着,萨特把人的存在与虚无紧密地结合起来,这种虚无就是人的自由,包含有两方面,一方面,这种自由是没有任何确定的、正面的、肯定性的内容;另一方面,这种自由让人去选择,从而形成自己的本质,并为自己的选择负责。

于是,对于这种处于绝望和荒诞状态中的主体,他们所做的就只是揭示与暴露这个残缺不全的主体的孤独、无助、荒诞与绝望,在这种否定的主体的前提下谋划、选择,以达到更为本质的存在。但事实上这是不可能实现的,因为这样的主体自身就存在不可依托性,在否定客体之后,最后连所谓的生命源泉也不具备了,其内容越来越空洞与虚无,最终这种非理性主体变成了“荒诞的人”。整个存在主义哲学就是面对着人的存在的荒诞在说话,并力图赋予这荒诞的存在以本体论的根基。于是,艺术与审美成了荒诞的人从虚无和被抛掷状态中向某种不确定的存在之意义超越和谋划的途径。因此,“如果说有自身意蕴的主体与对象世界建立起和谐的关系产生的是美的话,如果说一个有自身意蕴的主体把自身与世界的关系从根本上割裂开来,从而失去对象世界对自身的限定和对自身内在东西的规约,而只寻求自身与自身的同一,并因此而只表现自身内部那无制约性的东西所产生的美是丑的话,那么,一个没有自身的内在意蕴、没有任何主体性依托,而只从虚无出发去寻找那在彼岸的绝对存在,或者去寻找那‘欠缺’的本质的存在者(此在)所能达成的美就只能是荒诞,也就是说荒诞的人将自身的荒诞以整体方式呈现出来,无论这种荒诞是‘幻象’的状态,还是想象的意象,它都只能是荒诞。”②因此,存在主义的美学特征与范畴是荒诞。

到现象学美学、阐释学美学与接受美学,对美的本源的寻找转向了对审美的本源的寻找,由作者为中心转向了以读者为中心。因为这种转向,美和艺术所具有的确定性及作者的中心地位都被破除了,人作为主体的主体性也因此而失去

---

① 周来祥主编:《西方美学主潮》,桂林:广西师范大学出版社 1997 年版,第 1072 页。
② 同上书,第 1156 页。

了神圣的光环,把人与现实隔离开来,人处于作品或语言的囚笼中。法兰克福学派注重美学和艺术的批判功能,注重美学和艺术对人的感性解放,注重艺术作品内在形式中审美形式与现实社会之间的辩证关系。但整个批判理论的否定无法将否定置于一种历史的进步力量上;在马尔库塞那里,否定的辩证法的否定力量只来自于那些个体主体和感性的东西;在阿多尔诺那里,否定的力量则来自于所有与同一性相对立的非同一性的东西,来自于非主体的否定性本身。二者都带有非理性的特质,他们所依赖的拯救力量——否定的辩证法陷于无限的恶性循环中,不可能有任何建设性的成果,只能走向反艺术,整个批判美学,在其无限的否定中不仅是非理性的,而且是荒诞的。

主体的主体性处于危机、衰落和毁灭中时,产生了荒诞的整体性思想。到后现代主义时期,在文化的审美与艺术方面,已经很难找到那围绕人而带来意义的主体的主体性方面,整个主体的中心地位被否定,否定主体、否定本源,使后现代具有浓厚的虚无主义特征。主体的消逝,导致了意义的缺席,导致了虚无主义,客体也显得与人无任何关联,变得异常冷漠。因此,整个后现代主义美学和艺术的审美形态是丑的极端——荒诞。后现代主义美学的主要流派有后期建立在结构主义语言学基础上的结构主义、解构主义、分析美学以及产生于20世纪60年代以后的各种各样的关于后现代主义文化和美学的理论。

分析美学与结构主义美学二者都从根本上消解了人作为主体在美学中的地位,把美学建立在语言符号这样的'现实'基础上,符号或语言把主体与客体融合了起来,主体与客体的独立性似乎都不存在了。结构主义美学的最大特征是用所谓万能的结构取代主体和客体,文本的意义由隐藏在文本中的结构自主地产生和决定,结构主义美学的目的就是把隐藏在文本中的结构寻找与描述出来,却又放弃理解这种结构的功能和意义,这样就取消了美学与艺术的意义,剩下的就只有一个空的骨架,到解构主义时,这种万能的结构也不存在了,有的只是无限的消解和无中心的片段。如果说结构主义还只有半个身子进入后现代主义的话,那么分析哲学与美学则是完全的后现代主义。维特根斯坦反对过去的探寻本质的本质哲学与概念思维,指出无所谓永恒的本质与意义,所有的本质只存在于词的无法穷尽的用法之中。在这种语言分析哲学和解构精神的前提下,分析美学导致了对美与美学的取消。

总之,"如果我们把现代主义美学看做是建立在单一的、个体的、自我的主体之上,并且同时又否定了客体、瓦解了客体的话,那么后现代主义则恰恰是走向了对主体的主体性否定,或者应该严格地认为是对现代主义的那种单一的、个体的、自我的主体的否定和瓦解之上的。"①当然,这种对主体的否定,从另一方面来说,导致了对客体方面的肯定,但这种肯定只是把客体或自然置于一种纯粹的、赤裸裸的存在地位,与人不发生任何情感上的关系。与人有关系的只有语言或符号,所有的意义(如果有意义的话)都是由语言或符号自身产生。后现代主义反对对生活的证明和反思,依赖本能,艺术成为一种游戏。正如利奥塔德的分析:后现代主义美学是对"不可表现之物"的"不可表现性"的认可,是一种荒诞的美学。这类艺术与美的总的特征是:不确定性;平面化、碎片化、无原则性、缺乏主体性;反讽;狂欢;表演性参与;构成主义;内在性等。

那么美学与艺术进入后现代之后,是否会像黑格尔认为的当艺术进入浪漫主义之后就会解体消失呢? 周来祥明确指出并不存在这种情形,在他的美学体系中,丑与荒诞只是美学发展过程中的一个阶段而已,美学与艺术的最终发展是走向辩证和谐。美学与艺术自古典和谐发展到近代的崇高,然后到现代的丑与后现代的荒诞,是一个否定的过程。周来祥认为,物极必反,任何事物发展到极限就会出现转机,西方的崇高发展到后现代的荒诞已经发展得相当完善了,它辩证发展的下一步必将是在一个更高层次的辩证的和谐,是一个新的肯定的时期。当然,这个时期也许还会迟些来临,但总的趋势是肯定的,"这是人类美学史的共同规律,它是客观的、不可违背的和谁也逃脱不了的。"②从这里我们可以看出,周来祥否定了黑格尔对艺术终结的思想,是一大进步,但把艺术的终点又定在辩证和谐艺术的理论同样存在决定论的局限。

从以上分析可以看出,中西方美学史的发展是不同的:西方美学理论的研究注重科学的明晰性,而中国则没有一系列共同使用的系统化的美学范畴和命题,因而中国古代的美学理论带有多义性和模糊性等特征。这种情况主要表现在美学范畴的不同、在主潮的发展过程中不同等方面,这个问题在中西方美学比较研究时将详细讨论。

总的来说,周来祥的中西方美学史的研究,在以下几个方面表现了其独创性:首先,周来祥"在突出主要范畴的前提下,同时兼顾次要范畴的发展;在强调审美理想的前提下,同时顾及各种文化意识和艺术思潮的现象,在主次分明的结构中,以全面、宏观、整体的观念,选择多层面、多角度的展现美学发展的历

①　周来祥主编:《西方美学主潮》,桂林:广西师范大学出版社1997年版,第1347页。
②　同上书,第3页。

史。"①其次,周来祥关于美学史的研究采用通史式的、概貌式的方式,从历时与共时两个角度进行把握:历时方面,分古代、近代和现代三部分进行研究;共时的方面则研究每一历史时期的美学思想、意识概念和艺术主张、艺术现象等。由于周来祥采取这种从抽象上升到具体,从主潮到整体,纵横交织,相互印证的方式,这样周来祥的美学史研究既克服了偏重理论,忽视艺术现实的现象,也避免了堆积材料,缺乏理论的局限。其次,周来祥的美学史研究强调了美学史的发展有着内在的生发机制,是各种因素和关系相互作用,共同形成的;他的美学史研究是把逻辑凝缩在历史中,在历史中展开逻辑。再次,对于美学的范畴,周来祥指出它们是逻辑范畴与历史范畴的统一,历史范畴是有其阶段性的,不能随意逾越。最后,他把美学史的研究纳入了他的和谐美学体系之中,他的美学史一样是运动的、发展的,是在各种关系中形成的,整个美学史都是依据和谐理论成熟的范畴体系来概括与总结。

第三节　中西方美学比较研究

中国的中西比较美学研究于清朝末年开始,许多美学大师诸如宗白华、朱光潜、邓以蛰、钱锺书等都曾对中西美学与艺术进行过具体的比较。但系统的比较则始于 20 世纪 80 年代以后。1981 年,周来祥发表了《中西古典美学理论研究》,第一次以宏观的视野对中西方美学进行了总体的比较研究。其后周来祥与陈炎教授合著的《中西比较美学大纲》在其理论观点和论述方法上呈现出理论性、体系性、主潮特色和多侧面的比较等特点。

蒋孔阳先生认为,比较必须具备两个前提:第一,要深入研究和了解中西方美学思想,明了各自的长处和短处。这样,对于西学,"我们既不会愚昧无知,盲目排斥;也不会无所选择,照单全收"②。第二,在此基础上,以独立自主的精神,用当代世界的眼光,发出我们自己对于当代世界美学的见解,而不是人云亦云;同时用现代科学的方法,挖掘梳理我国优秀的传统,然后把我们具有独特民族风格的艺术和美学思想推向世界,使之纳入世界的范围。

周来祥于中西比较美学研究过程中,特别注重运用辩证逻辑的方法,讲求思维的历史具体性。他和陈炎教授从微观与宏观方面进行比较,在比较的过程中,

---

① 周纪文:《和谐论美学思想研究》,济南:齐鲁书社 2007 年版,第 120 页。
② 《蒋孔阳全集》第 3 卷,合肥:安徽教育出版社 1999 年版,第 442 页。

不排除同中有异、异中有同,既讲求动态与静态相结合,同时把美学比较与文化比较密切联系,在历史分析中再现中西美学思想的逻辑进程。他们从中西比较中找到了新的、当代形态的美学建构,建立了一个较为完整的体系。

周来祥的比较美学思想是建立在中西方平等对话的基础上的,他认为中西方比较的关键是比较特征,而不是见出优劣,他说:"我们进行比较研究则贯穿这样一种精神,即既不以西方标准来框中国,也不以中国的标准来框西方。我认为中西方各属于人类文化的一部分,谁也不能代替谁。我的比较只寻求相同之处和差异性,从不寻求谁优谁劣,美学更无优劣,只有共同性和差异性。而且我希望所揭示出来的共同性和差异性不是细节方面的,而是有规律的,总体特征性的。这样的比较目的不是走向趋同,而是走向差异,走向各自按各自的规律发展。"①下面我们以《中西比较美学大纲》为例具体谈谈周来祥在中西比较美学方面所做的贡献:全书从古代、近代与现代三个阶段出发,分别从美学形态、审美本质、审美理想、艺术特征四个方面对中西方美学进行了比较。

一、审美形态研究

关于审美形态的研究,周来祥采取从古代经近代到现代的历史发展线索来进行中西方美学形态的比较。他指出中国古代是经验美学,而西方古代是理论美学,与西方古代美学相比,中国古代美学尚处于一种前科学的经验形态:缺乏严格的美学范畴、严密的论证手段和严整的理论体系。中国古代的美学范畴,一般没有严格的规定,随意性很大,同时又有多义性与模糊性;论证手段也不是判断、推理,而是直觉、感悟。中国古代很少有独立的美学著作,一般存在于其他艺术作品之中。而在西方古代则刚好相反,西方古代的美学范畴较为严格:在论证手段方面,出现了严密的形式逻辑,建立起了比较完备的理论体系。这里周来祥引用了王国维对中西国民性比较中的一段话说明了中西思维方式的差别决定美学形态上的差别:"国民之性质各有所特长,其思想所造之处各异,故其言或繁于此而简于彼,或精于甲而疏于乙,此在文化相若之国犹然,况其稍有轩轾乎?抑我国人之特质,实际的也,通俗的也。西洋人之特质,思辨的也,科学的也,长于抽象而精于分析,对世界一切有形之事物,无往而不用综括及分析之二法,故言语之多自然之理也。吾国人之所长,宁在实践之方面,而于理论之方面,则以

---

① 周来祥:《周来祥美学文选》(下),桂林:广西师范大学出版社 1998 年版,第 1931 页。

具体的知识为满足,至分类之事,则迫于实际之需要外,殆不欲穷之也。"①当然,周来祥认为中国古代是经验美学,而西方古代是理论美学,这只是就主导方面来说,并非说中国古代美学以经验性为特征,却没有理性的精神。只是中国的理性是"实用理性",而西方的却是"思辨理性"而已。

美学发展到现代,中国随着理论科学的建立与西方理论的传入,美学形态由经验转向理论属性;反之,西方则由于实证科学的流行、反理性思潮的冲击,美学形态由理论形态转向经验属性。于是,中西方与古代相比较,刚好反过来,中国的现代美学是理论性的,而西方的现代美学则是经验性的。中国的现代美学大师都希望从具体的审美经验中归纳与提炼出美的本质与规律,以便在辩证唯物主义和历史唯物主义的指导下,建立一套具有严格理论范畴和论证手段的美学思想体系;西方的现代美学则由理论走向经验,美学家们纷纷放弃旧有的命题与方法,不再以美的本质的研究来作为建立体系的起点,从具体的审美经验和艺术问题入手,与具体科学联手,形成"自下而上的美学"的发展趋势。

对于未来的美学形态,周来祥认为,美学不应该是这四种美学形态中任何一种美学的简单延续,而应该是在这四种美学的基础上建立起来的经验与理论相统一、思辨与实证相统一的新型美学。这就要求我们把马克思主义的理论美学与现代科技手段相结合起来,共同揭示美学领域的秘密。

二、审美本质研究

美的本质问题是美学学科的关键性问题,这个问题在中西方有着不尽相同的地位和意义。在审美本质部分,周来祥按照历史发展的顺序,把美的本质分别为古代、近代、现代三个部分加以论述。他指出中西方美的本质都是由古代的统一经近代的分裂对立到现代的辩证统一发展规律之后,在相同的历史发展阶段,中西方美的本质发展是不同的。周来祥认为在中国古代的美学是伦理美学,是从食文化发展而来,是指向血缘关系的审美追求:他们注重美与善的相似之处,把以艺术为核心的审美活动看成是某种传播教化,乃至移风易俗的功利行为;西方古代是宗教美学,是由性文化发展起来的,是指向上帝的审美追求:他们注重美与真之间的共同点,将以艺术为中心的审美活动看成是追求真理,乃至追求上帝的信仰活动。就古代美的本质发展而言,西方从毕达哥拉斯到柏拉图都企图透过具体的审美对象去发现其共同的审美本质,有着脱离客观世界的唯心主义

---

① 转引自周来祥、陈炎:《中西比较美学大纲》,合肥:安徽文艺出版社1992年版,第14—15页。

倾向;中国古代美学经历了先秦时期的"仁学"美学,将审美活动从感官愉悦中区分出来,使之具有伦理的意义即具有善的品德和修养,及宋、明时期的"理学"美学,将审美情感本体化、系统化、宇宙化,乃至僵化。

美学进入近代,是对古代美学的一个进步与否定阶段,将审美活动从封建意识形态的束缚下解放出来了。于是,近代的西方美学倾向于反宗教趋势,而近代的中国美学则出现反伦理倾向。由于西方的宗教美学将美的本质归结于超验的上帝,用灵魂压抑肉体、理性压抑感性,取消艺术等,必然遭到文艺复兴以来的近代美学与文艺的反对与责难。与西方的宗教美学一样,中国的儒家美学也与近代美学思想相违背,它将美的本质建立在封建礼教的基础之上,其内容是规定的道德伦理价值,在审美活动中,用理智约束情感,美学与文学艺术只是道德教化的工具而已。这种情况也必然遭到明中叶以来的人文主义者的强烈反对。周来祥还指出近代对美的本质追求与古代对美的本质追求的不一样:近代西方与中国近代美学都是追求自由的,不仅将审美活动与原始的生理快感区别开来,而且把美学从宗教神学和封建伦理的桎梏中解放出来。与古代美学强调美与真和善的关系不同,近代美学则着重强调其独立性,在理性与感性、必然与偶然、能动性与受动性之间寻找一个和谐自由的情感领域。

美学进入现代之后,在中国的"后宗法文化"和西方的"后宗教文化"的影响下,西方开始摆脱本体论的危机,东方则突破认识论的界限,出现了中国现代的社会美学与西方现代的心理美学。周来祥在这里的"现代"于西方是指资本主义工业社会向后工业社会转变的历史时期;于中国指新民主主义革命胜利后的"社会主义社会初级阶段"。

西方的心理美学是在康德之后的反理性思潮的兴起而出现的,叔本华、尼采、弗洛伊德与荣格等反理性美学思想家,各自按照自己的观点从人类原始的欲望与本能出发建立了自己的心理学美学;中国的现代美学主要是指建立在马克思主义基础上的美学。在与西方现代关于美的本质问题的对比研究中,周来祥指出,如果说现代西方的美论研究过于感性化、心理化,那么现代中国的美论研究则过于理论化、社会化了。

于是,他提出应该将人类审美本质的历史生成与个体审美活动的现实特征更加紧密地联系起来,即由抽象过渡到具体、由理论指导实践、由定性的分析发展到定量的分析。他要求我们在继续深入发展中国社会学美学研究的同时,有计划地分析、批判、改造、吸收西方心理学、美学的研究成果,形成综合性的理论优势,以解开美学领域的千古之谜,尽快建立现代辩证和谐的美学关系。

三、审美理想研究

"审美理想是特定民族在特定历史阶段中所形成的相对稳定的审美追求，是社会生活在审美领域中的最高结晶。"①人类的审美理想对中西不同民族而言，既有其民族个性，也有其历史的共同性。对于中西方审美理想的比较，周来祥同样从古代素朴和谐、近代对立崇高、现代辩证和谐三个方面来阐述。他指出，从大的方向来看，中西方或迟或早都要经历古典和谐美的理想经近代对立崇高美的理想向现代辩证和谐美理想发展三个阶段。但在每个阶段，中西方审美理想的发展及特征是不一样的。

首先，在古代和谐美理想方面。尽管在大的趋势上，古代东西方都追求和谐美理想，在思维方法方面，中西方也有着共同的特征，即都强调运动、强调转变、强调联系、强调多样性统一的朴素辩证法。但具体来说它们还有以下两个方面的不同：首先，西方人偏于追求审美对象的物理属性的和谐，讲求整一、适当、多样性统一等规律；中国人则侧重审美主体心理的和谐，这种和谐取决于主体的心理结构；其次，西方主张"人神之和"，而中国侧重"人人之和"。西方古代关于和谐的审美理想在表层上是物理属性方面的和谐，但它的里层却都是指向上帝等超验的"神"，和谐的最终目的是由物理属性的和谐达到"人神之和"。中国古代讲求的是人与社会、人与自然的和谐统一。这种和谐也可以分为两个层次：表层的和谐是当下体验到的心理活动；里层的和谐则是通过这种心理活动所达到的间接的社会目的，即人与社会、人与自然的和谐一致，最终达到"人人之和"。

其次，在近代崇高美理想方面。①周来祥先论述了古代中西方近代崇高的崛起，西方自博克到康德再到黑格尔对崇高的阐述一步步地系统化、理论化；而中国的崇高发展远没有西方那么充分，从徐渭开始，到王国维系统地阐述优美与壮美的区别，其中壮美的内涵已基本上相当于近代的崇高，再到蔡元培类似康德的崇高范畴的阐述，最后鲁迅将近代社会的审美理想深深根植于中国社会反封建的文化土壤之中，崇高进一步结合中国的实际得到总结。但总的来说，相对于西方的近代崇高，中国的崇高缺乏理论性、系统性，缺乏专门的有关崇高方面的美学著作。比如，"丑"的审美形态，西方莱辛与雨果都有详细的论述，而在中国，则只能在文学艺术及评论中找到只言片语，未能形成系统。②在思维方面，

---

① 周来祥、陈炎：《中西比较美学大纲》，合肥：安徽文艺出版社 1992 年版，第 121 页。

近代人的思维方式是"形而上学"的思维模式,即马克思所说的:"把自然界分解为各个部分,把自然界的各种过程和事物分成一定的门类,对有机体的内部按其多种多样的解剖形态进行研究,这是最近四百年来在认识自然界方面获得巨大进展的基本条件。但是,这种做法也给我们留下一种习惯:把自然界的事物和过程孤立起来,撇开广泛的总的联系去进行考察,因此就不是把它们看做运动的东西,而是看做静止的东西;不是看做本质上变化着的东西,而是看做永恒不变的东西;不是看做活的东西,而是看做死的东西。这种考察事物的方法被培根和洛克从自然科学中移到哲学中以后,就造成了最近几个世纪所特有的局限性,即形而上学的思维方式。"①形而上学的思维方式,便于个别地、具体地研究事物,使我们注意到事物之间的差异性,它的缺点是缺乏联系性与灵活性。这种方法在西方,由于科学技术的发达,对具体事物的研究也就更具体,因而形而上学的思维方式也就相当普及;反之,在中国则因近代科技与资本主义因素发展不够充分,形而上学的思维也就不及西方普及,因而中国的近代审美理想中也就含有不少素朴和谐的古代因素。

　　最后,现代辩证和谐美理想的比较。周来祥指出,中国与西方在古代与近代的审美理想尽管有这样那样的不同,但在总的趋势上是一致的。审美理想发展到现代,却出现了明显的不同,这就是西方继续沿着崇高的范畴发展,把审美的理想推向了丑的王国,"西方世界的审美理想再一次发生了历史性的变迁,即从古代的和谐经由近代的不和谐最终走向反和谐"②。而在中国,则在扬弃对立、冲突的基础上,重新要求和谐美的回归。"随着无产阶级革命的胜利和社会主义建设的发展,特别是四个现代化的迅速进展,主观和客观、理想和现实的对立,在新的实践基础上,在更高的水平上辩证地统一起来。"③周来祥认为,根据唯物辩证法的观点,矛盾双方在分裂对立的基础上最终会导致新的融合与统一。因而,美学经由古代素朴的和谐美向近代对立崇高的转换之后,必将走向现代的辩证和谐。

　　通过中西方审美理想的对比发现,尽管中西方在发展规律上大致相同,但由于不同的文化传统和历史现实的影响及审美理想发展是否充分等因素,中西方

---

① 恩格斯:《社会主义从空想到科学的发展》,见《马克思恩格斯选集》第3卷;北京:人民出版社1995年版,第734页。
② 周来祥、陈炎:《中西比较美学大纲》,合肥:安徽文艺出版社1992年版,第163页。
③ 转引自上书,第165页。

在各个时期的审美主潮又是不一样的;通过对比,我们既可以看到西方的审美意识和艺术形态发展的必然性和可能性,同时也可以认识到中国的审美形态和艺术发展的复杂性根源所在。

四、艺术特征研究

在艺术特征部分,周来祥首先在艺术的发展过程中,按照古代、近代、现代的历史分期,概括出中西方都呈现为由一元艺术到二元艺术再到多元艺术的发展过程;然后,在横向的各个历史阶段,论述了中国与西方民族在艺术本质及其特征方面有着不同的理解和共同的追求。

(1)中西古代一元艺术的比较。中西古代都属于一元艺术,它们的共同特征是:都是古典主义的美的艺术,和谐的艺术。与前述一样,周来祥的"古典主义"是广义的古典主义,以调和矛盾、强调平衡、回避冲突、向往和谐为主要特征。中西方古典主义的区别在于:"从创作实绩来讲,在这种理想与现实、表现与再现、情感与理智相统一的古典主义艺术中,中国古代的艺术家一向以理想、表现、情感为矛盾的主导方面,即以诗为主,'诗中有画';而西方古代的艺术家则一向以现实、再现、理智为矛盾的主导方面,即以画为主,'画中有诗'。"[1]可以说,中西方艺术的这种不同倾向使中西方古典艺术既有质上的一致,又有量上的不同,"从理论建树上讲,在这种主观与客观、个性与共性相统一的古典主义艺术中,中国古代的思想家较为强调主观与客观的相互渗透,因而从'言志说'出发,导向了'意境说';而西方古代的思想家则更加注重个性与共性的彼此融合,于是从'模仿说'出发,导向了'典型论'的创立。"[2]中西的这种不同侧面从两个不同的角度完善了古典主义的美学原则:前者从抒发主观的情感开始,实现了主体与客体的一致,后者从再现个别的事物出发,导致了个性与共性的和谐。这里,周来祥特别指出,我们不能把西方古代的"模仿说"误认为是现实主义的美学原则,把中国的"言志说"看成是浪漫主义的艺术理论,因为"前者从摹写感性的个别物象开始,最终走向了感性与理性、个别与一般、现象与本质相结合的典型论;后者从抒发主体的情感意愿开始,最终走向了意与境、情与景、心与物相统一的意境论。"[3]而这些都是古代和谐理想在中西艺术中的体现,与近代的现

---

[1] 周来祥、陈炎:《中西比较美学大纲》,合肥:安徽文艺出版社1992年版,第170页。

[2] 同上书,第170—171页。

[3] 同上书,第202页。

实主义与浪漫主义的对立与冲突是完全不一致的。

(2)中西近代二元艺术的比较。"如果说,中国与西方的古代艺术,是古典主义一元统一的艺术;那么中国与西方的近代艺术,则是浪漫主义和现实主义二元对立的艺术。在艺术实践方面,近代艺术家已不再满足于'诗画一律'的素朴和谐,而要求将理想与现实、表现与再现、情感与理智诸矛盾因素拆解开来、对立起来,使'诗'与'画'得到独立的发展。在美学理论方面,近代艺术也对于古典时期所建立的'典型论'和'意境论'进行了重要的改造,即将'类型化典型'发展为'个性化典型',将'无我之境'发展为'有我之境'。所有这一切都使得近代艺术的美学品格与古代艺术发生了历史性的区别,即由和谐的、美的艺术发展为对立的、崇高的艺术。"①从此,艺术向表现与再现、理想与现实、情感与理智、教育与认识两个方面发展,由古典的和谐艺术发展为近代的浪漫主义与现实主义艺术再到后来的具象浪漫主义、抽象主义与自然主义、照相写实主义等,强调绝对的对立与冲突。当然,在此书中,由于时代与篇幅的限制,周来祥未能详尽阐述这种后来的否定艺术,但他在文中也预见性地提到了荒诞的后现代艺术,同时阐述了产生这种对立冲突的近代艺术的背景:主要是由于资本主义的经济发展,近代社会阶级的分化,造成理想与现实的冲突而形成的。

(3)中西现代多元艺术的比较。由于中国与西方在社会制度和文化背景不一样,西方现代艺术在多元历史过程中始终坚持自近代以来的分裂对立的倾向,并把这种对立与冲突推向极端;而中国现代艺术则在经历了一个阶段的古典主义回归才走向多元的趋势,并力图在现代辩证的基础上走向更高的和谐统一。周来祥阐述了西方趋向分裂的多元艺术,认为西方在经历浪漫主义与现实主义之后,艺术开始进入一个无主流、无中心的多元化时代,诸如"自然主义、象征主义、唯美主义、印象主义、意象主义、形式主义、未来主义、表现主义、存在主义、结构主义、新现实主义、超现实主义、魔幻现实主义、照相现实主义以及意识流小说、荒诞派戏剧、黑色幽默文学……"②等诸多流派,这些流派都在自觉不自觉地演绎理想与现实、表现与再现、情感与理智的矛盾与对立。与现实主义和浪漫主义相比,这种对立与冲突愈发彻底、片面了,将艺术推向了非艺术,甚至反艺术的境地,是一种反和谐的艺术、丑的艺术,它给人带来的不是感官的愉悦,是内心深沉的思考。对于西方现代艺术的发展趋势,周来祥指出,物极必反,对立冲突走

---

① 周来祥、陈炎:《中西比较美学大纲》,合肥:安徽文艺出版社1992年版,第206页。
② 同上书,第238—239页。

向极端后也为更高层次的统一与和谐的新型艺术的出现准备了历史条件。中国现代是趋向统一的多元艺术,新中国成立后,无论是"社会主义现实主义"原则的提出,还是毛泽东"两结合"——革命现实主义与革命浪漫主义相结合方法的主张,都试图从理论上建立社会主义的新型文艺,但古典主义必须经过现实主义与浪漫主义的充分否定才能上升为"两结合",由于当时各种历史条件不是很成熟,结果出现了类似古典主义的"样板戏"的回归。改革开放后,中国出现了百花齐放的文艺局面:"朦胧诗"、"第三代诗"、"伤痕文学"、"反思文学"、"改革文学"、"寻根文学"、"先锋文学"、"新写实文学"、"纪实文学"以及20世纪90年代后的"现实主义复归"、"新状态小说"、"断裂事件"、"身体写作"、"网络文学"等,这些流派在本质特征上都自觉或不自觉地表现主客体的分裂趋势:在主体方面,从生活体验走向生命体验;在客体方面从现象归纳走向现象的解剖。"前者已开始通过客观物象和生活常态的夸张与变形来体现更为深层的主体意蕴,而后者则进一步抛弃了主体的思维定式和观念模型而接近生活的原始形态。这种主客体的分流显然具有超出文学审美本质规定的特点,因而有人指出,中国的文学不但在发展,而且在'流失',即除了追求娱乐效果的通俗文学之外,严肃文学正在向'哲理化'和'新闻化'两个方向流失。所谓'流失',既可以看成是离开了人们对文学艺术的原有规定(主体与客体的统一、现象与本质相统一的审美的意识形态)而走向诸矛盾因素的进一步分裂;又可以看成在这种分裂中深化了诸对立因素的独特功能,从而为更高层次的统一创造着条件。"[1]也就是说中国现代的艺术总的来说是一种趋向统一的多元艺术。除了比较其不同之外,周来祥还预测了未来新型艺术的发展状况,认为未来共产主义是人与自然和人与人之间矛盾的真正解决:"到了那时候,人对于自然,既不是一种无能为力的被动依附,也不是一种急功近利的破坏性开发,而是一种开发与保护的辩证关系。到了那时候,人与人之间既不是一种束缚于宗教和血缘纽带的素朴情感,也不是一种建立在金钱和法律之上的利害交往,而是一种个性自由与社会协作相互统一的新型关系。也只有到了那个时候,文学艺术中的表现与再现、理想与现实、情感与理智、教育与认识诸矛盾因素之间才可能达到一种既不是未经分化的素朴和谐也不是单纯分化的机械对立,而是形成一种既对立又统一、通过对立而实现统一的新型艺术。"[2]

---

① 周来祥、陈炎:《中西比较美学大纲》,合肥:安徽文艺出版社1992年版,第252—253页。
② 同上书,第254—255页。

　　总之，与以往的比较美学研究不同，周来祥的中西方比较美学研究不只是注重在微观比较中，凸显中西方具体的审美与艺术特点，而是选择了中西美学的对立和冲突作为切入点，将比较的眼光更多地放在文化的差异和发展的融合上，运用历史与逻辑相统一的辩证方法，采取微观与宏观相统一、同中求异和异中求同并行、静态比较与动态比较相结合等方法，抓住总体，进行历史比较，找出共同规律和特殊规律为目的，对中西美学的一些最基本的问题进行了微观分析和宏观把握，并特别对两大美学体系最为对立、差别最大的典型特征进行了比较，从中概括出中西美学形态发生、发展及历史演变的文化逻辑和社会意义，形成了独特的比较美学体系。

　　当然，本书作为第一部中西比较美学专著，也有部分学者指出了它存在着某些方面的局限，如广西师范大学王杰教授所说，在方法论上，对美学理论发展的具体性、丰富性以及两大类美学传统在各自发展中的辩证矛盾，不易得到充分的说明和阐发；同时，由于书中采用把美学思潮反差最大的特征作为论述中心，使对立两极的统一缺乏有力的说明，导致理论设想的目的与理论表达之间出现某种断裂。这种局限在所难免，因为此书本来就是大纲式的比较，不可能就细枝末节都阐述得很清楚。至于书中采用东西方反差最大的特征作为论证中心，我认为这也更能说明中西美学之间存在着许多根本的差异。

结语:和谐自由论美学思想的学术
贡献、意义及理论局限

周来祥提出的美是和谐自由的理论为学术界作出了重大的贡献,在国内外产生了广泛的影响,受到了各界人士广泛的尊重。周来祥在和谐美学的道路上采取客观的态度不停地探索、创造和前进,不断地升华到新的境界。可以说,他的和谐美学学贯中西,融会古今,具备极强的理性概括能力。当然,由于理性的抽象能力是在牺牲感性材料的基础上得来的,同时少数人的智慧也无法涵盖整个人类的学识,所以任何体系都会存在不可避免的局限。和谐美学理论同样是一把双面刃,既有其独创的学术贡献、理论与现实意义,也存在一定的局限。研究周来祥的和谐美学理论,只有采取一分为二的观点,既入乎其内,又出乎其外,才能更好地把握。

一、学术贡献

周来祥的和谐自由论美学思想形成了一个庞大的理论体系。在这个体系内外,周来祥对美学和文艺学等许多方面进行了系统的阐述,作出了自己独特的贡献。具体地说,和谐自由论美学的学术贡献正如周来祥自己概括而言,主要表现在以下 10 个方面。

第一,周来祥运用辩证思维方法,提出了美是和谐自由关系的新理论。周来祥几十年如一日,时刻注意培养自己的辩证思维方法,从事研究与教学 55 年来,在辩证思维方法方面,基本上做到了以下几点:一是超越了感性具体的经验归纳,进入到了理性抽象的整体把握,即由科学抽象得出的最一般规定作为研究的逻辑起点,通过发现和展开这些概念和范畴自身所具有的内在矛盾,使其在否定之否定的思维过程中不断丰富,以达到理性层次上的具体和完善;二是放弃和改变了孤立的、静止的下定义的方法,使作为思维网结点的各概念和范畴在其自身的矛盾运动中发生多层次的广泛联系,并由逻辑起点经逻辑中介最后到达逻辑终点,从而把真理看做一个过程,而不是一个简单的形而上学的结论;三是尽可能多地占有了感性材料,同时不为之所困。

周来祥关于"美的本质"的突出贡献是在社会实践的基础上,参照马克思的辩证唯物主义和历史唯物主义及皮亚杰的认识论,把美与艺术放在一起思考,建构起自己的"和谐自由的审美关系"说。具体而言,他提出我们把握美的本质,不能仅从主体入手,也不能仅从客体入手,而必须从主客体之间所形成的审美关系入手。同时,他认为,在人与对象世界建立的三种关系(理智关系、意志关系和审美关系)中,审美关系是人类在审美活动中,主体以"情感"为前提,去寻求主观世界合目的性与客观世界合规律性的统一(美)。他的美是和谐自由关系的理论,指出了社会实践是美的根源。他的审美关系是建立在认识关系与实践关系的基础之上的,与传统的"主观"说、"自然"说、"主客观统一"不同;另外,他提出应该在主客体形成的具体的、历史的、特定的关系中来把握美的本质,在一定程度上深化了"美是人的本质力量对象化"的观点。

第二,周来祥创立了"三大美"的学说。周来祥在"美是和谐自由"说的基础上,进一步阐述了古代素朴的和谐美、近代对立的崇高美和现代辩证和谐美三种美的历史形态。人类的认识与实践随着社会的进步而发展,建立在其上的审美活动同样会随着社会结构的变化而产生不同的美的形态。在古代,由于受未发展的生产力水平和自然生活的限制,古代的艺术家常将理想与现实、表现与再现、情感与理智素朴地结合在一起,古代的艺术作品一般都呈现出平衡、对称、稳定、有序的形态。但由于它们缺乏理性的内容和情感的大起落,可以说只是一种浅层次的和谐。进入资本主义社会后,由于社会矛盾的加剧,近代的艺术家不再去调和理想与现实、表现与再现、情感与理智的关系,而是强调其矛盾对立与冲突的一面。于是,近代的艺术作品一般都呈现出偏执、动荡不宁的形态。当然,这种崇高只是由古典和谐过渡到现代辩证和谐的中间阶段,为现代辩证和谐做准备,现代的辩证和谐才是建立在对立崇高基础上的更高层次上的和谐。这样,周来祥以"美是和谐自由"这一命题为核心创立了一个逻辑与历史相统一的完整而新颖的美学理论体系。

在这个体系中,周来祥与当下的美学理论不同的是,他把丑、滑稽、悲剧、喜剧等看成是一个历史的范畴,是随着历史的发展而产生,不是永恒的并列范畴,不是自古就有的。他认为美是古代的总范畴,崇高则是近代的总范畴,中国古代的壮美不同于近代的崇高,因为壮美仍然在古代的和谐圈之中。同样,他认为在古代也不存在丑、滑稽、悲剧、喜剧的独立范畴,只有到了近代资本主义社会,形而上学思维取代素朴的辩证思维,丑、滑稽、悲剧、喜剧才能突破古代的和谐圈而成为独立的美学范畴。

对于丑的功能与作用,周来祥也有自己独到的看法。他认为,丑不只是一个负范畴,一个被否定的对象,丑曾是近代崇高、滑稽、悲剧、喜剧的分化剂和催生素。他在《论中国古典美学》中说:"不和谐因素的渗入和增加,从排斥到吸收丑、重视丑,从丑服从于美到丑逐步取得主导的地位,便成为近代美学否定古典美学的转折点,也成为近代美学发展到极端的主要标志。"①同时他指出:"丑的侵入和扩大,逐步形成美与丑的对立关系,导致美的单纯性的破坏与瓦解,促使美的形态(广义的)的分化和复杂化,崇高、滑稽、悲剧、喜剧日益成为独立的审美对象,形成严格意义上的近代美学范畴。"②周来祥认为,任何事物的发展都是辩证循环的,古代是素朴的单一的和谐美,近代则发展成对立复杂的多元的美。特别是在西方,从现实主义与浪漫主义狭义的崇高到现代主义的丑,再到后现代意义上的荒诞,形成了近代意义上广义的崇高三部曲。到了现代的新型和谐,由于马克思的辩证思维方法取代了形而上学的思维方式,周来祥认为这种和谐是对近代崇高的否定,与近代崇高与古典的和谐都不一样,是一种多元对立,同时又相互融合的和谐。

第三,周来祥提出了新的美的分类标准。几乎所有的教科书都将美划分为:自然美、社会美、艺术美,优美、崇高、悲剧、喜剧等类型,至于为什么这么分类,其分类的标准是什么?没有一个统一:有的(如杨辛、甘霖的《美学原理》)干脆就不谈标准,硬按以上顺序逐一陈述;有的自身标准不统一,显得有点杂乱(如刘叔成等主编的《美学基本原理》在第四章以美的表现形态为标准,分现实美与艺术美,第五章又以第一性、第二性为标准谈现实美与艺术美,又再以内容与形式的不同为标准分为优美、崇高、悲剧、喜剧等);还有些教科书中关于美的分类不够清晰、欠准确,这里就不一一列举了。周来祥在《美学论纲》中认为,任何事物都是由质与量组成,且质中有量,量中有质,美的事物也是如此。于是他明确提出:美的分类只可能有质和量的两个原则(标准),按量的原则(标准)分为社会美、自然美、艺术美;按照质的原则(标准)分为优美、崇高(悲剧)、喜剧。

第四,在艺术上,周来祥同样提出了三大类型的艺术。包括古代和谐型艺术、近代对立的崇高型艺术和现代辩证和谐型艺术三大历史类型的学说。其中

---

① 周来祥:《论中国古典美学》,济南:齐鲁书社1987年版,第70页。
② 同上书,第75页。

近代崇高型艺术包括现实主义经自然主义向超级写实主义,浪漫主义经具象表现主义向抽象表现主义的两极化发展,以及由丑艺术向荒诞艺术,由现代主义艺术向后现代主义艺术的极端化裂变。周来祥认为,不论中国还是西方,古代的艺术属于古典主义,他的古典主义是指古代奴隶社会与封建社会时期的艺术,这种艺术与古典的和谐美一样,是与古代的素朴的辩证思维方式相同步的,是表现与再现、理想与现实、情感与理智未经分裂的素朴的和谐美。而近代崇高型的艺术则是资本主义社会发展起来的产物,与形而上学思维一致。现实主义追求再现、现实、理智,以真为目的;浪漫主义追求表现、理想、情感,以善为目的。现实主义与浪漫主义继续发展,艺术开始向现代主义与后现代主义艺术前进,矛盾与冲突更是达到了不可调和的地步。周来祥认为现代的辩证和谐艺术只有在社会主义和共产主义社会才有机会出现,是以马克思的辩证思维方式为基础,超越了古代的素朴和谐艺术,同时否定了近代对立的崇高艺术,是一种既对立又统一的新型艺术。

他的三大类型的艺术学说,不同于当下流行的观点。时下的观点认为古代艺术是现实主义与浪漫主义相结合,现实主义与浪漫主义艺术是自艺术产生以来就有的。而周来祥则认为古代艺术是未经分裂的古典主义艺术,现实主义与浪漫主义艺术是属于近代艺术,是资本主义社会的产物。他在《论中国古典美学》艺术中说:"我们应该打破过去的一些框子。不要再用现实主义,或现实主义和浪漫主义艺术或者现实主义和反现实主义的框子来套中国古典的文论和美(以及我们古代的文艺),我觉得这不仅是洋教条,而且是反历史主义的。我们应该从实际出发,尊重我国古典文论和古典美学的特点,尊重历史发展的客观过程和本质规律。谁都知道浪漫主义和现实主义不是诞生于奴隶社会和封建社会,而是产生于资本主义同封建主义的尖锐冲突和资本主义深刻的内在矛盾的基础上。在这里古代的天人合一才裂变为人与自然、个体与社会、合目的性实践与客观规律之间的尖锐对立。同时随着哲学领域中形而上学思维之代替素朴的辩证思维,美学中出现了突出和谐美的崇高理想,艺术中出现了个体与社会、主观与客观、再现与表现、感性与理性、现实与理想、内容与形式的深刻对立(以及破坏形式美,要求形式丑等)。在这种对立中,浪漫主义作为古典主义的否定和反抗,标榜个性、主观、理性,天才、情感、想象是他们的三大口号。现实主义作为浪漫主义的承继和转化,悄悄地登上文艺舞台(不像浪漫主义那样大喊大叫),它强调理智、思维和勤奋,尊重客观、感性与社会。这种尖锐对立的理论,在我国古代文论和古代美学中是没有的,也是不可能有的。我们怎么可以把产生于 19

世纪的文论和美,倒退几千年,戴到我国古代奴隶社会和封建社会的文艺和美学的头上呢?"①周来祥同时认为,现实主义随着时代的发展而变化,不可能永久是现实主义的天下,新的社会将有新的艺术,那可能是革命现实主义与革命浪漫主义相结合的新型和谐美的艺术。

第五,周来祥在中西比较美学研究方面,有自己的独到之处。他的《中西古典美学理论比较》(发表于1981年《江汉论坛》)一文被称为是对中西美学作宏观总体比较的第一篇论著。他与陈炎合著的《中西比较美学大纲》是中国第一部对比较美学系统研究的理论专著。书中对中西美学不同的民族特色与共同的历史规律进行了宏观与微观的比较,这些,在前文已做了系统的阐述。周来祥认为中西方的古代美学虽然都是以和谐为主导倾向,但中国古代艺术以表现为主,偏于"意境",是"诗中有画",而西方古代美学以再现为主,偏于"典型",是"画中有诗";到近代社会,中国的表现艺术转向再现艺术,西方的再现艺术则开始让位于表现艺术。他还指出,随着现代社会中各民族文化的相互渗透,表现与再现相结合的艺术将是人类社会艺术发展的共同趋势。

第六,周来祥为"文艺美学"建立了一个独具特色的理论体系。于1982年,他在全国各大专院校首先开设"文艺美学"课,以"美是和谐自由"为主导,纵向用"三大美与艺术"贯穿其中,同时横向比较中西方美与艺术,形成了一个网络式结构的"文艺美学"体系。他在《文学艺术的审美特征与美学规律——文艺美学原理》的序言中,对该书的逻辑构架和理论体系的特点作了仔细的概括:一方面,对艺术做纵向的研究,由对艺术审美本质的最一般、最简单、最抽象的规定开始,在范畴的逻辑发展中,展示艺术由古典和谐美艺术经近代崇高型艺术(广义的)曲折地、螺旋地发展到现代对立统一的和谐美艺术的历史过程,以及由再现艺术经表现艺术向综合艺术发展的历史趋势;另一方面,又对艺术作横向研究,研究艺术家反映现实创造艺术的美学规律,相对静止地解剖艺术品通过艺术欣赏、艺术批评的中介在社会实践中所产生的能动作用;同时,周来祥把艺术的横纵两方面结合起来研究,在纵的研究中渗入横的研究,在横向研究中,加入纵向研究。这样,纵向中有横向,横向中有纵向,形成一个纵横交错的复杂的网络结构。周来祥正是用这种网络结构来全面地反映和揭示艺术的美学原理和规律,在其后编写的高等学校文科教材《文艺美学》一书中,采取的同样是这种纵横交

---

① 周来祥:《论中国古典美学》,济南:齐鲁书社1987年版,第11—12页。

错的网络式结构:采用马克思和黑格尔的辩证思维方法中的抽象上升到具体、逻辑与历史统一的观点来构架他的文艺美学体系,在原有的基础上,结合时代的发展,增加了丑与现代主义艺术、荒诞与后现代主义艺术等内容,内容更为完整,体系也更系统化,可以说是目前比较详细的《文艺美学》教科书。

第七,周来祥对中国美学史有深入的研究。他在《论中国古典美学》一书中,将中国美学放在世界美学的整体中来审视,既把中国古代美学作为一个整体,又把它作为世界的一个组成部分。他写的《中国美学主潮》被评为是从先秦写到20世纪80年代的第一部中国美学通史。本书有两个最鲜明的特点:第一是从古至今,从遥远的先秦,直写到80年代,成为一部从古代美学,经过近代美学向现代美学发展的比较完整的中国美学通史;第二是有一个统一的总体设计和总体构架。作为美学主潮,它既不局限于美学理论资料,也不能包括一切审美文化现象,而是抓住每个时代的总范畴和审美理想,作为历史发展的主要线索,着力揭示这一总范畴和审美理想产生、发展、裂变、兴替的历史轨迹。周来祥克服目前写中国美学史两种主张(一种是写中国美学思想史,另一种是写中国审美意识史)的利弊,紧紧抓住各时代美学的总范畴和主导思想,把凡表现这一总范畴和主导思想的理论资料和审美创造,都加以总结和概括,并尽量使两者相互补充、相互对照、相映生辉,以补两种主张偏颇之弊。与此同时,周来祥在书中对这一总范畴与主导思想的历史发展进程进行了综括。最后,关于中国古典美学的分期,周来祥划分为三个阶段:从先秦到中唐为第一阶段,主要美学观点是偏于壮美,偏于写实;从晚唐到明中叶为第二阶段,美学的理想偏于优美,偏于写意;明中叶以后为第三阶段,由于资本主义开始出现,开始了带近代色彩的浪漫主义和带批判性质的写实主义,于是美学的观点又由优美转向发展为近代崇高的萌芽。所有这些,都体现了周来祥在中国美学史方面独到的贡献。

第八,周来祥对中华审美文化进行了系统的研究。他主编了《东方审美文化研究》(1)、《东方审美文化研究》(2—3),主编并参编了六卷本的《中华审美文化通史》。"六卷本"自先秦一直写到现代,以逻辑与历史相统一的方法及和谐的美学理论的线索对各个时期的审美文化进行了概括与总结,重新界定了审美文化的概念、对象、范围和方法,为中华审美文化的发掘与归纳作出了巨大的贡献。

第九,在哲学思维上,周来祥从反思二元对立到质疑传统的矛盾论,超越了传统对立斗争的理论思想,从对立斗争的普遍性到和谐的普遍性认识,再到对和谐的本质内涵和基本特征的论证,可以说完成了哲学上的自我超越,对和谐统一进行了新的理解:①指出了和谐的普遍性;②和谐贯彻事物发展始终,矛盾只是其中的一个中间环节;③和谐与统一是事物发展的动力;④和谐是一种关系属性,和谐自然也就是本体。"因此,事物的发展,不是从旧的矛盾体走向新的矛盾体,而是由和谐体不断地走向更高的和谐体。过去认为不断从矛盾走向矛盾,不断从对立斗争走向新的对立斗争,现代和谐论则认为不断从和谐走向新的和谐,不断从团结合作走向更高的团结合作。"①

第十,周来祥的和谐自由论美学体系融合百家,体现了"中学为体,西学为用"的思想。可以说,周来祥找到了一条使美学既马克思主义化又中国化、民族化,既充分弘扬历史传统又真正实现现代化,既国际化又本土化的道路。他把自己的思想基础从马克思列宁主义移到中国来,从中国传统文化中找到自己的基点,把马克思主义的内在精神与中国的文化传统很好地结合起来,形成了既是马克思主义的,又是中国的美学体系。他的学术思想突破了对象性思维的阶段,融合了其他各家的思想,以马克思主义的辩证思维方法做指导,吸收、融化当代一切有益的方法,建立了"美是和谐自由"的体系。这个体系以审美关系为对象,研究了美与审美以及主客体统一中所创造的更为典型更为理想的艺术,把美与审美与艺术在矛盾结构的深层本质上统一起来,视为异质同构的一体,阐述了"美是和谐自由"由萌芽、发展到成熟、嬗变、更替的历史过程,形成了古典素朴和谐美(艺术)、近代对立的崇高(艺术)、现代辩证和谐美(艺术)三大美(艺术)的理论,同时对中西方美与艺术进行了宏观与微观的比较。总的来说,他的"美是和谐自由"的体系是一个开放的、动态的系统,是一个不断丰富、发展和完善的体系。

二、理论意义与现实意义

任何合理的理论本身都具备一定的理论意义,且都与现实有一定的联系,为现实社会与人生服务,远离现实的理论是没有意义的。应当说,一个理论的现实意义是验证理论价值的重要方面。周来祥曾说,和谐美学的特点就在于"既是具有中国特色的又是符合马克思主义的,既能领起美学研究潮流的又能解决美

---

① 周来祥:《现代和谐的本质内涵与基本特征》,见《三论美是和谐》,济南:山东大学出版社2007年版,第69页。

学实际问题的"。① "和谐美学理论以'美是和谐'为基本命题,为美学的元范畴,把和谐为美的观念,把和谐的审美理想,作为核心价值取向,贯穿于哲学美学、文艺美学、中西比较美学、中国美学史、西方美学史、中华审美文化史等美学的各个分支学科,形成了'吾道一以贯之'的美学学科大系统,形成了和谐美学的大体系。和谐美学是主体与客体、人与社会、人与自然以及人自身和谐统一的美学,因而它对弘扬和谐价值观念,建设社会主义和谐文化,对推动人与人、人与社会的和谐合作,推动人与自然的和谐发展,对培育全面和谐发展的现代人,都有其独特的作用和价值。"②

和谐美学理论作为一个独立、完整、恢弘的理论体系,它不是静止的、封闭的,而是不断运动、发展、开放的理论体系,是与现实社会紧密联系的。和谐自由论美学思想从观念的提出到体系的酝酿,再到完善与超越,都是面对现实的思考。特别是当代中国提出了"和谐社会"的发展观念,"和谐文化"成为人们思考从传统到现代,从中国到西方的一个基础和思路,"和谐自由论"美学思想更是引起学术界内外的关注,具备较强的理论意义与现实意义。

1. 理论意义

(1)和谐美论催生了自由美论和生命美论。周来祥在总结新中国诞生半个多世纪以来,关于美的本质理论的发展概括时说,美的本质由"文化大革命"前的"老四派"发展为改革开放后的"新三派":即自由说、和谐说、生命说。自由说在这里主要是指"实践派"的美学,他们的自由主要是指人的内在与外在、人与人、人与自然、主体与客体、主观与客观、理性与感性等的和谐统一,这就是说,和谐是自由的前提条件,离开了和谐就谈不上自由,也就没有美;我们再来看生命说,它的观点各异:有的从生命这个存在的问题去讨论美学的问题,其重点是企图回答美怎样存在的问题,有的站在生命本体的立场考察美的本质问题,其核心是要回答美是什么。但总的来说,生命的美同样在于和谐,一般来说,和谐的生命是美的,和谐生命的生存环境自然也是美的生产环境。总之,自由的美、生命的美都关联着和谐,在这个意义上可以说和谐美论催生了自由美论和生命美论。

(2)和谐美学理论与新兴学科的血缘关系。社会在进步、科技在发展,新的美学分支学科也应时代的发展而产生。在理论上,我们认为,和谐美学理论体系不仅是新的美的本质理论的生长点,而且也是一些新的分支学科诞生的支撑点。

---

① 周来祥:《周来祥美学文选》(下),桂林:广西师范大学出版社 1998 年版,第 1944 页。
② 周来祥:《三论美是和谐》,济南:山东大学出版社 2007 年版,第 519 页。

如生态美学,正是由于"人类中心主义"的过度膨胀,忽视人与自然的和谐相处,引发了一系列的问题而产生的。近来生态美学的一系列核心概念,诸如"共生"、"互生"、"和生"等,都有一个共同的内在灵魂就是"和谐"。假如背离了"和谐",就不存在所谓的"共生"、"互生"、"和生"了,这就是和谐美学理论与生态美学理论的内在的必然的联系。又如,审美文化学,所谓文化,就是人类生活经验和生产经验的总和,有一定审美价值的生活经验和生产经验就构成一定的审美文化。审美文化的性质、功能、作用就在于提高人类的生活质量、生产质量,最终提升人类的生命质量。其终极目的就是要使人类生活美、劳动生产美、生命美。陈炎教授从道与器、理论与实践、物质与精神等四个层面阐释文化的本质,颇为精当、独到,其核心仍然是和谐,这诸多因素、层面和谐统一为有机整体就是文化的本体,也就是文化的本质所在。和谐是中华文化的灵魂,世界各民族文化也必然为和谐所规范。再如,审美教育学,其核心就是要揭示培养综合素质好、全面发展的人的规律、方法,而综合素质、全面发展的核心仍然是和谐。总之,美学各分支学科从理论基础到研究方法都不同程度地与和谐美学理论有直接或间接的内在联系。

(3)和谐美学理论体系对当今社会生活和一般人文社科的积极影响。当今世界是各个民族、各种社会制度、各种政治力量、各种经济实体、各种宗教信仰的共同体,"地球村"的时代已经来临,整个世界组成一个"和而不同"的复杂统一的人类社会。维系这个世界的核心观念是和谐,解决、处理各种矛盾、冲突、问题的手段、方法也必然是和谐。所以建设和谐社会、和谐经济、和谐政治、和谐国家、和谐区域、和谐城市等和谐创造应运而生。

2. 现实意义

首先,从社会的角度看,社会一步步地走向和谐,和谐美学的理论已经与现实社会挂钩。正如周来祥所指出:"改革开放以来,邓小平在安定团结和改革开放及'一国两制'的构想中,已体现着新的和谐精神。江泽民在党的十六大上,把'社会更加和谐'作为奋斗的重要目标。尤其是经以胡锦涛为核心的党中央的不断努力,到十六届四中全会更明确提出构建社会主义和谐社会的伟大任务。从哲学上思考,它的根本精神正是从实践上、从现实的社会基础上,彻底结束了二元对立的哲学,结束了对立斗争的普遍性、绝对性的哲学,在更高的层次上,弘扬和创造性地发展了古代的和谐论,进一步论证了和谐的普遍性、绝对性问题,开创了现代辩证和谐论的新时代……现代和谐论是马克思主义在当代的应用、发展和创新,是古典和谐论的创造性发展和现代转换,是辩证思维的当代形态,是辩证思维发展的新阶段。我们的观念也应该与时俱进。我们的思维方式、言行方式、处理一切问题的方式,都应该从和谐的目的出发,经过对话、协调、合作的过程,以实现更高的和谐,以推动社会主义和谐社会建设的顺利进行与持续发展。"①

可以说,周来祥把他的学术思想与当前中国提倡构建和谐社会,和谐文化紧密结合起来了。他指出和谐美学应该是社会主义和谐文化的一个有机组成部分;社会主义和谐社会是和谐文化、和谐美学的源泉,和谐美学是对和谐社会的实践活动和审美活动的理论概括;社会主义和谐社会的构建,是和谐文化、和谐美学发展的根本动力;社会主义和谐社会决定着和谐文化、和谐美学的性质和发展方向。

自党中央提出建设和谐社会、和谐文化以来,周来祥在其和谐美学理论上作出了新的贡献:探讨了和谐美学与和谐社会、和谐文化建设的关系;进一步论证了和谐美学的哲学基础,指出现代和谐在本质上是一种关系存在,是一个关系范畴;梳理了中华传统文化中的和谐资源,和谐观念、和谐理想是中华文化的根本精神和优良传统;总结了崇高、丑、荒诞、悲剧、喜剧等近现代美学范畴、审美理想在和谐文化、和谐美学中的突破性发展。周来祥申报了"弘扬中华文化的和谐精神,构建社会主义和谐社会"的课题,其中包含了和谐方面的十八个子课题:和谐文化学、和谐哲学、和谐伦理学、和谐美学、和谐文艺学、和谐艺术学、和谐审美文化学、和谐生态学、和谐管理学、和谐政治学、和谐经济学等,用和谐的观念、和谐的立场、和谐的态度、和谐的目的、和谐的方法研究问题。他的和谐美学理论把马克思主义进一步中国化,与中国的特殊情况紧密结合;同时,和谐美学进一步与现实结合,把和谐文化进一步深化,成为构建和谐社会的一部分。总之,和谐理论是马克思关于矛盾的解决的一个理想,是与未来的理想一致的,既有理论意义,更有时代意义、现实意义和未来意义。

具体而言,在构建和谐社会中,和谐美学可以发挥以下几个方面的作用:第一,它可以帮助我们树立和谐的审美理想,有助于在全社会形成和谐的舆论环境。由于美学的理想和社会的理想是统一的,因此,培养人们和谐的审美理想,也就能够帮助人们树立和谐的审美观念,形成和谐社会的观念,确定一个人总体的和谐意识。第二,和谐美学能够促进人与社会的和谐关系:和谐美学把社会美

---

① 周来祥:《三论美是和谐》,济南:山东大学出版社 2007 年版,第 53—54 页。

看成是人与社会的和谐，所以，美本身就能促进人与人和谐相处，互惠互利，团结互助。第三，和谐美学能够促进人与自然的和谐：和谐美学把自然美看成人与自然的和谐，对自然美、生态美的欣赏能够促使人与自然建立和谐发展的关系。第四，它能够促进人自身全面和谐的发展，使人的身心、灵肉以及各种能力协调发展，形成一个和谐而健全的人格。

概括地说，和谐美学不但是和谐社会现实的反映和审美的总结，同时它也直接参与、促进、影响和谐社会的构建。和谐论美学思想从现代辩证思维的方式出发，吸收和强调了传统思维和文化的合理成分，关注人与自然、社会及人的和谐统一，对建立和谐社会有极为迫切的现实意义。

其次，从个人的角度看，"和谐美学归根到底是人的美学，是和谐的人创造的美学，又是促进人和谐全面发展的美学。"①美的人生境界，是现代社会中人们应该具有但却逐渐失去的。工业社会中的自然已经失去昔日的诗情画意，成为人类生存的一大障碍，人们的人生价值与意义已经被技术理性撕成了碎片，现实的人正在慢慢地被物欲所吞食。人们在日益成为"单面人"的惊恐中，拼命地寻找着失去了的人生意义与价值。和谐美学注重精神生活的和谐、心理上的平静与安宁，在有限的人生中追求无限的人生价值，正是现代人所缺少而又必须具有的。为此，周来祥提出了审美教育，指出审美教育可以帮助人们陶冶性情，在人与社会的对立矛盾中成为和谐的人。

"总之，加强和谐美学建设，弘扬中华文化的和谐精神，对于克服西方人感性与理性的分裂，促进人的全面和谐的发展，对转变人对自然的征服、摧残的敌对状态，促进人与自然的和谐发展，对消解人与人的对立、人与社会的对抗，促进人与人、人与社会的和谐，都具有迫切的重要意义。对丰富、提升社会美、自然美、人的美、艺术美的文化底蕴和人文内涵，也具有直接的作用。"②

三、理论局限

由于任何理论都是少数人的智慧与成果，所以无论理论看起来多么完美，概括力多强，解释具体现象怎样有力，在人类现象的历史长河中，它都只是阶段性与暂时性的。妄想以少数人的思想来囊括全人类的智慧，只是一种妄自尊大的

---

① 周来祥：《辩证和谐美学与审丑教育》，《文艺研究》2003 年第 4 期。
② 周来祥：《三论美是和谐》，济南：山东大学出版社 2007 年版，第 86 页。

表现。因此,从这方面来说,任何理论都存在局限性。和谐美学同样如此,具体体现在以下三个方面的局限。

首先,在体系方面的局限。周来祥曾指出:"没有体系的时候,要发展出体系来;当体系发展到一定程度,太崇拜体系的时候,体系的弱点就暴露出来了。"①事实上,对于自己体系的局限,周来祥很明白:"但我思来想去总觉得无别的路可走,走别的路,很可能是舍大取小,也因为离开了关系系统,而得不到准确的把握。""我不同意黑格尔最后的绝对,我也不认为谁能掌握绝对真理。我们只能在有限中研究美学,倘若我们在有限的探讨中发掘出几颗真理的种子,在我们相对的认识中,日益趋向于客观真理,就很欣慰了。"②

一个好的体系一要能够解释已有的经验与事实,更主要的是能够预测未来知识的走向。拉卡托斯曾经指出:"在一个进步的研究纲领中,理论导致发现迄今不为人们所知的新颖事实。相反,在退化的研究纲领中,理论只是为了适应已知的事实才构造出来的。"③也就是说考察一个体系是否有进步意义,要看其对未来事物的预测能力。周来祥在黑格尔和马克思的影响下,建立了一个恢弘的体系,这个体系对中外古代和谐的概括做了很细致的工作,同时对未来的美学和艺术思想做了预测,认为美学与艺术经由古代的素朴和谐之后,中经近代的崇高,最后达到现代辩证的和谐美与艺术。就和谐美学体系而言,我们可以看出,周来祥对过去美是和谐自由的理论做了较精确的归纳与总结,但对预测未来美与艺术的发展则显得有点牵强。

早在20世纪80年代初,周来祥就指出:"从人类文艺思潮的发展、美学思潮的发展来看,大体上经历了三个阶段。这就是从古希腊到文艺复兴、启蒙运动,包括中国封建社会,这是一个阶段,即几千年的古典主义阶段;第二个阶段,从浪漫主义兴起到批判现实主义(或者叫现实主义,因为现实主义的产生就是批判的),现实主义和浪漫主义在美学思想根源上是相同的,寻根究底是一个原则,虽然形态截然不同,为什么把它们划到一个时期呢? 就是这个道理。再一个是无产阶级革命以来,在社会主义经济基础上产生的社会主义艺术,这个艺术趋向于两个方面的结合。它是对现实主义和浪漫主义的否定和扬弃,向古典主义的复归,螺旋形的复归,即革命现实主义和革命浪漫主义相结合的阶段。……这样

---

① 周来祥:《三论美是和谐》,济南:山东大学出版社2007年版,第494页。
② 同上书,第494—495页。
③ 拉卡托斯:《科学研究纲领方法论》,上海:上海译文出版社1986年版,第7页。

看来,美学思潮、文学艺术也走了一个'之'字的路,走了一个否定之否定的路,古典主义,现实主义和浪漫主义,现实主义和浪漫主义的否定,向古典主义新的复归。从大轮廓来看,人类美学思潮就是这样一个辩证运动。"①毫无疑问,这是典型的黑格尔辩证法之"三段论"。众所周知,黑格尔对艺术发展的预测是错误的。黑格尔说,艺术发展到浪漫艺术之后,艺术也就消亡了。但事实证明,艺术不仅没有消亡,而且越来越多样化。那么,艺术是否一定按照周来祥所说的,一定是按照否定之否定的规律来进行呢? 是否在经历对立的崇高之后,一定就走向辩证和谐呢? 其弟子陈炎教授在其论文《和谐美学体系的由来与得失》中指出,周来祥的预测并未实现,艺术并没有走向对立统一的辩证和谐艺术,尤其是在西方,艺术走向的是现代主义的丑和后现代主义的荒诞。在中国,对于现代辩证和谐艺术,周来祥在《我们时代的美是对立的和谐统一》一文中,是这样论述的:"革命现实主义与革命浪漫主义相结合的艺术,是强调现实和理想对立统一的新型的美的艺术。"②这种艺术"主观与客观、理想和现实的对立,在新的实践基础上,在更高的水平上辩证地统一起来……同时对过去的艺术也是一个否定之否定,在形式上是向古典美的复归。但在对现实主义和浪漫主义的扬弃中,它吸取和包含了它们对立的因素,达到了对立统一(具体统一)的马克思主义辩证法的高度。"③对于周来祥的这种说法,是存在一定问题的。首先,毛泽东提出的"革命现实主义与革命浪漫主义相结合"的艺术是否属于周来祥说的现代辩证和谐艺术存在问题? 按照周来祥对崇高与辩证和谐的论述,只有对立的崇高艺术发展到极致,才会有辩证和谐美与艺术的产生,而我国近代崇高艺术发展不很充分,对立分裂更未能达到极端,那么现代辩证和谐统一也就不会很快来临。其次,就算我们同意周来祥说的在中国毛泽东提出的"革命现实主义与革命浪漫主义相结合"的艺术是现代辩证和谐艺术,但这种艺术并不是周来祥所说的在社会主义生产力高度发展的时候产生的,而是产生在社会主义建设之初的艺术,以之作为现代辩证和谐艺术的主流思想,显然有失全面。对于西方现代、后现代的艺术,由于未能按照他预定的逻辑构架方式来发展,于是周来祥再一次进行自圆其说的预测:"荒诞艺术把崇高和丑中的对立,推到混乱、颠倒的极致,'物极必反',对立达到极端之后,必然要出现一个更高的统一,更高的综合,更高的和

① 周来祥:《美学问题论稿》,西安:陕西人民出版社1984年版,第387—398页。
② 周来祥:《周来祥美学文选》(上),桂林:广西师范大学出版社1998年版,第439页。
③ 同上书,第441页。

谐。人类在经过近代崇高、丑、荒诞的对立、动荡、颠倒、无序的痛苦分裂和百般折磨之后,一种向往新的平衡、新的宁静、新的和谐的情感在萌动。"①这种辩证统一的新型和谐美与艺术是否能够实现,我们还不清楚,假使能够实现,艺术是否已经发展到了巅峰,是否也会如黑格尔说的就会解体或者停滞不前呢? 我们知道,人类是不可能没有艺术,也不可能停滞不前的。所以,我们认为,试图用一个体系来安排和预测美与艺术的命运是不可能尽如人意的,因为尽管体系再完美,但体现的毕竟是少数人的智慧,以少数人的力量与智慧企图安排整个人类创造的艺术出路,肯定会有所局限。

从另一方面来说,历史是发展的,在发展的过程中,有必然的规律,但同时也不排除偶然的因素,而体系的安排要求排除偶然因素。周来祥的和谐美学体系同样用逻辑来框历史,不敢正视历史中的偶然现象与意外事件。事实上,偶然性的问题非常值得我们思考,许多重大的事件与成就就是在偶然中发现的,事物与社会的体现也并不总是那么有规律。因此,我们认识事物与社会,能找出一个框架,整体把握最好,但偶然性的东西,也值得把握和重视。

总的说来,正如陈炎指出的那样:"周来祥用马克思的唯物论改造黑格尔的辩证法,是合乎历史发展规律的,但由于他像黑格尔一样过于追求体系的完美,排斥偶然现象,最终陷入体系的僵局,从而造成周来祥未能将辩证法真正落实,将唯物论坚持到底。"②

其次,美学范畴方面的局限。在美学范畴的设定方面,周纪文指出,周来祥利用以往的概念赋予它们新的含义来界定他的美学范畴,"像和谐和崇高范畴,一面被规定出很广大的使用范围,另一方面又要不断地作补充、作解释。他将和谐美分为广义的和狭义的、古典的和现代的;将古典和谐美又分为壮美和优美;将崇高也分为广义的和狭义的,在崇高的大范围中,又分出悲剧、喜剧、丑、荒诞等范畴。"③从这些分化与解释来看,我们会觉得范畴的范围规定过大,涵盖的逻辑与历史阶段性太长,这就容易将历史简单化、逻辑化了。与此同时,周来祥将范畴与现象一一对应,就会简化纷繁复杂的社会现象。比如,他把丑与现代主义对应,荒诞与后现代对应,并也把它们看成是"历时"的范畴,属于近代崇高美与

---

① 周来祥:《崇高、丑、荒诞——西方近现代美学和艺术发展的三部曲》,《文艺研究》1994 年第 3 期。

② 陈炎:《和谐美学体系的由来与得失》,《学术月刊》2002 年第 9 期。

③ 周纪文:《和谐论美学思想研究》,济南:齐鲁书社 2007 年版,第 275 页。

艺术,就有其局限性。首先,荒诞能否与后现代相对应是一个问题,荒诞艺术是20世纪中叶以后,人们采取荒诞的模式运用戏剧、小说等各种艺术形式处理各种题材的一种时代的美学潮流,荒诞给人的感觉是有一定深度的不可理喻,而后现代艺术讲求平面化、生活化,二者是有区别的。另外,丑与荒诞同样是西方现代艺术的产物,不存在何时以丑为主,何时以荒诞为主的"历时"性。在现代艺术中,荒诞不经的作品比比皆是。尽管周来祥也声明:某个时代以某种艺术或形态为主,并不排斥其他形态的存在,但其强调主次之分同样是过分主观性了。

陈炎教授同样指出:周来祥认为"优美"和"壮美"作为古代艺术的两种主要形态之间有着某种"历时"的关系,也就是说,古代的前期以"壮美"为主,后期以"优美"为主,然后再过渡到近代的崇高。"他的这种分析无论是在理论上,还是在实践上,都缺乏足够的根据。事实上,我国中唐以前,优美艺术有时也曾居于主导地位,如魏晋时代的书法、雕刻,南朝时期的散文、诗歌等;而晚唐以后,壮美艺术也并不总是居于次要地位,如元代的散曲、杂剧,清代的小说、诗歌等。'优美'和'壮美'都是贯穿古代社会于始终的最为重要的美学范畴,似不应以'前期'与'后期'的方法加以简单化的处理。"①关于范畴的局限,还有一点就是周来祥对于与近代美学"崇高"相对应的"滑稽"范畴,是很少涉及的,偶尔提到时,也是一笔带过。事实上,"滑稽"范畴在"现实主义"艺术中得到了充分的展现,他的这种范畴划分法未能充分关注传统美学中"滑稽"这个重要的范畴。

最后,解决实际问题的局限。和谐美学体系把纷繁复杂的审美现象与艺术现象分为古代素朴的和谐、近代对立的崇高、现代的辩证和谐三个大部分,看似囊括了从古至今、从中到西所有的美学、文艺学现象。可在事实上,和谐自由论美学思想无法对古今许多美学、文艺学现象作出合理的解释。在古代艺术方面,前面已经提到,和谐美学体系为了维护自身从"肯定到否定,再到否定之否定"三段论式结构的完美,就把中国古代原始的青铜饕餮等崇高艺术排斥在"前艺术"领域。这样我们就无法用古典的和谐来解释原始社会的神话故事中那种反映了人们与大自然矛盾冲突的艺术现象。同时,周来祥将死尸满台的希腊悲剧说成是最终体现了原始的和谐,也有点牵强,事实上古希腊的许多悲剧和近代的悲剧实无多大分别。

和谐体系中的近代对立的崇高范畴同样无法解释近代许多偏于优美的美学

---

① 陈炎:《和谐美学体系的由来与得失》,《学术月刊》2002年第9期。

与艺术现象。于是,周来祥就只能选择那些情节对立冲突比较强的艺术来说明他的体系,说明近代的艺术是一种"崇高的美"。于是,"我们便只谈籍里柯而不谈安格尔,只谈贝多芬而不谈莫扎特,甚至只谈贝多芬的《命运》而不谈他的《田园》。"①当然,避而不谈本身就是一种局限,这也是周来祥和黑格尔一样的缺点,也许是所有体系建造者都存在的缺点。

同样的,他的现代辩证和谐美与艺术的观点也无法解释社会主义美与艺术多样化并存的局面。我们从前面已经了解到,周来祥为了说明其现代辩证的和谐美与艺术,而不惜将西方的丑与荒诞归结为近代,而把落后中国的"革命现实主义与革命浪漫主义"的结合说成是现代辩证和谐美与艺术。这种看法,随着社会的发展,已越来越呈现出它的局限性。众所周知,意识形态是受经济基础影响的,尽管有时经济落后的地区也会出现艺术相当繁荣的情况,但这毕竟只是例外。西方发达国家在经济方面远远超出我们尚处于初期的社会主义国家,那么其艺术是不可能远远落后于中国的。事实已经说明了这种现象:目前我国许多美学、文艺学理论都由从西方引入。因此,周来祥把落后中国的艺术总结为现代辩证和谐的艺术,并把它规定为艺术的最高阶段是无法解释社会主义社会众多的流派与艺术现象的。我们只能说,周来祥肯定了社会主义新时期的艺术,但缩小了现代新型艺术的范围。因为毛泽东提出革命的现实主义与革命的浪漫主义相结合的艺术,是针对当时文艺的具体情况而言,也是当时社会生产力不很发达的产物。随着改革开放的到来,我们的艺术在西方现代与后现代的影响下,产生了巨大的变化:目前我国的艺术形式是"百花齐放"的,既有现代、后现代的艺术,同时也有古典的和谐艺术,是古代、近代、现代多种艺术的共存。所有这些艺术现象,仅仅用周来祥的辩证和谐艺术来概括是不够精确的。

概言之,和谐理论最大的、先天的局限和误区就在于目的论和决定论。这种局限主要体现在和谐美学体系的三段论与封闭性上:从古典和谐美经近代崇高发展到现代辩证和谐,采用的是黑格尔正、反、合的三段论,其最终理想与目的是现代的辩证和谐,辩证和谐是终极目的,事先被周来祥内在地设定。不仅如此,在各个发展的阶段与环节也被周来祥用内在的范畴决定着。这样的结果必然会导致通过抛弃现实材料,忽视偶然性和个别性因素与形态的关注,去附会理论的完善,最终达到理论预设的目的,暗含着目的论和理想主义的色彩。尽管后来周

---

① 陈炎:《和谐美学体系的由来与得失》,《学术月刊》2002 年第 9 期。

来祥突破了体系论的思考，增加了对丑与荒诞的解释，把辩证和谐的逻辑重点放在理想的层面上，但其目的论的思想依然存在，正如其弟子周纪文说，"尽管和谐论思想体系已经悄然由封闭走向开放，辩证和谐作为一个终极目的因的性质也褪色了许多，但是作为终极目的，在理想的层面上，还是为理论的终点保留了光明的未来。"①所以，尽管周来祥不断对其和谐体系进行完善，但在目的论与决定论，范畴过于历时化、单一的范畴涵盖过多的形态的状况及解释现实现象的乏力等方面依然存在很大的局限。

当然，尽管周来祥的和谐自由论美学思想体系存在某些细微方面的局限，但相对于整个庞大的体系构架而言，是微不足道的。和谐自由论美学思想在美学领域里所作出的开拓性的理论探索，诸多独到的理论见解以及富于真理性的阐述，对于国内外美学的建设和发展都极具学术价值和启发意义。同时，其代表人物周来祥几十年如一日的做学态度、关怀人类的胸襟、积极入世的精神及乐观处世的态度，也是后辈学习的榜样。

---

① 周纪文：《和谐论美学思想研究》，济南：齐鲁书社 2007 年版，第 270 页。

参 考 文 献

一、周来祥的文本文献

周来祥、石戈:《马克思列宁主义美学的原则》,武汉:湖北人民出版社 1957 年版。

周来祥:《乘风集》,上海:新文艺出版社 1958 年版。

孙崇恩、周来祥:《鲁迅文艺思想资料编年》,济南:济南社会科学研究所 1980 年版。

周来祥:《美学问题论稿——古代的美·近代的美·现代的美》,西安:陕西人民出版社 1984 年版。

周来祥:《文学艺术的审美特征和美学规律》,贵阳:贵州人民出版社 1984 年版。

周来祥:《论美是和谐》,贵阳:贵州人民出版社 1984 年版。

周来祥:《论中国古典美学》,济南:齐鲁书社 1987 年版。

周来祥主编:《中国美学主潮》,济南:山东大学出版社 1992 年版。

周来祥、陈炎:《中西比较美学大纲》,合肥:安徽文艺出版社 1992 版。

周来祥:《中国的现代美学》,意大利 1993 年版。

周来祥:《再论美是和谐》,桂林:广西师范大学出版社 1996 年版。

周来祥:《古代的美·近代的美·现代的美》,长春:东北师范大学出版社 1996 年版。

周来祥:《东方审美文化研究》(1—3),桂林:广西师范大学出版社 1997 年版。

周来祥主编:《西方美学主潮》,桂林:广西师范大学出版社 1997 年版。

周来祥:《周来祥美学文选》(上、下册),桂林:广西师范大学出版社 1998 年版。

周来祥、周纪文:《美学概论》,台北:文津出版社 2002 年版。

周来祥:《文艺美学》,北京:人民文学出版社 2003 年版。

周来祥主编:《中华审美文化通史》(六卷本),合肥:安徽教育出版社 2006 年版。

周来祥:《三论美是和谐》,济南:山东大学出版社 2007 年版。

二、研究周来祥的文本文献

周纪文:《和谐论美学思想研究》,济南:齐鲁书社 2007 年版。

陈炎:《和谐美学体系的由来与得失》,《学术月刊》2002 年第 9 期。

龙辛:《一部富有特色的中国古典美学论著——评周来祥的〈论中国古典美学〉》,《山东社会科学》1987 年第 3 期。

卫卫:《一门新兴学科的崛起——全国首届文艺美学讨论会综述》,《东岳论丛》1986 年第 6 期。

邢煦寰:《中国美学总范畴的宏观历史把握——评周来祥主编〈中国美学主潮〉》,《文学遗产》1994 年第 1 期。

邹华:《对比与更替:三大美学中的两种关系》,《西北师大学报》(社会科学版)2000 年第 1 期。

韩德信:《当代中国美学的走向:辩证和谐的美学》,《求是学刊》1998 年第 4 期。

杨维富、李启军:《当代美学研究的力作——〈再论美是和谐〉讨论会综述》,《社会科学家》1997 年第 2 期。

黄理彪、袁鼎生:《整一的学术品格与和谐的理论体系——谈周来祥〈再论美是和谐〉》,《社会科学家》1997 年第 3 期。

连杨柳、张晓明:《是"指南"还是"公式"?——也谈恩格斯关于悲剧冲突的论述兼与周来祥、李思孝同志商榷》,《固原师专学报》(社科版)1986 年第 2 期。

李富华:《比较美学研究方法略论——兼论周来祥显示的贡献》,《思想战线》2003 年第 4 期。

汪帆:《评〈文学艺术的审美特征和美学规律〉》,《文史哲》1990 年第 2 期。

马立强:《通向自由之路——从美学史看周来祥艺术本质观》,《西北师大学报》(社会科学版)1990 年第 5 期。

邹华:《后期和谐说》,《甘肃高师学报》2000 年第 1 期。

薛富兴:《美的三大历史形态——周来祥和谐美学略论》,《贵阳师范高等专科学校学报》(社会科学版)2003 年第 1 期。

巩庆海:《也谈美是和谐》,《聊城师范学院学报》(哲学社会科学版)1987 年第 3 期。

黄理彪:《从抽象走向具体——辩证思维方法与周来祥美学思想体系》,《广西大学学报》(哲学与社会科学版)1996 年第 3 期。

周纪文:《发展辩证逻辑和建构文艺美学——读周来祥〈文艺美学〉》,《中国文化研究》2004 年秋之卷。

周纪文:《构筑和谐美学的理论体系大厦——周来祥美学思想述评》,《阴山学刊》2003 年第 2 期。

杨存昌:《构筑人类审美王国的理性大厦——周来祥教授美学思想讨论会概述》,《山东社会科学》(双月刊)1996 年第 1 期。

宋民:《贯通古今以求索　融汇中西而开拓——〈周来祥美学文选〉讨论会综述》,《文史哲》1999 年第 6 期。

周文君:《构建和谐文化与和谐美学》,《东方丛刊》2007 年第 3 期。

刘恒健:《略论周来祥的和谐美学》,《广西社会科学》1997 年第 1 期。

薛富兴:《美是和谐——周来祥美学略论》,《民族艺术研究》2003 年 1 月。

彭修银、张新煜:《体系、问题与态度——读周来祥〈文艺美学〉感言二三》,《东岳论丛》2004 年第 5 期。

孔新苗:《一本富有创造性、系统性和启发性的好教材——周来祥教授著〈文艺美学〉读后》,《新书评》2004 年第 10 期。

韩德信:《中国近现代美学发展勾勒与周来祥美学理论述评》,《社会科学家》1998 年第 2 期。

封孝伦:《周来祥美学理论体系刍议》,《西北师大学报》(社会科学版)1995 年第 2 期。

傅谨:《周来祥美学思想的自我超越——评〈再论美是和谐〉》,《浙江社会科学》2001 年第 2 期。

薛富兴:《辩证思维——和谐美学述评》,《贵阳师专高等专科学校学报》(社会科学版)2004 年第 1 期。

童庆炳:《美,古代的,近代的,现代的——读周来祥的〈古代的美·近代的美·现代的美〉》,载周来祥主编:《东方审美文化研究》(2—3),桂林:广西师范大学出版社 1997 年版。

于培杰、许临星:《美学发展流程的成功勾勒——读〈中国美学主潮〉》,载周来祥主编:《东方审美文化研究》(2—3),桂林:广西师范大学出版社 1997 年版。

王德胜:《周来祥比较美学思想初探》,载周来祥主编:《东方审美文化研究》(2—3),桂林:广西师范大学出版社 1997 年版。

周均平:《辩证和谐美学的三重超越——评周来祥〈古代的美·近代的美·现代的美〉》,载周来祥主编:《东方审美文化研究》(2—3),桂林:广西师范大学出版社 1997 年版。

文刚:《在范畴运动中展现人类美学思想发展史——读周来祥〈古代的美·近代

的美·现代的美〉》,载周来祥主编:《东方审美文化研究》(2—3),桂林:广西
师范大学出版社 1997 年版。

周纪文:《美学理论体系的重要与可贵——读周来祥〈古代的美·近代的美·现
代的美〉》,载周来祥主编:《东方审美文化研究》(2—3),桂林:广西师范大学
出版社 1997 年版。

杨存昌:《辩证思维与现代美学体系的建构——周来祥美学思想》,载周来祥主
编:《东方审美文化研究》(2—3),桂林:广西师范大学出版社 1997 年版。

彭修银:《周来祥美学的方法论问题》,载周来祥主编:《东方审美文化研究》(2—
3),桂林:广西师范大学出版社 1997 年版。

孔新苗:《周来祥美学思维体系建构的方法论特点》,载周来祥主编:《东方审美
文化研究》(2—3),桂林:广西师范大学出版社 1997 年版。

周纪文:《以比较、主潮为支点的理论系统——〈中西比较美学大纲〉读后》,载周
来祥主编:《东方审美文化研究》(1),桂林:广西师范大学出版社 1997 年版。

杨维富:《写在"周来祥美学思想研讨会暨周来祥从事学术活动 45 周年"后》,载
周来祥主编:《东方审美文化研究》(1),桂林:广西师范大学出版社 1997
年版。

五位专家对《文艺美学》的鉴定评语(节录),载周来祥:《文艺美学》,北京:人民
文学出版社 2003 年版。

唐玉宏:《文艺美学的现在与未来——访我国著名美学家周来祥》,《美与当代
人》1988 年 3 期。

李启军、杨维富:《文化转型期的中国美学——著名美学家周来祥教授访谈》,
《社会科学家》1997 年第 1 期。

王杰:《美学的危机与理论的张力——访著名美学家周来祥》,载《社会科学家》
1989 年第 3 期。

戴阿宝:《透国历史的迷雾——访周来祥》,《文艺争鸣》2004 年第 1 期。

龙辛:《世界美学发展趋势谈——访第十届国际美学会议代表周来祥》,《美育》
1985 年第 3 期。

三、相关哲学和美学研究著作

马克思、恩格斯:《马克思恩格斯选集》(1—4 卷),北京:人民出版社 1995 年版。

马克思、恩格斯:《德意志意识形态》,北京:人民出版社 1987 年版。

列宁:《哲学笔记》,北京:人民出版社 1993 年版。

毛泽东:《毛泽东选集》(一至四卷),北京:人民出版社1991年版。

蔡元培:《蔡元培美育论集》,长沙:湖南教育出版社1987年版。

王国维:《王国维哲学美学论文辑佚》,佛雏校辑,上海:华东师范大学出版社 1993年版。

张玉能:《新实践美学论》,北京:人民出版社2007年版。

张玉能:《席勒审美人类学思想》,桂林:广西师范大学出版社2005年版。

张玉能:《西方美学思潮》,太原:山西教育出版社2005年版。

李泽厚:《美学四讲》,天津:天津社会科学院出版社2001年版。

李泽厚:《美学三书》,合肥:安徽文艺出版社1999年版。

李泽厚:《美学旧作集》,天津:天津社会科学院出版社2002年版。

李泽厚:《李泽厚哲学文存》,合肥:安徽文艺出版社1999年版。

《蒋孔阳全集》,合肥:安徽教育出版社1999年版。

蒋孔阳、朱立元主编:《西方美学通史》,上海:上海文艺出版社1999年版。

蒋孔阳:《美在创造中》,桂林:广西师范大学出版社1997年版。

蒋孔阳:《德国古典美学》,北京:商务印书馆1997年版。

刘纲纪:《美学与哲学》,武汉:湖北人民出版社1984年版。

刘纲纪:《传统文化、哲学与美学》,桂林:广西师范大学出版社1997年版。

刘纲纪:《艺术哲学》,武汉:湖北人民出版社1986年版。

刘纲纪:《美学对话》,武汉:湖北人民出版社1983年版。

刘纲纪:《周易美学》,长沙:湖南教育出版社1992年版。

刘纲纪主编:《现代西方美学》,武汉:湖北人民出版社1993年版。

李泽厚、刘纲纪:《中国美学史(先秦两汉编)》,合肥:安徽文艺出版社1999 年版。

李泽厚、刘纲纪:《中国美学史(魏晋南北朝编)》,合肥:安徽文艺出版社1999 年版。

章辉:《实践美学——历史谱系与理论终结》,北京:北京大学出版社2006年版。

柏拉图:《文艺对话集》,朱光潜译,北京:人民文学出版社1983年版。

[古希腊]亚里士多德:《诗学》,陈中梅译注,北京:商务印书馆2005年版。

马克思:《1844年经济学哲学手稿》,北京:人民出版社2000年版。

[德]席勒:《席勒散文选》,张玉能译,天津:百花文艺出版社2005年版。

[德]席勒:《秀美与尊严》,张玉能译,北京:文化艺术出版社1996年版。

[德]席勒:《审美教育书简》,冯至、范大灿译,北京:北京大学出版社1985年版。

［德］席勒：《美育书简》，徐恒醇译，北京：中国文联出版社1984年版。

［英］鲍桑葵：《美学史》，张今译，桂林：广西师范大学出版社2001年版。

［德］黑格尔：《美学》第一卷，朱光潜译，北京：商务印书馆1996年版。

［德］黑格尔：《精神现象学》，贺麟、王玖兴译，北京：商务印书馆1997年版。

［德］黑格尔：《小逻辑》，贺麟译，北京：商务印书馆1997年版。

［德］康德：《判断力批判》，邓晓芒译，杨祖陶校，北京：人民出版社2005年版。

福柯、哈贝马斯、布尔迪厄等：《激进的美学锋芒》，周宪译，北京：中国人民大学
　出版社2005年版。

沈德灿：《精神分析心理学》，北京：北京大学出版社2005年版。

［奥］弗洛伊德：《释梦》，孙名之译，北京：商务印书馆2005年版。

［奥］弗洛伊德：《精神分析引论》，高觉敷译，北京：商务印书馆1996年版。

［美］埃里希·弗罗姆：《对自由的恐惧》，许合平、朱士群译，北京：国际文化出版
　公司1988年版。

彭富春：《哲学与美学问题》，武汉：武汉大学出版社2005年版。

邱紫华：《东方美学史》，北京：商务印书馆2003年版。

邱紫华：《思辨的美学与自由的艺术》，武汉：华中师范大学出版社2006年版。

宗白华：《美学散步》，上海：上海人民出版社2006年版。

宗白华：《艺境》，北京：北京大学出版社2003年版。

封孝伦：《人类生命系统中的美学》，合肥：安徽教育出版社1999年版。

封孝伦：《二十世纪中国美学》，长春：东北师范大学出版社1997年版。

黎启全：《美是自由生命的表现》，桂林：广西师范大学出版社1999年版。

李朝龙：《现代文艺批评方法论》，贵阳：贵州人民出版社2005年版。

陈望衡：《当代美学原理》，北京：人民出版社2003年版。

王明居：《唐代美学》，合肥：安徽大学出版社2005年版。

刘小枫选编：《德语美学文选》，武汉：华东师范大学出版社2006年版。

朱光潜：《西方美学史》，北京：商务印书馆2006年版。

朱光潜：《朱光潜全集》，合肥：安徽教育出版社1987年版。

霍然：《先秦美学思潮》，北京：人民出版社2006年版。

张晶：《美学的延展》，北京：商务印书馆2006年版。

叶朗：《美学的双峰——朱光潜、宗白华与中国现代美学》，合肥：安徽教育出版
　社1999年版。

叶朗：《现代美学体系》，北京：北京大学出版社1999年版。

叶朗:《胸中之竹》,合肥:安徽教育出版社1998年版。

叶朗:《中国美学史大纲》,上海:上海人民出版社2002年版。

陈雪虎、黄大地选编:《黄药眠美学文艺学论集》,北京:北京师范大学出版社2002年版。

朱志荣:《中国美学研究》,上海:上海三联书店2007年版。

朱志荣:《中国美学简史》,北京:北京大学出版社2007年版。

李衍柱:《西方美学经典文本导读》,北京:北京大学出版社2006年版。

张祥龙:《西方哲学笔记》,北京:北京大学出版社2005年版。

张首映:《西方二十世纪文论史》,北京:北京大学出版社2003年版。

周宪:《文化现代性精粹读本》,北京:中国人民大学出版社2006年版。

陶东风:《文化已经精粹读本》,北京:中国人民大学出版社2006年版。

阎嘉:《文学理论精粹读本》,北京:中国人民大学出版社2006年版。

[德]彼得·比格尔:《先锋派理论》,高建平译,北京:商务印书馆2005年版。

李朝龙:《现代文艺批评方法论》,贵阳:贵州人民出版社2005年版。

[美]勒内·韦勒克、奥斯汀·沃伦:《文学理论》,刘象愚、刑培明、陈圣生、李哲明译,南京:江苏教育出版社2006年版。

[法]米歇尔·福柯:《词与物——人文科学考古学》,莫伟民译,上海:上海三联书店2001年版。

杨国荣:《理性与价值》,上海:上海三联书店1985年版。

[苏联]阿尔森·古留加:《康德传》,贾泽林、侯鸿勋、王炳文译,北京:商务印书馆1997年版。

邓晓芒:《康德哲学诸问题》,北京:三联书店2006年版。

梁漱溟:《中国文化要义》,上海:学林出版社1987年版。

熊伟:《自由的真谛》,北京:中央编译出版社1997年版。

葛兆光:《中国思想史》,上海:复旦大学出版社2005年版。

[法]拉康:《拉康选集》,褚孝泉译,上海:上海三联书店2001年版。

[德]叔本华:《作为意志与表象的世界》,石冲白译,杨一之校,北京:商务印书馆2004年版。

[美]雷纳·韦勒克:《近代文学批评史》第7卷,杨自伍译,上海:上海译文出版社2006年版。

[德]海德格尔:《形而上学导论》,熊伟、王庆节译,北京:商务印书馆2005年版。

[德]马丁·海德格尔:《林中路》,孙周兴译,上海:上海译文出版社2005年版。

[英]罗素:《西方哲学史》,马元德译,北京:商务印书馆 2001 年版。

[德]康德:《纯粹理性批判》,蓝公武译,北京:商务印书馆 2004 年版。

[古希腊]亚里士多德:《尼各马可伦理学》,廖申白译注,北京:商务印书馆 2005 年版。

[古希腊]亚里士多德:《修辞学》,罗念生译,上海:上海人民出版社 2006 年版。

[美]赫伯特·马尔库塞:《爱欲与文明》,黄勇、薛民译,上海:上海译文出版社 2006 年版。

[法]让-保罗·萨特:《辩证理性批判》,林骧华、徐和瑾、陈伟丰译,合肥:安徽文艺出版社 1998 年版。

北京大学哲学系中国哲学教研室:《中国哲学史》,北京:商务印书馆 2004 年版。

邓晓芒:《黑格尔辩证法讲演录》,北京:北京大学出版社 2005 年版。

[挪]G. 希尔贝克、N. 伊耶:《西方哲学史——从古希腊到二十世纪》,童世峻、郁振华、刘进译,上海:上海译文出版社 2004 年版。

刘敬鲁:《海德格尔人学思想研究》,北京:中国人民大学出版社 2001 年版。

汪民安、陈永国、马海良:《福柯的面孔》,北京:文化艺术出版社 2001 年版。

列宁:《哲学笔记》,北京:人民出版社 1998 年版。

[德]汉斯—格奥尔格·伽达默尔:《哲学解释学》,夏镇平、宋建平译,上海:上海译文出版社 2005 年版。

[德]恩斯特·卡西尔:《人论》,甘阳译,上海:上海译文出版社 2005 年版。

[德]埃德蒙德·胡塞尔:《现象学的方法》,[德]克劳斯·黑尔德编,倪梁康译,上海:上海译文出版社 2005 年版。

[英]路德维希·维特根斯坦:《哲学研究》,陈嘉映译,上海:上海人民出版社 2005 年版。

冯友兰:《中国哲学简史》,赵复三译,天津:天津社会科学院 2005 年版。

邓以蛰:《邓以蛰全集》,合肥:安徽教育出版社 1998 年版。

周扬:《周扬文集》,北京:人民文学出版社 1984 年版。

王朝闻主编:《美学概论》,北京:人民出版社 1981 年版。

邓晓芒、易中天:《黄与蓝的交响——中西美学比较论》,北京:人民文学出版社 1999 年版。

邓晓芒:《中西文化视域中真善美的哲思》,哈尔滨:黑龙江人民出版社 2004 年版。

阎国忠:《走出古典——中国当代美学论争述评》,合肥:安徽教育出版社 1996

年版。

王先霈:《文学心理学概论》,武汉:华中师范大学出版社 1988 年版。

王先霈、胡亚敏主编:《文学批评原理》,武汉:华中师范大学出版社 1999 年版。

[德]格罗塞:《艺术的起源》,蔡慕晖译,北京:商务印书馆 1996 年版。

刘方:《中国美学的历史演进及其现代转型》,成都:四川出版集团、巴蜀书社 2005 年版。

张世英:《天人之际——中西哲学的困惑与选择》,北京:人民出版社 1995 年版。

赵士林:《当代中国美学研究概述》,天津:天津教育出版社 1988 年版。

复旦大学文艺学美学研究中心:《美学与艺术评论》第六集,上海:复旦大学出版社 2002 年版。

[法]狄德罗:《狄德罗美学论文集》,北京:人民文学出版社 1984 年版。

钱中文:《文学审美特征论》,武汉:华中师范大学出版社 2000 年版。

曾繁仁主编:《中西交流对话中的审美与艺术教育》,济南:山东大学出版社 2003 年版。

陈炎:《积淀与突破》,桂林:广西师范大学出版社 1997 年版。

聂振斌、腾守尧、章建刚:《艺术化生存——中西审美文化比较》,成都:四川人民出版社 1997 年版。

腾守尧:《审美心理描述》,成都:四川人民出版社 1998 年版。

曹俊峰:《康德美学引论》,天津:天津教育出版社 2001 年版。

张涵主编:《中国当代美学》,郑州:河南人民出版社 1990 年版。

成复旺:《中国古代的人学与美学》,北京:中国人民大学出版社 1992 年版。

[美]H. 加登纳:《艺术与人的发展》,兰金仁译,北京:光明日报出版社 1982 年版。

[法]米盖尔·杜夫海纳:《美学与哲学》,孙非译,北京:中国社会科学出版社 1985 年版。

杨平:《康德与中国现代美学思想》,北京:东方出版社 2002 年版。

王子铭:《现代美学基本范式研究》,济南:齐鲁书社 2005 年版。

马奇主编:《中西美学思想比较研究》,北京:中国人民大学出版社 1994 年版。

冯宪光:《马克思美学的现代阐释》,成都:四川教育出版社 2002 年版。

冯宪光:《"西方马克思主义"美学研究》,重庆:重庆出版社 1997 年版。

[美]苏珊·朗格:《艺术问题》,北京:中国社会科学出版社 1983 年版。

[德]沃尔夫冈·韦尔施:《重构美学》,陆扬译,上海:上海译文出版社 2002

年版。

李春青:《美学与人学》,北京:法律出版社 1991 年版。

杨平:《康德与中国现代美学思想》,北京:东方出版社 2002 年版。

高楠:《生存的美学问题》,沈阳:辽宁大学出版社 2001 年版。

高楠:《蒋孔阳美学思想研究》,沈阳:辽宁人民出版社 1987 年版。

王有亮:《"现代性"语境中的邓以蛰美学》,北京:中国社会科学出版社 2005
　　年版。

高建平、王柯平主编:《美学与文化　东方与西方》,合肥:安徽教育出版社 2006
　　年版。

胡经之:《中国现代美学丛编(1919—1949)》,北京:北京大学出版社 1987 年版。

董学文:《马克思与美学问题》,北京:北京大学出版社 1983 年版。

徐碧辉:《实践中的美学》,北京:学苑出版社 2005 年版。

高尔泰:《论美》,兰州:甘肃人民出版社 1982 年版。

高尔泰:《美是自由的象征》,北京:人民文学出版社 1986 年版。

邹华:《20 世纪中国美学研究》,上海:复旦大学出版社 2003 年版。

邹华:《流变之美——美学理论的探索与重构》,北京:清华大学出版社 2004
　　年版。

俞吾金:《实践诠释学——重新解读马克思哲学与一般哲学理论》,昆明:云南人
　　民出版社 2001 年版。

王义军:《从主体性原则到实践哲学》,北京:中国社会科学出版社 2002 年版。

北京大学哲学系美学教研室编:《西方美学家论美和美感》,北京:商务印书馆
　　1980 年版。

王振复主编:《中国美学重要文本提要》,成都:四川人民出版社 2003 年版。

《复旦学报》编辑部编:《中国古代美学史研究》,上海:复旦大学出版社 1983
　　年版。

孔智光:《中西古典美学研究》,济南:山东大学出版社 2002 年版。

伍蠡甫:《西方文论选》,上海:上海译文出版社 1979 年版。

薛富兴:《分化与突围》,北京:首都师范大学出版社 2006 年版。

王振复:《中国美学的文脉历程》,成都:四川人民出版社 2002 年版。

肖前、李淮春、杨耕主编:《实践唯物主义研究》,北京:中国人民大学出版社 1996
　　年版。

杨春时:《生存与超越》,桂林:广西师范大学出版社 1998 年版。

何楚熊:《中国画论研究》,北京:中国社会科学出版社1996年版。

张曙光:《生存哲学》,昆明:云南人民出版社2001年版。

孙美堂:《文化价值论》,昆明:云南人民出版社2005年版。

张军:《价值与存在》,北京:中国社会科学出版社2004年版。

穆纪光:《中国当代美学家》,石家庄:河南教育出版社1989年版。

王臻中:《中国当代美学思想概观》,南京:江苏教育出版社1992年版。

[瑞士]皮亚杰:《发生认识论原理》,商务印书馆1985年版。

[匈牙利]拉卡托斯:《科学研究纲领方法论》,上海译文出版社1986年版。

四、相关哲学和美学研究论文

张玉能:《坚持实践观点,发展实践美学》,《社会科学战线》1994年第4期。

张玉能:《重树实践美学的话语权威》,《民族艺术》2001年第1期。

张玉能:《实践的类型与审美活动》,《吉首大学学报》2001年第4期。

张韬、张玉能:《实践美学与构建和谐社会》,《云梦学刊》2006年第2期。

张玉能:《全球化与中国当代美学的发展》,《玉林师范学院学报》(哲学社会科学)2007年第4期。

彭富春:《中国当代思想的困境与出路》,《文艺研究》2001年第2期。

彭富春:《马克思美学的现代意义》,《哲学研究》2001年第4期。

朱立元:《走向实践存在论美学》,《湖南师范大学学报》2004年第4期。

朱立元:《实践论美学的发展历程》,《陕西师范大学学报》2004年第4期。

朱立元:《实践美学的历史地位与现实命运》,《学术月刊》1995年第5期。

邓晓芒:《建构马克思的实践唯物主义哲学体系》,《学术月刊》2004年第12期。

邓晓芒:《什么是新实践美学——兼与杨春时先生商讨》,《学术月刊》2002年第10期。

薛富兴:《李泽厚实践美学的学术前景》,《南开学报》2004年第3期。

薛富兴:《李泽厚后期实践美学的基本理路》,《广西师范大学学报》2004年第1期。

薛富兴:《20世纪后期中国美学概观》,《南开学报》2006年第1期。

朱志荣:《实践论美学的发展历程》,《安徽师范大学》2005年第5期。

杨春时:《走向"后实践美学"》,《学术月刊》1994年第5期。

杨春时:《20世纪中国美学论争的历史经验》,《厦门大学学报》2000年第1期。

刘士林:《百年中国美学提问方式批判》,《天津社会科学》2001年第6期。

王南湜：《范式转换：从本体论、认识论到人类学》，《南开学报》2000 年第 6 期。

李劲松：《"和谐"与"中和"美论之异同》，《东疆学刊》2007 年第 4 期。

蓝国桥：《"和谐形态"在认识论构架中的透视》，《湛江师范学院学报》2001 年第 1 期。

孟庆雷：《不同历史境遇下的中西和谐美学话语》，《孔子研究》2007 年第 1 期。

岳友熙：《从环境美学范式看和谐社会的构建》，《江汉大学学报》（人文科学版）2006 年第 2 期。

史修永：《构建和谐社会的美学解读》，《江淮论坛》2006 年第 3 期。

徐恒醇：《构建和谐社会是人文关怀和审美理想的体现》，《理论与现代化》2005 年第 5 期。

黄念然：《中国古典和谐论美学的生态智慧及现实意义》，《复旦学报》（社会科学版）2007 年第 4 期。

周纪文：《中国美学发展转型的当代性视域》，《上海大学学报》（社会科学版）2007 年第 6 期。

周纪文：《和谐论美学中的美育思想》，《汕头大学学报》（人文社会科学版）2005 年第 6 期。

陈炎：《20 世纪中国与西方文化的比较研究》，《广西社会科学》2003 年第 6 期。

马龙潜：《当代中国马克思主义美学研究现状探析》，《山东社会科学》2007 年第 10 期。

马龙潜：《简论文艺、审美与意识形态的关系》，《文史哲》2007 年第 5 期。

朱西周：《和谐社会的内涵与特征》，《北方经济》2005 年第 4 期。

五、相关外文研究文献

Benjamin Andrew ed, *The Problem of Modernity*: *Adorno and Benjamin*, London and New York: Routledge, 1989.

Benjamin Walter, *One-Way Street and Other Writings*, London: Verson, 1992.

Wiggershaus Rolf, *The Frankfurt School*: *Its History, Theories, and Political Significance*, Cambridge: Polity Press, 1994.

Slater Phil, *Origin and Significance of the Frankfurt School*: *A Marxist Perspective*, London, Boston: Routledge & Kegan Paul, 1977.

Gibson Nigel and Rubin Andrew, *Adorno*: *A Critical Reader*, Blackwell Publishers, 2002.

Ogden, C. K. , Richard, I. A. , and James Wood, *The Foundations of Aesthetics*, London, 1922.

Jean-paul Sartre : *Being and Nothing : An Essay on Phenomenological Ontology*, Hazel Barnes tr, London, Methuen & Co Ltd, 1957.

Dickie, G. , *Art and the Aesthetic.* London, 1974.

Wolin Richard, *Walter Benjamin, An Aesthetic of Redemption*, New York : Columbia University Press, 1982.

Ducasse, C. J. , *The Philosophy of Art*, New York, 1929.

Niall Lucy, *Postmodern Literary Theory : An Introduction*, Massachusetts : Blackwell Publishers Inc. , 1997.

Edward Soja, *Postmodern Geographies : The Reassertion of Space in Critical Social Theory*, New York : Verso, 1989.

Paul de Man, *The Resistance to Theory. Theory and History of Literature*, Manchester : Manchester University Press, 1996.

Julian Wolfreys ed. , *Introducing Criticism at the 21ˢᵗ Century*, Edinburgh : Edinburgh University Press, 2002.

责任编辑:洪　琼

图书在版编目(CIP)数据

和谐自由论美学思想研究/刘继平 著. -北京:人民出版社,2010.10
(新实践美学丛书)
ISBN 978 - 7 - 01 - 009134 - 1

Ⅰ.①和…　Ⅱ.①刘…　Ⅲ.①周来祥-美学思想-研究　Ⅳ.①B83 - 092

中国版本图书馆 CIP 数据核字(2010)第 137021 号

和谐自由论美学思想研究
HEXIE ZIYOU LUN MEIXUE SIXIANG YANJIU

刘继平　著

人 民 出 版 社 出版发行
(100706　北京朝阳门内大街 166 号)

北京瑞古冠中印刷厂印刷　新华书店经销

2010 年 10 月第 1 版　2010 年 10 月北京第 1 次印刷
开本:710 毫米×1000 毫米 1/16　印张:15.5
字数:260 千字　印数:0,001-2,500 册

ISBN 978 - 7 - 01 - 009134 - 1　定价:38.00 元

邮购地址 100706　北京朝阳门内大街 166 号
人民东方图书销售中心　电话 (010)65250042　65289539